PyTorch深度学习入门与实战

（案例视频精讲）

孙玉林　余本国　著

北京

内 容 提 要

《PyTorch 深度学习入门与实战（案例视频精讲）》是基于 PyTorch 的深度学习入门和实战，结合实际的深度学习案例，由浅入深地介绍 PyTorch 在计算机视觉和自然语言处理的相关应用。本书在内容上循序渐进，先介绍了 PyTorch 的一系列使用方式，然后结合图像分类、去噪和文本分类，介绍如何利用 PyTorch 对深度模型进行可视化、建立卷积神经网络、循环神经网络、自编码网络等。根据真实的图像数据，介绍如何对图像风格迁移模型进行训练，利用计算机视觉中的目标检测和语义分隔问题的例子，介绍 PyTorch 中已经预训练好模型的使用，针对图神经网络学习，介绍如何利用图卷积网络进行半监督深度学习。

《PyTorch 深度学习入门与实战（案例视频精讲）》还提供了原始程序和数据集、程序的讲解视频等配套资源供读者下载使用。书中的程序根据每个小节进行划分，步骤讲解详细透彻，并以 Notebook 的形式方便读者运行和查阅。本书在对使用的模型进行原理介绍的同时，更注重于实战。

《PyTorch 深度学习入门与实战（案例视频精讲）》非常适合没有深度学习基础的读者，学习完本书后，读者将具备搭建自己的深度学习环境、建立图像识别模型、图像分割模型、图像生成和自然语言处理等模型的能力，并且会对深度学习在各个领域的应用有一定的理解。

图书在版编目（CIP）数据

PyTorch 深度学习入门与实战：案例视频精讲 / 孙玉林，余本国著. — 北京：中国水利水电出版社，2020.7（2023.2 重印）

ISBN 978-7-5170-8537-9

Ⅰ. ① P… Ⅱ. ①孙… ②余… Ⅲ. ①机器学习 Ⅳ. ① TP181

中国版本图书馆 CIP 数据核字 (2020) 第 069869 号

书　　名	PyTorch深度学习入门与实战（案例视频精讲） PyTorch SHENDU XUEXI RUMEN YU SHIZHAN
作　　者	孙玉林 余本国　著
出版发行	中国水利水电出版社 （北京市海淀区玉渊潭南路1号D座 100038） 网址：www.waterpub.com.cn E-mail：zhiboshangshu@163.com 电话：（010）62572966-2205/2266/2201（营销中心）
经　　售	北京科水图书销售有限公司 电话：（010）68545874、63202643 全国各地新华书店和相关出版物销售网点
排　　版	北京智博尚书文化传媒有限公司
印　　刷	三河市龙大印装有限公司
规　　格	170mm×230mm　16开本　21印张　435千字　2插页
版　　次	2020年7月第1版　2023年2月第5次印刷
印　　数	16001—17500册
定　　价	89.80元

本书精彩案例欣赏

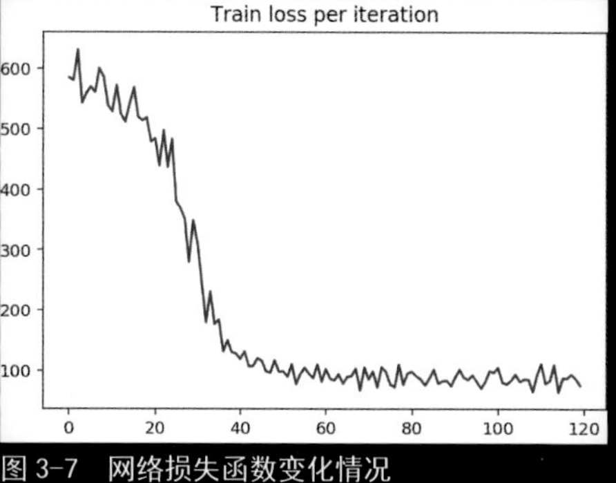

图 3-7　网络损失函数变化情况

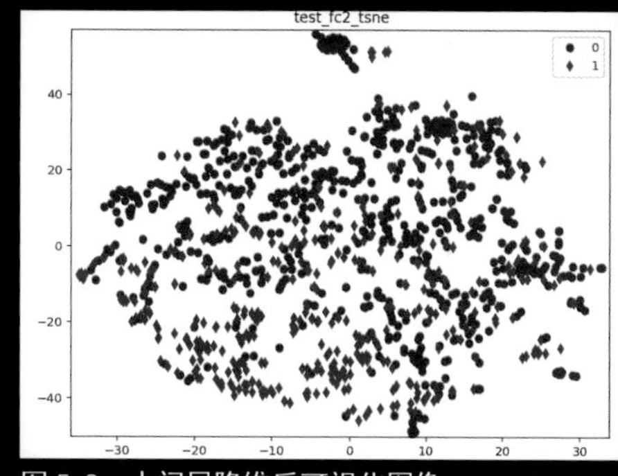

图 5-8　中间层降维后可视化图像

图 4-3 tensorboardX 库可视化的网络训练过程

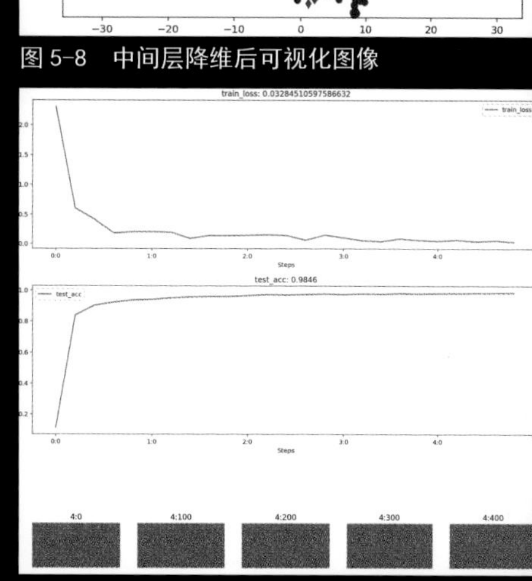

图 4-4　模型的训练过程

图 6-27　类激活热力图和原始图像融合

图 6-28　老虎图像的类激活热力图

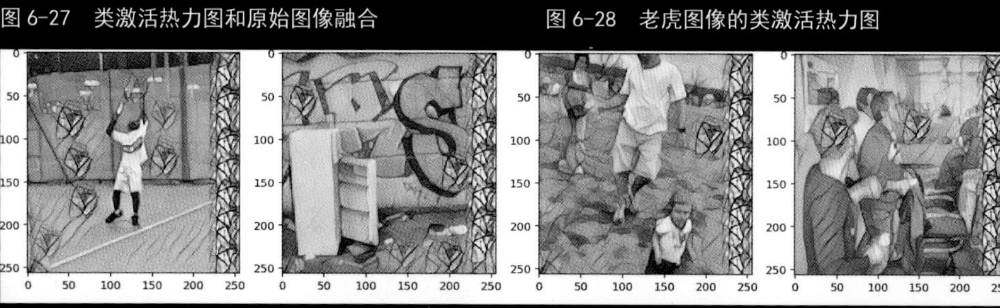

图 9-9　风格迁移后的图像

PyTorch 深度学习入门与实战（案例视频精讲）

本书精彩案例欣赏

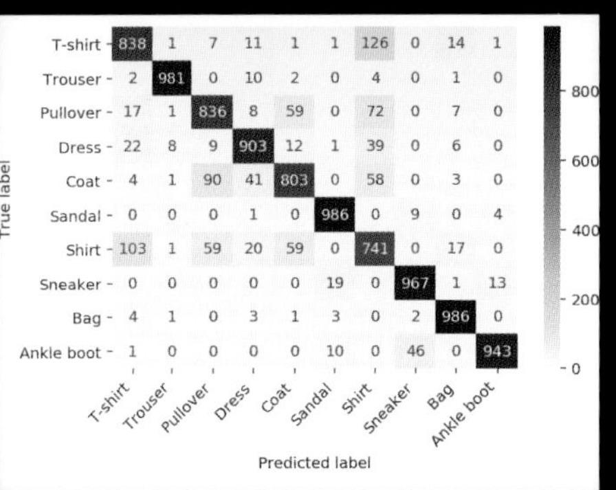

图 6-13　在测试集上的混淆矩阵热力图

图 6-18　VGG16 微调模型的训练过程

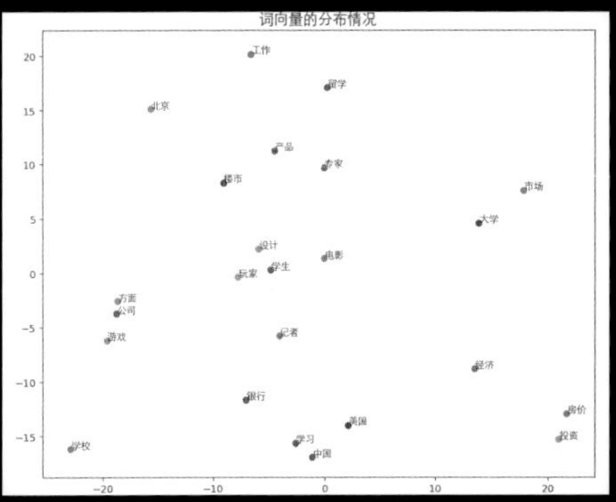

图 7-11　感兴趣词向量的分布情况

图 10-18　人物关键点检测结构

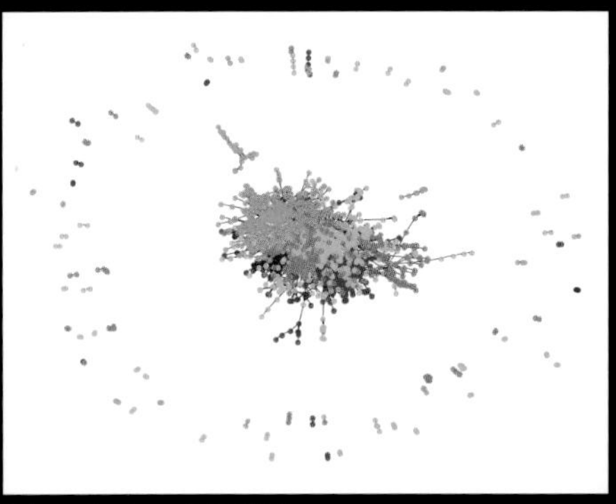

图 11-4　Cora 图可视化

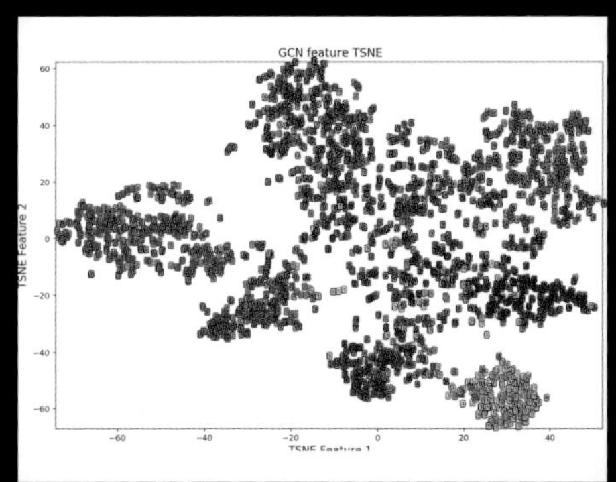

图 11-8　图卷积模型隐藏层节点特征空间分布

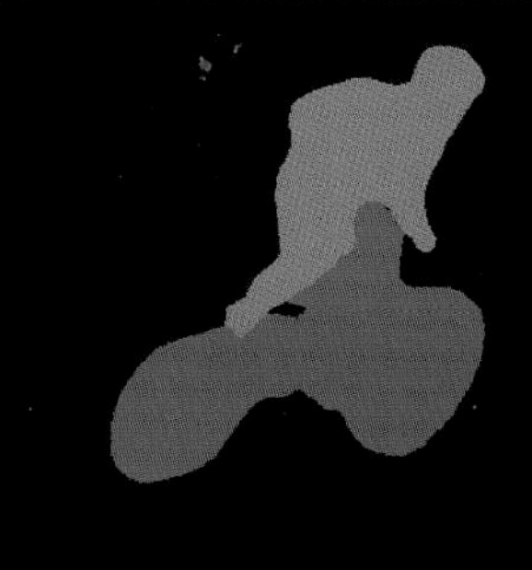

图 10-8　图像分割前后的结果

前　言

本书作为PyTorch的深度学习入门和实战教程，以流行的深度学习框架PyTorch为基础，展示深度学习在计算机视觉、自然语言处理等方面的应用。本书将以简洁易懂的语言和示例介绍相关深度学习的理论知识，并介绍如何更好地使用PyTorch深度学习框架。本书的章节设置主要包含以下内容。

第1章：深度学习和PyTorch。本章主要介绍什么是机器学习和深度学习，以及深度学习和传统机器学习之间的差异。同时介绍现在流行的深度学习框架，以及PyTorch深度学习框架的优缺点。最后介绍本书在后续的内容中将会使用到的一些Python库。

第2章:PyTorch快速入门。本章主要介绍PyTorch的安装、张量的使用和torch.nn模块的常用层，以及在深度学习中针对数组、图像和文本的数据预处理操作。其中针对张量的计算会介绍数据的类型、张量的生成、操作、计算等内容，还会介绍PyTorch中的自动微分功能。并且会对常用的卷积层、池化层、循环层、激活函数及全连接层进行简单的介绍。

第3章:PyTorch深度神经网络及训练。本章介绍了深度学习网络的常用优化算法思想——随机梯度下降算法;PyTorch中常用的优化器和损失函数的使用方式，针对网络的过拟合问题，讨论如何发现过拟合以及过拟合的一些预防方法;PyTorch中参数初始化模块提供的一些方法的使用，以及如何搭建深度学习网络，并对其进行训练和测试；介绍已训练好的网络的保存和加载。

第4章：基于PyTorch的相关可视化工具。本章介绍深度学习网络的相关可视化方法，以及如何可视化网络中的参数分布等。针对这些情况主要介绍HiddenLayer、PyTorchViz、tensorboardX和Visdom等可视化库的使用方法。

第5章：全连接神经网络。本章介绍全连接神经网络在分类和回归模型中的应用。从数据的准备和探索，网络的搭建及可视化、网络的训练与测试，介绍整个利用全连接神经网络进行数据挖掘机器学习的过程，并且会通过相关的可视化方法，帮助读者更深刻地理解网络。

第6章：卷积神经网络。本章介绍了现有的经典卷积神经网络的结构，以及如何使用PyTorch搭建卷积神经网络来完成自己的任务。主要介绍了搭建卷积神经网络对Fashion-MNIST数据集进行分类，如何使用已经预训练好的卷积神经网络，如何搭建TextCNN网络并进行文本情感分类，以及如何使用预训练好的网络进行数据预测和可视化类激活热力图等。

第7章：循环神经网络。本章介绍了现有的经典循环神经网络的结构，如RNN、LSTM、GRU等，并且以具体的实例介绍如何使用PyTorch构建和训练循环神经网络，例如，使用RNN网络对手写字体进行分类；使用LSTM网络对中文文本进行分类；使用GRU网络对英文文本进行情感分类等。

第8章：自编码模型。本章介绍了使用PyTorch搭建自编码模型，用于处理具体问题的例子。针对自编码模式介绍了基于全连接层的自编码网络的训练和应用，并且搭建了基于卷积的自编码网络，用于图像去噪，并从多个角度和方面阐述了自编码网络的应用方式。

第9章：图像风格迁移。针对计算机视觉中的图像风格迁移任务，使用PyTorch完成了两种风格迁移模型的使用，分别是固定风格固定内容的普通风格迁移和固定风格任意内容的快速风格迁移，并介绍了如何利用GPU对网络进行训练。

第10章：图像语义分割和目标检测。本章介绍了在torchvision中如何使用已经预训练好的深度学习网络，对图像语义分割和目标检测，并对检测人体关键点的模型应用进行相关的示例介绍。同时介绍了利用GPU对自己的数据集进行训练语义分割模型。

第11章：图卷积神经网络。本章介绍了利用PyTorch Geometric (PyG)图深度学习库，进行半监督的图卷积深度学习网络建立，用于图上节点数据的分类，并且对图数据集的结构和特点进行了可视化分析。

在本书中使用到的程序主要可分为两种类型：一种是基于CPU进行计算的程序，其使用的PyTorch为1.3版本，Python为Python 3.6，计算机系统为MacOS系统；另一种是基于GPU进行计算的程序，使用的PyTorch为1.0版本，CUDA为8.0版，Python为Python 3.6，服务器系统为CentOS Linux 7 (Core)。

参加本书编写工作的人员还有李众（中北大学）、钟小双（海南医院），在此一并表示感谢。

由于计算机技术的迅猛发展，书中的疏漏及不足之处在所难免，敬请广大读者批评指正、不吝赐教。也欢迎加入 QQ 群一起交流，QQ 群号：25844276。

关注微信公众号
海量知识随时学

目 录

第1章 深度学习和PyTorch

随着深度学习方法在众多领域的快速研究和应用，人工智能的发展也迎来了又一个高峰。在人工智能提出后，我们期望通过人工智能系统来模仿人类自动处理不同的事物，如理解一段文章的内容和情感，正确地识别出图片上出现的内容，甚至将一段语音翻译成另外一种语言。当然，在实现人工智能的道路上，我们面临着一些挑战和机遇，其中对其发展有巨大影响的就是深度学习。图1–1描述了人工智能（artificial intelligence，AI）、机器学习（machine learning）、深度学习（deep learning）三者之间的关系。

图1–1 人工智能、机器学习、深度学习三者之间的关系

随着数据的积累和计算机性能的提升，深度学习在人工智能领域有着举足轻重的地位，而且各大互联网巨头都推出了用于深度学习的研究框架，PyTorch就是众多深度学习框架中的一员。尽管其发布于2017年1月，但是凭借着其易用性和生态完整性等特点，迅速引起学术界和工业界的关注。这也是本书将其作为研究深度学习实战工具的原因。

本章首先对机器学习和深度学习的相关内容进行介绍，然后对现有的深度学习框架进行简单的梳理，并对本书用到的其他Python库进行简单说明。

1.1 机器学习

在人工智能领域，机器学习是实现人工智能的一个分支，也是人工智能领域发展最快的一个分支。简单地说，机器学习是计算机程序如何随着经验的积累而自动提高性能，使系统自我完善的过程。机器学习在近30多年已发展成为一门多领域交叉的学科，涉及概率论、统计学、逼近论、凸分析、计算复杂性理论等，而且其应用范围非常广泛，包括自然语言处理、计算机视觉、欺诈检测、人脸识别、垃圾邮件过滤、医学诊断等。根据机器学习应用场景和学习方式的不同，可以简单地分为三类：无监督学习（unsupervised learning）、半监督学习（semi-supervised learning）和有监督学习（supervised learning）。

（1）无监督学习

无监督学习和其他两种学习方法的主要区别在于无监督学习不需要提前知道数据集的类别标签。无监督学习算法使用的场景通常为聚类和降维，如使用K-均值聚类、系统聚类、密度聚类等算法进行数据聚类，使用主成分分析、流形降维等算法减少数据的特征数量。

（2）半监督学习

半监督学习是一种介于有监督学习和无监督学习之间的学习算法，半监督学习的特点就是利用极少的有标签数据和大量的无标签数据进行学习，通过学习得到的经验对无标签的测试数据进行预测。

（3）有监督学习

有监督学习的主要特性是使用大量有标签的训练数据来建立模型，以预测新的未知标签数据。用来指导模型建立的标签可以是类别数据、连续数据等。相应的，如果标签是可以分类的，如0~9手写数字的识别、判断是否为垃圾邮件等，则称这样的有监督学习为分类，如果标签是连续的数据，如身高、年龄、商品的价格等，则称其为回归。

传统的机器学习算法主要有K-近邻（KNN）算法，它的思想就是根据邻居的数据类别来决定自己的类别。朴素贝叶斯是一种通过先验经验和样本信息来确定样本类别的算法。决策树是利用规则进行学习的算法。随机森林、梯度提升机则是利用集成学习的思想进行预测。支持向量机是借助核函数将数据映射到高维空间，寻找最大切分超平面的算法。人工神经网络则是深度学习的基础，主要有卷积神经网络和循环神经网络等，大部分基于人工神经网络的深度学习算法属于有监督学习。

1.2 深度学习

深度学习是一种机器学习方法，和传统的机器学习方法一样，都可以根据输入的数据进行分类或者回归。但随着数据量的增加，传统的机器学习方法表现得不尽如人意，而此时利用更深的网络挖掘数据信息的方法——深度学习表现出了优异的性能，迅速受到学术界和工业界的重视。尤其在2010年之后，各种深度学习框架的开源和发布，更进一步促进了深度学习算法的发展。

深度学习算法并非横空出世，而是有着几十年的历史积累。现在流行的深度神经网络最早可以追溯到20世纪40年代，但是由于当时计算能力有限，最早的神经网络结构非常简单，并没有得到成功的实际应用。

在20世纪60~70年代，神经生理科学家们发现，在猫的视觉皮层中有两种细胞，一种是简单细胞，它对图像中的细节信息更加敏感，如图像的边缘、角点等；另一种是复杂细胞，对图像的空间具有不变性，可以处理旋转、放缩、远近等情况的图像。学者根据这一发现提出了卷积神经网络。

深度学习框架，尤其是基于人工神经网络的框架，可以追溯到1980年福岛邦彦提出的新认知机。在1989年，Yann LeCun等人，开始将1974年提出的标准反向传播算法应用于深度神经网络，这一网络被用于手写邮政编码识别。尽管算法可以成功执行，但计算代价非常巨大，神经网络的训练时间达到了3天，而且只能根据经验设置参数，受到种种因素的限制，最终没有投入实际使用。而1995年最受欢迎的机器学习算法支持向量机被提出，逐渐成为当时的主流算法，所以基于深度卷积神经网络的算法并没有引起人们的重视。而且当时针对梯度消失的问题并没有被解决，这一现象同时在深度前馈神经网络和递归神经网络中出现，在深度学习网络的分层训练过程中，本应用于修正模型参数的误差随着层数的增加指数递减，这导致了模型训练的效率低下。

尽管深度学习算法在2000年之前就已经被应用，并受到了支持向量机算法的压制，但是其发展并没有停止。如1992年多层级网络被提出，其利用无监督学习训练深度神经网络的每一层，再使用反向传播算法进行调优。在这一模型中，神经网络中的每一层都代表观测变量的一种压缩表示，这一表示也被传递到下一层网络。而且最大值池化技术也被引入卷积神经网络中，进一步提升了卷积神经网络的性能。在卷积神经网络发展的同时，循环神经网络也得到了很大的发展，其中具有里程碑意义的是长短期记忆（LSTM）网络。其通过在神经单元中引入输入门、遗忘门、输出门等门的概念，来选择对长期信息和短期信息的提取，提升网络的记忆能力。

进入21世纪之后，随着数据量的积累和计算机性能的提升，神经网络算法和深度学习网络也得到了迅速的发展。在2006年后，出现了基于GPU的卷积神经网络，其计算速度比在CPU上的卷积神经网络快4倍左右。在2009年的ICDAR手写字体识别大赛中，基于长短期记忆的递归神经网络，获得了大赛的冠军。尤其是在2012年ImageNet举办的图像分类竞赛（ILSVRC）中，冠军由使用深度学习系统AlexNet的Alex Krizhevsky教授团队获得。自此之后，深度学习被大家所熟知，也开启了AI的新时代，更新的深度学习框架，包含更深层的神经元这一观点迅速地被提出，并且应用于各个领域。2015年何凯明提出的Deep Residual Net网络这一观点在对网络分层训练时，利用ReLU和Batch Normalization解决了深度网络在训练时的梯度消失和梯度爆炸问题。

深度学习算法和传统的机器学习算法相比，其最大的特点是端到端的学习，在进行学习之前无须进行特征提取等操作，可以通过深层的网络结构自动从原始数据中提取有用的特征。它们的学习过程之间的差异如图1-2所示。

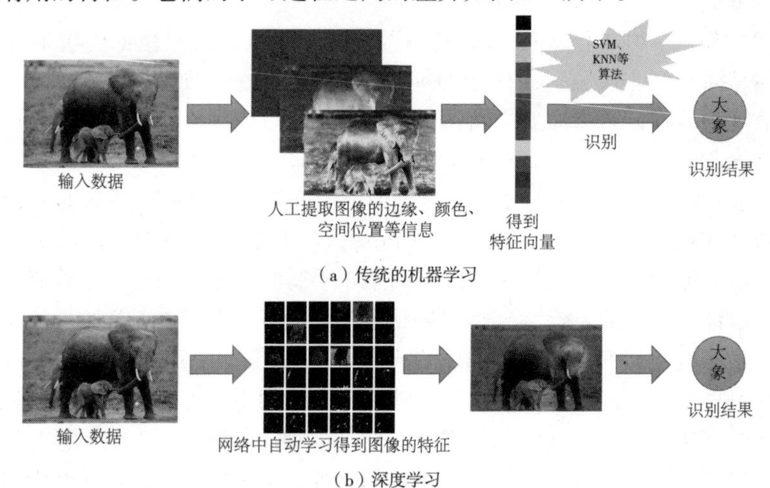

（a）传统的机器学习

（b）深度学习

图1-2　传统机器学习过程和深度学习过程对比

可以看出，在传统的机器学习过程中，需要更多的人工干预，尤其是在特征提取阶段，需要使用者具备丰富的相关知识，才能找到有效的数据特征，这无疑增加了建模难度和预测效果的不确定性。而深度学习方法，由于其端到端的特性，可以直接从原始数据中找到有用的信息，在预测时只使用对预测目标有用的内容，从而增强了其预测能力，而且不需要过多的人为干预，增强了预测结果的稳定性。

1.3　流行的深度学习框架

随着深度学习的大发展，各种深度学习框架也在快速被高校和研究公司发布和开源。尤其近两年，很多科技公司如Google、Facebook、Microsoft等都开源了自己的深度学习框架，供使用者进行学习研究。

目前虽然已经提出了各种各样的深度学习框架，但是它们的流行程度和易用性都不相同，在图1-3中给出了几种常用的深度学习框架，下面根据作者对它们的了解，进行一些简单的介绍。

图1-3　常用的深度学习框架

（1）Theano

Theano是由蒙特利尔大学在2007年开发的深度学习框架，也是最古老的目前仍然有显著影响力的Python深度学习框架。

Theano是一个Python库，使用者可以定义、优化、评价其数学表达式，尤其是多维数组（numpy.ndarray）。在处理数据巨大时，使用Theano库编程可以与C程序的计算速度相媲美，尤其是利用GPU加速后，甚至可以比基于CPU计算的C程序的速度快好几个数量级。Theano主要是通过直接描述数学表达式，所以执行的是解析式求导，而非数值求导。Theano结合了计算机代数系统（Computer Algebra System，CAS）和优化编译器，从而在计算需要被重复评价的复杂数学表达式时，能够加快评价速度。当然其也有一些缺点，如Theano定义function时缺乏灵活的多态机制，scan中传递参数的机制非常难用，并且程序调试困难。

Theano是由研究机构开发的，主要服务于研究人员，具有浓厚的学术气息，所以在工程设计上还有一些缺陷。其优点主要是使用图结构下的符号计算架构，并且对RNN支持很友好，所以在自然语言处理领域应用得较多。其缺点主要是相较于其他框架更偏向于底层，从而调试困难、编译时间长，而且在计算机视觉领域，没有预训练好的模型可以使用。

2017年11月，在Theano 1.0正式版本发布之后，Theano已经决定不再提供更新，表示Theano将退出历史舞台，但是其作为第一个Python的深度学习框架，已经很好地完成了自己的使命，对早期的深度学习研究人员提供了很大的帮助，同时影响了后来出现的深度学习框架的设计。基于Theano目前已经停止开发的现状，作为深度学习入门的初学者，不建议将其作为研究工具继续学习。

（2）TensorFlow

TensorFlow是由Google发布的深度学习框架，其前身是Google内部使用工具DistBelied，经过改进后在2015年11月宣布面向大众使用并开源。TensorFlow主要应用于机器学习和深度学习的研究，除了提供了矩阵运算和深度学习相关的函数外，还提供了众多图像处理相关的函数。由于TensorFlow非常灵活，通过众多函数的组合就能实现所需要的算法，属于一个非常基础的系统，因此应用于众多领域。受到Google在深度学习领域的巨大影响和其强力的推广，TensorFlow一经推出，就受到了学术界和工程界的关注，并且迅速成为目前用户最多的深度学习框架。

TensorFlow的基本思路是使用有向图来表示计算任务，有向图由很多节点和边构成，节点代表符号变量或者操作，所有的操作都放到会话（session）中执行。TensorFlow在最新发布的2.0版本中，引入了动态图的计算方式，所以现在的TensorFlow属于动态图和静态图两种计算方式并存。TensorFlow的核心部分采用C++来编写，所以计算时非常高效，并且提供了Python和C++接口。

TensorFlow作为目前最流行的深度学习框架，在取得如此巨大成功的同时，也受到了使用者的大量吐槽，总结起来主要有以下几点：

（1）接口频繁变动。TensorFlow的接口处于快速的迭代之中，而且没有很好地考虑版本前后相互兼容的问题，这就导致了很多已经投入使用的旧版本代码，不敢轻易升级到更高的新版本。

（2）接口设计复杂不容易理解。TensorFlow提出了图、会话、命名空间、PlaceHolder等多种抽象的概念，提高了用户理解门槛，尤其对初学者非常不友好。

（3）文档混乱。虽然TensorFlow的文档教程很多，但是针对不同的版本管理混乱，缺乏条理，在学习时没有清晰的学习路径，让很多初学者产生学习瓶颈，无法真正在应用时得心应手。

所以，尽管TensorFlow是目前最流行的深度学习框架，但对于初学者并不是最好的选择。

（4）Keras

Keras是一个用Python编写的开源神经网络库，是基于TensorFlow、CNKT或者Theano作为后端的高层神经网络API。Keras旨在快速实现深度神经网络，专注于用户友好、模块化和可扩展性，主要作者和维护者是Google工程师弗朗索瓦·肖莱。

准确地说，Keras并不能称为深度学习框架，因为它更像一个深度学习接口，建立在第三方深度学习框架之上，但是Keras在使用时非常方便，非常适合初学者。2017年，Google的TensorFlow团队决定在TensorFlow核心库中支持Keras。自CNTK V2.0开始，微软也向Keras添加了CNTK后端。

Keras由于其高度的封装，也带来了很多缺点，如使用时非常不灵活，同时当用户想要做些底层操作时，就会非常困难，而且高度的封装会让Keras的计算速度变得缓慢，从而在模型测试时需要花费更多的时间。

Keras虽然非常容易使用，但是很快就会遇到学习瓶颈，而且高度封装，使用户很多操作都在调用高级的API，这对深度学习算法和应用细节的学习理解非常不利，不能真正地深入学习、深度学习。虽然Keras可以作为进入深度学习大门的敲门砖，但是不能作为最终的生产工具。

（5）MXNet

MXNet（Apache MXNet）是一个开源的深度学习软件框架，用于训练及部署深度神经网络。MXNet具有可扩展性，允许快速模型训练，并支持灵活的编程模型和多种编程语言(包括C++、Python、Julia、Matlab、JavaScript、Go、R、Scala、Perl和Wolfram语言)。MXNet库可以扩展到多GPU和多台机器，具有可移植性。在2014年，陈天奇和李沐组建了DMLC［Distributed (Deep) Machine Learning Community］，号召大家一起来开发MXNet。但是由于其是由学生开发，所以并不注重在商业上的推广，限制了MXNet在商业上的应用。2016年11月亚马逊把MXNet选为AWS的首选深度学习框架。2017年1月MXNet项目进入Apache基金会，成为其孵化项目。

虽然MXNet接口很多，而且有很多支持者，但是由于其快速的更新迭代，导致很多文档长时间没有更新，增加了新手掌握MXNet的难度，所以其使用者并不是很多。

（6）CNTK

CNTK是一个由微软研究院开发的深度学习框架，于2016年1月在微软公司Github仓库正式开源。根据开发者的描述，CNTK的计算性能比Caffe、Theano、ThensorFlow等主流的深度学习框架都强，并且支持CPU和GPU的计算。CNTK同样将深度学习网络看作一个计算图，叶子节点代表网络的输入或者参数，其他节点则代表计算步骤。因为CNTK一开始只在微软内部使用开发，所以并没有Python接口，而且微软并没有对其进行大力推广，所以使用者非常少，社区并不活跃，对初学者也不友好。

（7）Caffe

Caffe（Convolutional Architecture for Fast Feature Embedding，快速特征嵌入的卷积结构)是一个深度学习框架，最初是贾扬清在加州大学伯克利分校攻读博士期间创建了Caffe项目，项目现在托管到GitHub，拥有众多贡献者。Caffe使用C++编写，并提供有Python接口。Caffe支持多种类型的深度学习架构，在面向图像分类和图像分割领域时表现突出，还支持CNN、RNN、LSTM和全连接神经网络设计。Caffe同时支持基于GPU和CPU的加速计算。

Caffe凭借其易用性和出色的性能，获得了很多用户的支持，曾经占据深度学习的半壁江山，但是随着深度学习新时代的到来，已经逐渐没落。在贾扬清从加州大学伯克利分校毕业后加入Google再到加入Facebook人工智能研究院（FAIR）后，又开发了Caffe2，Caffe2比Caffe性能更加突出，而且速度更快，但是并没有特别流行，而且相关文档也不是非常完善。

（8）PyTorch

PyTorch是基于动态图计算的深度学习框架，也是非常年轻的深度学习框架之一，在2017年1月18日，PyTorch由Facebook发布，并且在2018年12月发布了稳定的1.0版本。

PyTorch是基于动态图计算的深度学习框架，而大多数深度学习框架都是基于静态图计算的。静态图计算均是先定义然后再运行，一次定义好计算网络图后，可以多次运行，这样就带来了一些问题，因为静态图一旦定义后，是不能修改的，而且需要考虑跟踪问题，造成了静态图过于庞大，占据很高的内存。而动态计算图则没有这样的问题，因为动态图计算是在运行过程中被定义的，从而可以多次定义多次运行，方便使用者对网络的修改。TensorFlow是典型的基于静态图计算的深度学习框架，在PyTorch取得巨大成功后，TensorFlow在新的更新中也开始拥抱基于动态计算图的使用。图1-4给出了PyTorch动态计算图的一个示例，PyTorch会在每一次运行程序过程中，创建一幅新的计算图。

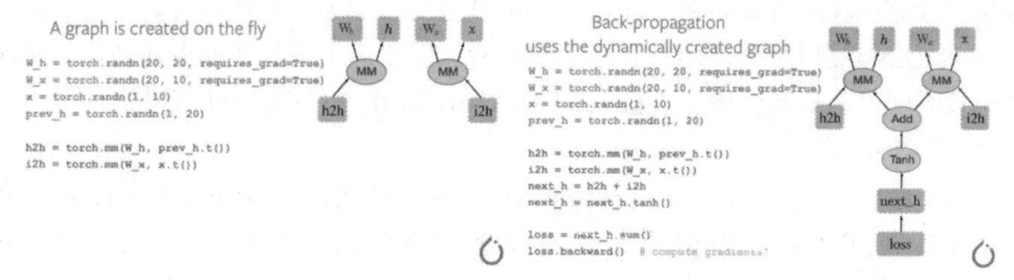

图1-4　动态图过程

PyTorch的前身Torch可追溯到2002年，其诞生于纽约大学。刚开始，Torch使用了一种不是很大众的语言Lua作为接口。虽然Lua简洁高效，但由于其过于小众，所以使用者不是很多。考虑到Python在计算科学领域的领先地位，以及其生态完整性和接口易用性，几乎任何框架都提供了Python接口。终于在2017年，Torch的幕后团队推出了PyTorch，对Tensor之上的所有模块进行了重构，并新增了最先进的自动求导系统，提供新的Python接口，成为当下最流行的动态图框架。在2018年12月发布的PyTorch 1.0版本中，Facebook将Caffe2并入PyTorch，更让PyTorch如虎添翼。

PyTorch主要有两大特点：一是可以无缝地使用NumPy，而且可以使用GPU加速；二是使用动态图计算使网络更加灵活，并且可以构建基于自动微分系统的深度神经网络。表1-1中列出了几种流行的深度学习框架的比较。

表1-1　深度学习框架的比较

名称	使用语言	硬件支持	开发者	发布时间
Theano	Python	CPU、GPU	蒙特利尔大学	2010
TensorFlow	C++、Python	CPU、GPU	Google	2015
Keras	Python	CPU、GPU	弗朗索瓦・肖莱	2015
MXNet	C++、Python	CPU、GPU	李沐等	2014
CNTK	C++、Python	CPU、GPU	微软	2016
Caffe	C++、Python	CPU、GPU	贾扬清	2013
PyTorch	Lua、Python	CPU、GPU	Facebook	2017

1.4 Python中常用的库及模块

本书在使用PyTorch框架进行深度学习实战时，还会涉及其他Python库的使用。下面对一些用到的库及模块的功能进行简单的描述。

（1）文件管理的相关库

os：该模块为操作系统接口模块，提供了一些方便使用操作系统的相关功能函数，在读写文件时比较方便。

（2）时间和日期

time：该模块为时间的访问和转换模块，提供了各种时间相关的函数，方便时间的获取和操作。

（3）文本处理

re：该库为正则表达式操作库，提供了与Perl语言类似的正则表达式匹配操作，方便对字符串的操作。

string：该库为常用的字符串操作库，提供了对字符串操作的方便用法。

requests：requests是一个Python HTTP库，方便对网页链接进行一系列操作，包含很多字符串处理的操作。

（4）科学计算和数据分析类

NumPy：NumPy是使用Python进行科学计算的基础库，包括丰富的数组计算功能，并且PyTorch中的张量和NumPy中的数组相互转化时非常方便。

Pandas：该库提供了很多高性能、易用的数据结构和数据分析及可视化工具。

statsmodels：该库常用于统计建模和计量经济学，如回归分析、时间序列建模等。

（5）机器学习类

sklearn：该库是常用的机器学习库，包含多种主流机器学习算法。

sklearn.datasets: sklearn中的datasets模块提供了一些已经准备好的数据集，方便建模和分析。

sklearn.preprocessing:sklearn中的preprocessing模块提供了多种对数据集的预处理操作，如数据标准化等。

sklearn.metrics：sklearn中的metrics模块提供了对聚类、分类及回归效果的相关评价方法，如计算预测精度等。

sklearn.model_selection：sklearn中的model_selection模块提供了方便对模型进行选择的相关操作。

copy：提供复制对象的相关功能，可以用于复制模型的参数。

（6）数据可视化类

matplotlib：Python中最常用的数据可视化库，可以绘制多种简单和复杂的数据可视化图像，如散点图、折线图、直方图等。

seaborn：seaborn是一个基于Python中matplotlib的可视化库。它提供了一个更高层次的绘图方法，可以使用更少的程序绘制有吸引力的统计图形。

hiddenlayer：可用于可视化基于PyTorch、TensorFlow和Keras的网络结构及深度学习网络的训练过程。

PyTorchViz：通常用于可视化PyTorch建立的深度学习网络结构。

tensorboardX：可以通过该库将PyTorch的训练过程等事件写入TensorBoard，这样就可以方便地利用TensorBoard来可视化深度学习的训练过程和相关的中间结果。

wordcloud：通过词频来可视化词云的库，方便对文本的分析。

（7）自然语言处理

nltk：NLTK是Python的自然语言处理工具包，是NLP领域中最常使用的一个Python库，而且背后有非常强大的社区支持。

jieba：jieba是针对中文分词最常用的分词工具，其提供了多种编程语言的接口，包括Python。可以使用该库对中文进行分词等一系列的预处理操作。

（8）图像操作

pillow：Pillow是一个对PIL友好的分支，是Python中常用的图像处理库，PyTorch的相关图像操作也是基于Pillow库。

cv2：OpenCV是一个C++库，用于实时处理计算机视觉方面的问题，涵盖了很多计算机视觉领域的模块，cv2是其中的一个Python接口。

skimage：用于图像处理的算法集合，提供了很多方便对图像进行处理的方法。

1.5 本章小结

在本章内容中，主要介绍了机器学习与深度学习之间的差异和相关应用场景，以及常用的深度学习框架，并对这些框架进行了对比，着重介绍了PyTorch在深度学习中的优势。在本章的最后介绍了PyTorch在进行深度学习时，需要用到的其他Python库。

第 2 章　PyTorch 快速入门

PyTorch于2017年1月由Facebook开源发布，是使用GPU和CPU优化的深度学习张量库。经过两年的快速发展，于2018年12月发布稳定的1.0版本，已经成为最流行的深度学习框架之一。本章作为PyTorch入门内容，主要介绍PyTorch的安装、张量、自动微分、torch.nn模块的卷积池化等操作，以及进行数据预处理等相关的模块。

2.1 PyTorch安装

PyTorch作为Python的一个深度学习库，安装非常简单，以Mac版本为例(其他类型的系统，安装方法相似)，在安装前，首先要确定自己的计算机是否已经成功安装了Anaconda。Anaconda可以到官方网站下载，如图2–1所示的界面，下载与自己机器匹配的版本，然后根据界面提示安装即可。

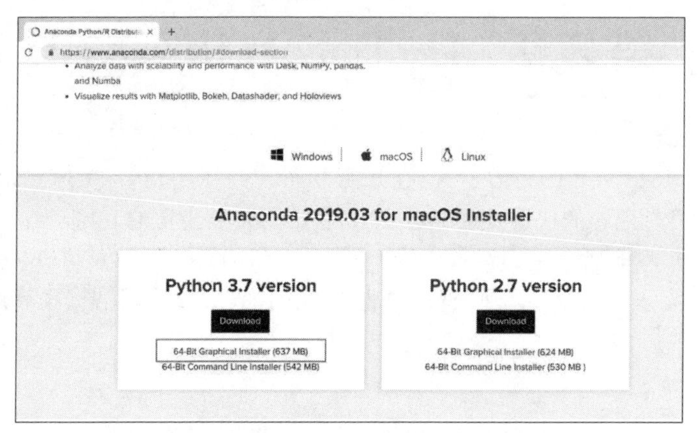

图 2–1　Anaconda 下载界面

Anaconda通过conda命令行工具来管理Python中的包，包括PyTorch相关包的安装。打开命令行工具终端(Windows系统则是Anaconda Prompt)，执行命令conda list可得到如图2–2所示的结果。在图中列出了当前Python已经安装了的库。

```
-bash — 80×24
Last login: Sun Apr 14 21:35:00 on ttys000
deMacBook-Pro:~ $ conda list
# packages in environment at /Users/ /anaconda3:
#
# Name                    Version                   Build  Channel
absl-py                   0.1.10                    <pip>
alabaster                 0.7.10           py36h174008c_0
alembic                   0.9.9                     <pip>
algopy                    0.5.7                     <pip>
anaconda                  custom           py36ha4fed55_0
anaconda-client           1.6.5            py36h04cfe59_0
anaconda-navigator        1.6.9            py36ha31b149_0
anaconda-project          0.8.0            py36h99320b2_0
anyqt                     0.0.8                      py36_0
appnope                   0.1.0            py36hf537a9a_0
appscript                 1.0.1            py36h9e71e49_1
asn1crypto                0.22.0           py36hb705621_1
astroid                   1.5.3            py36h1333018_0
astropy                   2.0.2            py36hf79c81d_4
babel                     2.5.0            py36h9f161ff_0
backports                 1.0              py36ha3c1827_1
backports.shutil_get_terminal_size 1.0.0            py36hd7a2ee4_2
banal                     0.3.7                     <pip>
basemap                   1.0.7               np113py36_0
```

图 2–2　conda list 命令示例

PyTorch的安装比较简单，只需要到PyTorch官方首页(https://pytorch.org/)，然

后根据自己计算机的配置选择相应的PyTorch版本后，会自动获取PyTorch的安装命令，复制命令代码到如图2-2所示的终端命令行工具（Windows系统则是Anaconda Prompt）下运行即可，例如图2-3所示。在安装时还可选择是否安装GPU版本。

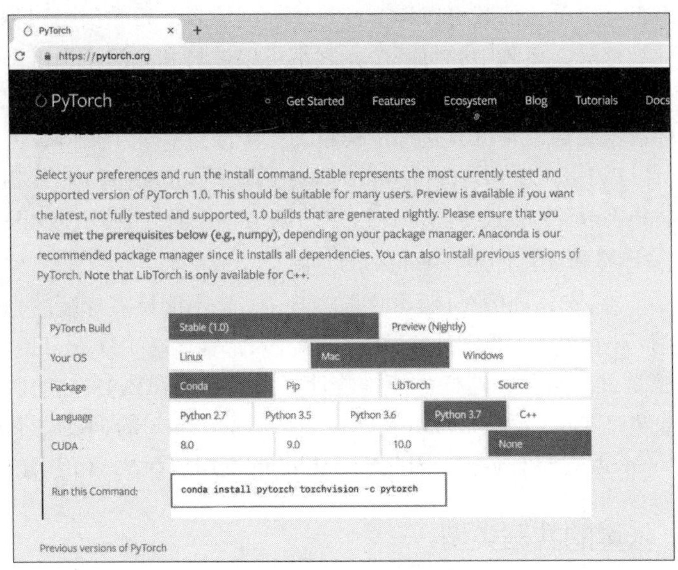

图 2-3　PyTorch 安装命令

图2-3选择安装的PyTorch版本为稳定1.0版，计算机为Mac系统，安装方法选择conda命令，安装是基于Python语言Python 3.7，并且不安装GPU（选择None），得到安装命令为conda install pytorch torchvision –c pytorch。将该命令输入如图2-2所示的命令行工具后，即可自动安装PyTorch和torchvision两个库。

安装成功后，即可直接使用Jupyter notebook或Spyder等Python编辑工具进行库的导入和程序的编写，如图2-4所示，导入torch(PyTorch)和torchvision两个库。程序的输出结果表明库已经成功安装。

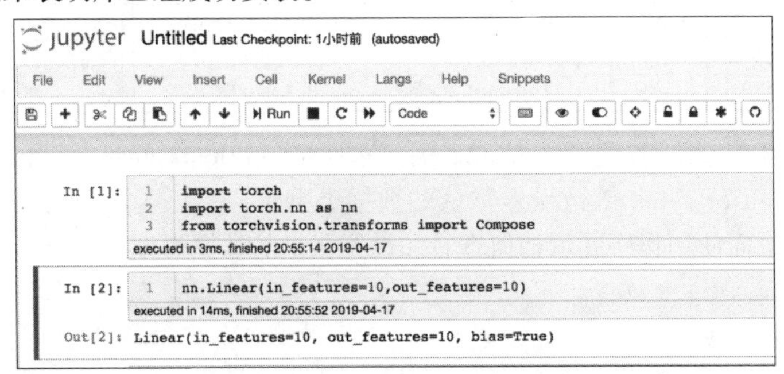

图 2-4　导入 torch(PyTorch) 和 torchvision

2.2 张量

在数学中，一个单独的数可以称为标量，一列或者一行数组可以称为向量，一个二维数组称为矩阵，矩阵中的每一个元素都可以被行和列的索引唯一确定，如果数组的维度超过2，那么我们可以称该数组为张量（Tensor）。但是在PyTorch中，张量属于一种数据结构，它可以是一个标量、一个向量、一个矩阵，甚至是更高维度的数组，所以PyTorch中Tensor和NumPy库中的数组（ndarray）非常相似，在使用时也会经常将PyTorch中的张量和NumPy中的数组相互转化。在深度网络中，基于PyTorch的相关计算和优化都是在Tensor的基础上完成的。

扫一扫，看视频

在PyTorch的0.4版本之前，Tensor是不能计算梯度的，所以在深度学习网络中，需要计算梯度的Tensor都需要使用Variable（Tensor）将张量进行封装，这样才能构建计算图。但是在PyTorch的0.4版本之后，合并了Tensor和Variable类，可直接计算Tensor的梯度，不再需要使用Variable封装Tensor，因此Variable()的使用逐渐从API中消失。

2.2.1 张量的数据类型

在torch中CPU和GPU张量分别有8种数据类型，如表2-1所示。

表2-1 张量数据类型

数据类型	dtype	CPU tensor	GPU tensor
32位浮点型	torch.float32 或 torch.float	torch.FloatTensor	torch.cuda.FloatTensor
64位浮点型	torch.float64 或 torch.double	torch.DoubleTensor	torch.cuda.DoubleTensor
16位浮点型	torch.float16 或 torch.half	torch.HalfTensor	torch.cuda.HalfTensor
8位无符号整型	torch.uint8	torch.ByteTensor	torch.cuda.ByteTensor
8位有符号整型	torch.int8	torch.CharTensor	torch.cuda.CharTensor
16位有符号整型	torch.int16 或 torch.short	torch.ShortTensor	torch.cuda.ShortTensor
32位有符号整型	torch.int32 或 torch.int	torch.IntTensor	torch.cuda.IntTensor
64位有符号整型	torch.int64 或 torch.long	torch.LongTensor	torch.cuda.LongTensor

在torch中默认的数据类型是32位浮点型（torch.FloatTensor），可以通过torch.set_default_tensor_type()函数设置默认的数据类型，但是该函数只支持设置浮点型数据类型，下面使用程序展示如何查看和设置张量的数据类型。

```
In[1]: ## 导入需要的库
    import torch
    ## 获取张量的数据类型
    torch.tensor([1.2, 3.4]).dtype
Out[1]: torch.float32
```

在程序中使用torch.tensor()函数生成一个张量，然后使用.dtype方法获取张量的数据类型，结果为32位浮点型。

```
In[2]: ## 将张量的默认数据类型设置为其他类型
     torch.set_default_tensor_type(torch.DoubleTensor)
     torch.tensor([1.2, 3.4]).dtype
Out[2]: torch.float64
```

在上面的程序中，从张量的.dtype方法输出结果为torch.float64可知，通过torch.set_default_tensor_type(torch.DoubleTensor)已经将默认的数据类型设置为64位浮点型。

在torch中还有其他类型的数据，将浮点型转化为其他数据类型的方法如下：

```
In[3]: ## 将张量数据类型转化为整型
    a = torch.tensor([1.2, 3.4])
    print("a.dtype:",a.dtype)
    print("a.long() 方法 :",a.long().dtype)
    print("a.int() 方法 :",a.int().dtype)
    print("a.float() 方法 :",a.float().dtype)
Out[3]:a.dtype: torch.float64
      a.long() 方法 : torch.int64
      a.int() 方法 : torch.int32
      a.float() 方法 : torch.float32
```

由于在程序片段In[2]中已经将张量默认的数据类型设置为64位浮点型，所以生成的张量a的数据类型为torch.float64。针对张量a，可以使用a.long()方法将其转化为64位有符号整型，a.int()方法将其转化为32位有符号整型，a.float()方法将其转化为32位浮点型。

如果想要恢复默认的32位浮点型数据类型，需要再次使用torch.set_default_tensor_type()函数，程序如下：

```
In[4]: ## 恢复 torch 默认的数据类型
    torch.set_default_tensor_type(torch.FloatTensor)
    torch.tensor([1.2, 3.4]).dtype
Out[4]: torch.float32
```

在上面的程序中，从张量的.dtype方法输出结果为torch.float32可知，已经将默认的数据类型恢复为32位浮点型。

也可以使用torch.get_default_dtype()函数，获取默认的数据类型，如：

```
In[5]: ## 获取默认的数据类型
     torch.get_default_dtype()
Out[5]: torch.float32
```

2.2.2 张量的生成

在PyTorch中有多种方式可以生成一个张量，下面使用具体的代码介绍如何生成在深度学习过程需要的张量。

（1）使用torch.tensor()函数生成张量

Python的列表或序列可以通过torch.tensor()函数构造张量。

```
In[6]: A = torch.tensor([[1.0,1.0],[2,2]])
     A
Out[6]: tensor([[1., 1.],
               [2., 2.]])
```

上面程序使用torch.tensor()函数将Python的列表转化为张量。张量的维度可以通过.shape查看，并可使用.size()方法计算张量的形状大小，使用.numel()方法计算张量中包含元素的数量，例如：

```
In[7]: ## 获取张量的维度
     A.shape
Out[7]: torch.Size([2, 2])
In[8]: ## 获取张量的形状大小
     A.size()
Out[8]: torch.Size([2, 2])
In[9]: ## 计算张量中包含元素的数量
     A.numel()
Out[9]: 4
```

在使用torch.tensor()函数时，可以使用参数dtype来指定张量的数据类型，使用参数requires_grad来指定张量是否需要计算梯度。只有计算了梯度的张量，才能在深度网络优化时根据梯度大小进行更新。下面生成一个需要计算梯度的张量B：

```
In[10]: B = torch.tensor((1,2,3),dtype=torch.float32,requires_
grad=True)
      B
Out[10]: tensor([1., 2., 3.], requires_grad=True)
```

在程序片段[10]（即In[10]）中使用参数dtype=torch.float32指定张量B中的元素为32位浮点型，使用参数requires_grad=True表明张量B可以计算每个元素的梯度。下面针对张量B计算sum（B^2）在每个元素上的梯度大小：

```
In[11]:## 因为张量 B 是可计算梯度的，故可以计算 sum(B**2) 的梯度
     y = B.pow(2).sum()
     y.backward()
     B.grad
Out[11]: tensor([2., 4., 6.])
```

从输出结果可以看出每个位置上的梯度为2×B。这里需要注意的是，只有浮点型数据才能计算梯度，其他类型的数据是不能计算张量的梯度，例如下面的程序就会报错：

```
In[12]: ## 注意只有浮点类型的张量允许计算梯度
     B = torch.tensor((1,2,3),dtype=torch.int32,requires_grad=True)

-----------------------------------------------------------------------
RuntimeError                              Traceback (most recent calllast)
<ipython-input-16-749bd6dcc062> in <module>()
      1 ## 注意只有浮点类型的张量允许计算梯度
----> 2 B = torch.tensor((1,2,3),dtype=torch.int32,requires_grad=True)
RuntimeError: Only Tensors of floating point dtype can require
gradients
```

（2）torch.Tensor()函数

在PyTorch中也可使用torch.Tensor()函数来生成张量，而且可以根据指定的形状生成张量。例如，根据Python列表生成张量C。

```
In[13]: ## 根据已有的数据创建张量
     C = torch.Tensor([1,2,3,4])
     C
Out[13]: tensor([1., 2., 3., 4.])
```

也可以根据形状参数生成特定尺寸的张量。例如：生成2×3的张量D。

```
In[14]: ## 创建具有特定大小的张量
     D = torch.Tensor(2,3)
     D
Out[14]: tensor([[ 0.0000e+00, -1.0842e-19, -1.4324e+00],
                 [ 8.5920e+09,  1.1117e-21,  1.4013e-45]])
```

针对已经生成的张量可以使用torch.**_like()系列函数生成与指定张量维度相同、性质相似的张量，如使用torch.ones_like()函数生成与D维度相同的全1张量。

```
In[15]: ## 创建一个与D相同大小和类型的全1张量
     torch.ones_like(D)
Out[15]: tensor([[1., 1., 1.],
                 [1., 1., 1.]])
```

使用torch.zeros_like()函数生成与D维度相同的全0张量：

```
In[16]: torch.zeros_like(D)
Out[16]: tensor([[0., 0., 0.],
                 [0., 0., 0.]])
```

使用torch.rand_like()函数生成与D维度相同的随机张量：

```
In[17]: torch.rand_like(D)
Out[17]: tensor([[0.3651, 0.3743, 0.4789],
                [0.2079, 0.7280, 0.2771]])
```

针对一个创建好的张量D，可以使用D.new_**()系列函数创建出新的张量，如使用D.new_tensor()将列表转化为张量：

```
In[18]: ## 创建一个类型相似但尺寸不同的张量
     E = [[1,2],[3,4]]
     E = D.new_tensor(E)
     print("D.dtype : ",D.dtype)
     print("E.dtype : ",E.dtype)
Out[18]: D.dtype :  torch.float32
      E.dtype :  torch.float32
```

上面的程序使用D.new_tensor(E)将列表E转化为32位浮点型的张量。还可以使用其他函数得到新的张量，如表2-2所示。

表 2-2　D.new_**() 系列函数

函数	描述
D.new_full((3,3), fill_value = 1)	3 × 3 使用 1 填充的张量
D.new_zeros((3,3))	3 × 3 的全 0 张量
D.new_empty((3,3))	3 × 3 的空张量
D.new_ones((3,3))	3 × 3 的全 1 张量

（3）张量和NumPy数据相互转换

PyTorch提供了Numpy数组和PyTorch张量相互转换的函数，非常方便对张量进行相关操作，如将张量转化为Numpy数组，在通过Numpy数组进行相关计算后，可以再次转化为张量，以便进行张量相关的计算。

将Numpy数组转化为PyTorch张量，可以使用torch.as_tensor()函数和torch.from_numpy()函数，例如：

```
In[19]: ## 利用 Numpy 数组生成张量
     import numpy as np
      F = np.ones((3,3))
     ## 使用 torch.as_tensor() 函数
     Ftensor = torch.as_tensor(F)
     Ftensor
Out[19]: tensor([[1., 1., 1.],
                [1., 1., 1.],
                [1., 1., 1.]], dtype=torch.float64)
In[20]: ## 使用 torch.from_numpy() 函数
```

```
    Ftensor = torch.from_numpy(F)
    Ftensor
Out[20]: tensor([[1., 1., 1.],
                 [1., 1., 1.],
                 [1., 1., 1.]], dtype=torch.float64)
```

从程序片段19和程序片段20的输出中得到的张量是64位浮点型数据，这是因为使用Numpy生成的数组默认就是64位浮点型数组。

针对PyTorch中的张量，使用torch.numpy()函数即可转化为Numpy数组。

```
In[21]: ## 使用张量的 .numpy() 将张量转化为 Numpy 数组
    Ftensor.numpy()
Out[21]: array([[1., 1., 1.],
                [1., 1., 1.],
                [1., 1., 1.]])
```

（4）随机数生成张量

在PyTorch中还可以通过相关随机数来生成张量，并且可以指定生成随机数的分布函数等。在生成随机数之前，可以使用torch.manual_seed()函数，指定生成随机数的种子，用于保证生成的随机数是可重复出现的。如使用torch.normal()生成服从正态（0，1）分布的随机数：

```
In[22]: ## 通过指定均值和标准差生成随机数
    torch.manual_seed(123)
    A = torch.normal(mean = 0.0,std = torch.tensor(1.0))
    A
Out[22]: tensor(-0.1115)
```

在torch.normal()函数中，通过mean参数指定随机数的均值，std参数指定随机数的标准差，如果mean参数和std参数都只有一个元素则只会生成一个随机数；如果mean参数和std参数有多个值，则可生成多个随机数，例如：

```
In[23]: ## 通过指定均值和标准差生成随机数
    torch.manual_seed(123)
    A = torch.normal(mean = 0.0,std=torch.arange(1,5.0))
    A
Out[23]: tensor([-0.1115,  0.2407, -1.1089, -0.9617])
```

上面的例子中，每个随机数服从的分布均值都是0，但是它们分布的标准差则分别为1、2、3、4。当然也可以分别指定每个随机数服从的均值，例如：

```
In[24]: torch.manual_seed(123)
    A = torch.normal(mean = torch.arange(1,5.0),std=torch.arange(1,5.0))
    A
Out[24]: tensor([0.8885, 2.2407, 1.8911, 3.0383])
```

上面的例子中，每个随机数服从的分布均值分别为1、2、3、4，分布的标准差也分别为1、2、3、4。

也可以使用torch.rand()函数，在区间[0,1]上生成服从均匀分布的张量：

```
In[25]: ## 在区间 [0,1] 上生成服从均匀分布的张量
     torch.manual_seed(123)
     B = torch.rand(3,4)
     B
Out[25]: tensor([[0.2961, 0.5166, 0.2517, 0.6886],
                 [0.0740, 0.8665, 0.1366, 0.1025],
                 [0.1841, 0.7264, 0.3153, 0.6871]])
```

而torch.rand_like函数，则可根据其他张量维度，生成与其维度相同的随机数张量，例如：

```
In[26]: ## 生成和其他张量尺寸相同的随机数张量
     torch.manual_seed(123)
     C = torch.ones(2,3)
     D = torch.rand_like(C)
     D
Out[26]: tensor([[0.2961, 0.5166, 0.2517],
                [0.6886, 0.0740, 0.8665]])
```

使用torch.randn()和torch.rand_like()函数则可生成服从标准正态分布的随机数张量，例如：

```
In[27]: ## 生成服从标准正态分布的随机数张量
     print(torch.randn(3,3))
     print(torch.randn_like(C))
Out[27]: tensor([[ 0.9447,  0.6217, -1.3501],
                 [-0.1881, -2.3891, -0.4759],
                 [ 1.7603,  0.6547,  0.5490]])
         tensor([[ 0.3671,  0.1219,  0.6466],
                 [-1.4168,  0.8429, -0.6307]])
```

使用torch.randperm(n)函数，则可将0 ~ n（包含0不包含n）之间的整数进行随机排序后输出，例如：将0 ~ 9这10个数字重新随机排序后输出，可使用如下程序：

```
In[28]: ## 将 0 ~ 10（不包含 10）之间的整数随机排序
     torch.manual_seed(123)
     torch.randperm(10)
Out[28]: tensor([2, 0, 8, 1, 3, 7, 4, 9, 5, 6])
```

（5）其他生成张量的函数

在PyTorch中包含和np.arange()用法相似的函数torch.arange()，常常用来生成张

量，例如：

```
In[29]: ## 使用 torch.arange() 生成张量
    torch.arange(start=0, end = 10, step=2)
Out[29]: tensor([0, 2, 4, 6, 8])
```

在torch.arange()中，参数start指定开始，参数end指定结束，参数step则指定步长。可使用torch.linspace()函数在范围内生成固定数量的等间隔张量，例如：

```
In[30]: ## 在范围内生成固定数量的等间隔张量
    torch.linspace(start = 1, end = 10, steps=5)
Out[30]: tensor([ 1.0000,  3.2500,  5.5000,  7.7500, 10.0000])
```

torch.logspace()函数则可生成以对数为间隔的张量，例如：

```
In[31]: ## 生成以对数为间隔的张量
    torch.logspace(start=0.1, end=1.0, steps=5)
Out[31]: tensor([ 1.2589,  2.1135,  3.5481,  5.9566, 10.0000])
```

输出的结果和10**(torch.linspace(start = 0.1, end = 1, steps=5))等价。同时PyTorch中还包含很多预定义的函数，用于生成特定的张量。常用的函数如表2–3所示。

表 2–3 生成张量系列函数

函数	描述
torch.zeros(3,3)	3×3 的全 0 张量
torch.ones(3,3)	3×3 的全 1 张量
torch.eye(3)	3×3 的单位张量
torch.full((3,3),fill_value = 0.25)	3×3 使用 0.25 填充的张量
torch.empty(3,3)	3×3 的空张量

2.2.3 张量操作

前面介绍了生成张量的一些方法，在生成张量后通常需要对其进行一系列的操作，如改变张量的形状、获取或改变张量中的元素、将张量进行拼接和拆分等。下面对这些方法一一介绍。

扫一扫，看视频

(1)改变张量的形状

改变张量的形状在深度学习的使用过程中经常会遇到，而且针对不同的情况对张量形状尺寸的改变有多种函数和方法可以使用，如tensor.reshape()方法可以设置张量的形状大小。

```
In[32]: ## 使用 tensor.reshape() 方法设置张量的形状大小
    A = torch.arange(12.0).reshape(3,4)
    A
Out[32]: tensor([[ 0.,  1.,  2.,  3.],
                [ 4.,  5.,  6.,  7.],
```

```
                 [ 8.,  9., 10., 11.]])
```

上面的程序中，针对一个生成的张量，利用了张量的.reshape()方法，将张量修改为3 × 4的矩阵张量。或者直接通过torch.reshape()函数改变输入张量的形状，例如：

```
In[33]: ## 使用 torch.reshape()
     torch.reshape(input = A,shape = (2,-1))
Out[33]: tensor([[ 0.,  1.,  2.,  3.,  4.,  5.],
                 [ 6.,  7.,  8.,  9., 10., 11.]])
```

改变张量的形状使用tensor.resize_()方法，针对输入的形状大小对张量形状进行修改，例如：

```
In[34]: ## 使用 resize_() 方法
     A.resize_(2,6)
     A
Out[34]: tensor([[ 0.,  1.,  2.,  3.,  4.,  5.],
                 [ 6.,  7.,  8.,  9., 10., 11.]])
```

在PyTorch中提供了A.resize_as_(B)方法，可以将张量A的形状尺寸，设置为跟张量B相同的形状大小，例如：

```
In[35]: B = torch.arange(10.0,19.0).reshape(3,3)
      A.resize_as_(B)
Out[35]: tensor([[0., 1., 2.],
                 [3., 4., 5.],
                 [6., 7., 8.]])
In[36]: B
Out[36]: tensor([[10., 11., 12.],
                 [13., 14., 15.],
                 [16., 17., 18.]])
```

从上面的程序示例中，可以发现张量A的形状大小，已经设置为和张量B相同的大小。

在PyTorch中，torch.unsqueeze()函数可以在张量的指定维度插入新的维度得到维度提升的张量。而torch.squeeze()函数，可以移除指定或者所有维度大小为1的维度，从而得到维度减小的新张量，例如：

```
In[37]: ## torch.unsqueeze() 函数在指定维度插入尺寸为 1 的新张量
     A = torch.arange(12.0).reshape(2,6)
     B = torch.unsqueeze(A,dim = 0)
     B.shape
Out[37]: torch.Size([1, 2, 6])
In[38]: ## torch.squeeze() 函数移除所有维度为 1 的维度
     C = B.unsqueeze(dim = 3)
```

```
        print("C.shape : ",C.shape)
        D = torch.squeeze(C)
        print("D.shape : ",D.shape)
        ## 移除指定维度为 1 的维度
        E = torch.squeeze(C,dim = 0)
        print("E.shape : ",E.shape)
Out[38]: C.shape :  torch.Size([1, 2, 6, 1])
         D.shape :  torch.Size([2, 6])
         E.shape :  torch.Size([2, 6, 1])
```

在PyTorch中也可以使用.expand()方法对张量的维度进行拓展，从而对张量的形状大小进行修改。而A.expand_as(C)方法，则会将张量A根据张量C的形状大小进行拓展，得到新的张量，它们的使用方法如下：

```
In[39]: ## 使用 .expand() 方法拓展张量
        A = torch.arange(3)
        B = A.expand(3,-1)
        B
Out[39]: tensor([[0, 1, 2],
                 [0, 1, 2],
                 [0, 1, 2]])
In[40]: ## 使用 .expand_as() 方法拓展张量
        C = torch.arange(6).reshape(2,3)
        B = A.expand_as(C)
        B
Out[40]: tensor([[0, 1, 2],
                 [0, 1, 2]])
```

使用张量的.repeat()方法，可以将张量看作一个整体，然后根据指定的形状进行重复填充，得到新的张量，例如：

```
In[41]: ## 使用 .repeat() 方法拓展张量
        D = B.repeat(1,2,2)
        print(D)
        print(D.shape)
Out[41]: tensor([[[0, 1, 2, 0, 1, 2],
                  [0, 1, 2, 0, 1, 2],
                  [0, 1, 2, 0, 1, 2],
                  [0, 1, 2, 0, 1, 2]]])
        torch.Size([1, 4, 6])
```

(2)获取张量中的元素

从已知的张量中提取需要的元素，在实际应用中也非常的常见，下面介绍几种从张量中提取元素的方法。

从张量中利用切片和索引提取元素的方法，和在NumPy中的使用方法是一致的，所以在使用时会非常方便，例如：

```
In[42]: ## 利用切片和索引获取张量中的元素
     A = torch.arange(12).reshape(1,3,4)
     A
Out[42]: tensor([[[ 0,  1,  2,  3],
                  [ 4,  5,  6,  7],
                  [ 8,  9, 10, 11]]])
In[43]: A[0]
Out[43]: tensor([[ 0,  1,  2,  3],
                 [ 4,  5,  6,  7],
                 [ 8,  9, 10, 11]])
In[44]: ## 获取第 0 维度下的矩阵前两行元素
     A[0,0:2,:]
Out[44]: tensor([[0, 1, 2, 3],
                 [4, 5, 6, 7]])
In[45]: ## 获取第 0 维度下的矩阵，最后一行 -4 ~ -1 列
     A[0,-1,-4:-1]
Out[45]: tensor([ 8,  9, 10])
```

在PyTorch中也可按需将索引设置为相应的布尔值，然后提取为真条件下的内容，例如找到A中取值大于5的元素：

```
In[46]: ## 根据条件筛选
     B = - A
     torch.where(A>5,A,B) ## 当 A>5 为 true 时返回 x 对应位置值，为 false 时返回
                              y 的值
Out[46]: tensor([[[ 0, -1, -2, -3],
                  [-4, -5,  6,  7],
                  [ 8,  9, 10, 11]]])
In[47]: ## 获取 A 中大于 5 的元素
     A[ A > 5]
Out[47]: tensor([ 6,  7,  8,  9, 10, 11])
```

torch.tril()函数可以获取张量下三角部分的内容，而将上三角部分的元素设置为0;torch.triu()函数可以获取张量上三角部分的内容，而将下三角部分的元素设置为0;torch.diag()函数可以获取矩阵张量的对角线元素，或者提供一个向量生成一个矩阵张量。它们的用法如下所示：

```
In[48]: ## 获取矩阵张量的下三角部分
     torch.tril(A,diagonal=0,)
```

```
Out[48]: tensor([[[ 0,  0,  0,  0],
                  [ 4,  5,  0,  0],
                  [ 8,  9, 10,  0]]])
In[49]: ## diagonal 参数控制要考虑的对角线
     torch.tril(A,diagonal=1)
Out[49]: tensor([[[ 0,  1,  0,  0],
                  [ 4,  5,  6,  0],
                  [ 8,  9, 10, 11]]])
In[50]: ## 获取矩阵张量的上三角部分
     torch.triu(A,diagonal=0)
Out[50]: tensor([[[ 0,  1,  2,  3],
                  [ 0,  5,  6,  7],
                  [ 0,  0, 10, 11]]])
In[51]:## 获取矩阵张量的对角线元素,input 需要是一个二维的张量
     C = A.reshape(3,4)
     print(C)
     print(torch.diag(C,diagonal=0))
     print(torch.diag(C,diagonal=1))
Out[51]: tensor([[ 0,  1,  2,  3],
                 [ 4,  5,  6,  7],
                 [ 8,  9, 10, 11]])
     tensor([ 0,  5, 10])
     tensor([ 1,  6, 11])
```

在上面的程序中可以通过diagonal参数来控制获取的对角线元素，相对于对角线的位移。

```
In[52]: ## 提供对角线元素生成矩阵张量
     torch.diag(torch.tensor([1,2,3]))
Out[52]:tensor([[1, 0, 0],
                [0, 2, 0],
                [0, 0, 3]])
```

(3)拼接和拆分

在PyTorch中也提供了将多个张量拼接为一个张量、将一个大的张量拆分为几个小的张量的函数。其中torch.cat()函数，可以将多个张量在指定的维度进行拼接，得到新的张量，该函数的用法如下：

```
In[53]: ## 在给定维度中连接给定的张量序列
     A = torch.arange(6.0).reshape(2,3)
     B = torch.linspace(0,10,6).reshape(2,3)
     ## 在 0 维度连接张量
```

```
          C = torch.cat((A,B),dim=0)
          C
Out[53]: tensor([[ 0.,  1.,  2.],
                 [ 3.,  4.,  5.],
                 [ 0.,  2.,  4.],
                 [ 6.,  8., 10.]])
In[54]: ## 在1维度连接张量
          D = torch.cat((A,B),dim=1)
          D
Out[54]: tensor([[ 0.,  1.,  2.,  0.,  2.,  4.],
                 [ 3.,  4.,  5.,  6.,  8., 10.]])
In[55]: ## 在1维度连接3个张量
          E = torch.cat((A[:,1:2],A,B),dim=1)
          E
Out[55]: tensor([[ 1.,  0.,  1.,  2.,  0.,  2.,  4.],
                 [ 4.,  3.,  4.,  5.,  6.,  8., 10.]])
```

PyTorch中的torch.stack()函数，也可以将多个张量按照指定的维度进行拼接，其用法如下所示：

```
In[57]: ## 沿新维度连接张量
          F = torch.stack((A,B),dim=0)
          print(F)
          print(F.shape)
Out[57]: tensor([[[ 0.,  1.,  2.],
                  [ 3.,  4.,  5.]],
                 [[ 0.,  2.,  4.],
                  [ 6.,  8., 10.]]])
          torch.Size([2, 2, 3])
In[58]: G = torch.stack((A,B),dim=2)
          print(G)
          print(G.shape)
Out[58]: tensor([[[ 0.,  0.],
                  [ 1.,  2.],
                  [ 2.,  4.]],
                 [[ 3.,  6.],
                  [ 4.,  8.],
                  [ 5., 10.]]])
          torch.Size([2, 3, 2])
```

在PyTorch中，torch.chunk()函数可以将张量分割为特定数量的块；torch.split()函数在将张量分割为特定数量的块时，可以指定每个块的大小。

```
In[59]: ## 在行上将张量 E 分为两块
     torch.chunk(E,2,dim=0)
Out[59]: (tensor([[1., 0., 1., 2., 0., 2., 4.]]),
          tensor([[ 4.,  3.,  4.,  5.,  6.,  8., 10.]]))
In[60]: D1,D2 = torch.chunk(D,2,dim=1)
     print(D1)
     print(D2)
Out[60]: tensor([[0., 1., 2.],
                 [3., 4., 5.]])
         tensor([[ 0.,  2.,  4.],
                 [ 6.,  8., 10.]])
In[61]: ## 如果沿给定维度 dim 的张量大小不能被块整除，则最后一个块将最小
     E1,E2,E3 = torch.chunk(E,3,dim=1)
     print(E1)
     print(E2)
     print(E3)
Out[61]: tensor([[1., 0., 1.],
                 [4., 3., 4.]])
         tensor([[2., 0., 2.],
                 [5., 6., 8.]])
         tensor([[ 4.],
                 [10.]])
In[62]: ## 将张量切分为块，指定每个块的大小
     D1,D2,D3 = torch.split(D,[1,2,3],dim=1)
     print(D1)
     print(D2)
     print(D3)
Out[62]: tensor([[0.],
                 [3.]])
         tensor([[1., 2.],
                 [4., 5.]])
         tensor([[ 0.,  2.,  4.],
                 [ 6.,  8., 10.]])
```

2.2.4 张量计算

针对张量计算的内容，主要包括张量之间的大小比较；张量的基本运算，如元素之间的运算和矩阵之间的运算等；张量与统计相关的运算，如排序、最大值、最小值、最大值的位置等内容。下面针对这些内容一一进行介绍。

(1) 比较大小

针对张量之间的元素比较大小，主要有如表2-4所示的一些函数可以使用。

表 2-4 比较张量之间元素大小的相关函数

函数	功能
torch.allclose()	比较两个元素是否接近
torch.eq()	逐元素比较是否相等
torch.equal()	判断两个张量是否具有相同的形状和元素
torch.ge()	逐元素比较大于等于
torch.gt()	逐元素比较大于
torch.le()	逐元素比较小于等于
torch.lt()	逐元素比较小于
torch.ne()	逐元素比较不等于
torch.isnan()	判断是否为缺失值

对于torch.allclose()函数，比较的是两个元素是否接近，比较A和B是否接近的公式为：

$$|A-B| \leqslant \text{atol} + \text{rtol} \times |B|$$

在上述公式中使用torch.allclose(A, B, rtol=, atol=)函数时，参数rtol和atol的使用方式和公式中的一样，该函数的使用方式如下：

```
In[63]: ## 比较两个数是否接近
        A = torch.tensor([10.0])
        B = torch.tensor([10.1])
        print(torch.allclose(A, B, rtol=1e-05, atol=1e-08, equal_nan=False))
        print(torch.allclose(A, B, rtol=0.1, atol=0.01, equal_nan=False))
Out[63]: False
          True
```

从输出结果可以发现，10和10.1在不同的参数条件下，会给出判断是否接近的不同结果，即在不同的比较标准下，10和10.1是否接近会有不同的结果。

```
In[64]: ## 如果 equal_nan=True，那么缺失值可以判断接近
        A = torch.tensor(float("nan"))
        print(torch.allclose(A, A,equal_nan=False))
        print(torch.allclose(A, A,equal_nan=True))
Out[64]: False
```

```
        True
```

torch.eq()函数用来判断两个元素是否相等；torch.equal()函数可以判断两个张量是否具有相同的形状和元素，示例如下：

```
In[65]: ## 计算元素是否相等
        A = torch.tensor([1,2,3,4,5,6])
        B = torch.arange(1,7)
        C = torch.unsqueeze(B,dim = 0)
        print(torch.eq(A,B))
        print(torch.eq(A,C))
        ## 判断两个张量是否具有相同的形状和元素
        print(torch.equal(A,B))
        print(torch.equal(A,C))
Out[65]: tensor([True, True, True, True, True, True])
        tensor([[True, True, True, True, True, True]])
        True
        False
```

torch.ge()函数是逐元素比较是否大于等于(≥);torch.gt()函数是逐元素比较大于，示例如下：

```
In[66]: ## 逐元素比较大于等于
        print(torch.ge(A,B))
        print(torch.ge(A,C))
Out[66]: tensor([True, True, True, True, True, True])
         tensor([[True, True, True, True, True, True]])
In[67]: ## 逐元素比较大于
        print(torch.gt(A,B))
        print(torch.gt(A,C))
Out[67]: tensor([False, False, False, False, False, False])
         tensor([[False, False, False, False, False, False]])
```

torch.le()函数是逐元素比较是否小于等于(≤)；torch.lt()函数是逐元素比较小于，示例如下：

```
In[68]: ## 逐元素比较小于等于
        print(torch.le(A,B))
        print(torch.lt(A,C))
Out[68]: tensor([True, True, True, True, True, True])
         tensor([[False, False, False, False, False, False]])
```

torch.ne()函数是逐元素比较不等于；torch.isnan()函数用来判断是否为缺失值，程序示例如下：

```
In[69]: ## 逐元素比较不等于
     print(torch.ne(A,B))
     print(torch.ne(A,C))
Out[69]: tensor([False, False, False, False, False, False])
       tensor([[False, False, False, False, False, False]])
In[70]: ## 判断是否为缺失值
     torch.isnan(torch.tensor([0,1,float("nan"),2]))
Out[70]: tensor([False, False,  True, False])
```

（2）基本运算

张量的基本运算方式，一种为逐元素之间的运算，如加减乘除四则运算、幂运算、平方根、对数、数据裁剪等；另一种为矩阵之间的运算，如矩阵相乘、矩阵的转置、矩阵的迹等。

逐元素加减乘除四则运算，示例如下：

```
In[71]: ## 矩阵逐元素相乘
     A = torch.arange(6.0).reshape(2,3)
     B = torch.linspace(10,20,steps=6).reshape(2,3)
     print("A:",A)
     print("B:",B)
     print(A * B)
     ## 逐元素相除
     print(A / B)
Out[71]: A: tensor([[0., 1., 2.],
                    [3., 4., 5.]])
       B: tensor([[10., 12., 14.],
                  [16., 18., 20.]])
      tensor([[  0.,  12.,  28.],
              [ 48.,  72., 100.]])
      tensor([[0.0000, 0.0833, 0.1429],
              [0.1875, 0.2222, 0.2500]])
In[72]:## 逐元素相加
     print(A + B)
     ## 逐元素相减
     print(A - B)
     ## 逐元素整除
     print(B//A)
Out[72]: tensor([[10., 13., 16.],
                 [19., 22., 25.]])
      tensor([[-10., -11., -12.],
              [-13., -14., -15.]])
```

```
      tensor([[inf, 12.,  7.],
              [ 5.,  4.,  4.]])
```

计算张量的幂可以使用torch.pow()函数，或者**运算符号。

```
In[73]: ## 张量的幂
        print(torch.pow(A,3))
        print(A ** 3)
Out[73]: tensor([[  0.,   1.,   8.],
                 [ 27.,  64., 125.]])
         tensor([[  0.,   1.,   8.],
                 [ 27.,  64., 125.]])
```

计算张量的指数可以使用torch.exp()函数，计算张量的对数可以使用torch.log()函数，计算张量的平方根可以使用torch.sqrt()函数，计算张量的平方根倒数可以使用torch.rsqrt()函数，例如：

```
In[74]: ## 计算张量的指数
        torch.exp(A)
Out[74]: tensor([[  1.0000,   2.7183,   7.3891],
                 [ 20.0855,  54.5982, 148.4132]])
In[75]: ## 计算张量的对数
        torch.log(A)
Out[75]: tensor([[  -inf, 0.0000, 0.6931],
                 [1.0986, 1.3863, 1.6094]])
In[76]: ## 计算张量的平方根
        print(torch.sqrt(A))
        print(A**0.5)
Out[76]: tensor([[0.0000, 1.0000, 1.4142],
                 [1.7321, 2.0000, 2.2361]])
         tensor([[0.0000, 1.0000, 1.4142],
                 [1.7321, 2.0000, 2.2361]])
In[77]: ## 计算张量的平方根倒数
        print(torch.rsqrt(A))
        print( 1 / (A**0.5))
Out[77]: tensor([[   inf, 1.0000, 0.7071],
                 [0.5774, 0.5000, 0.4472]])
         tensor([[   inf, 1.0000, 0.7071],
                 [0.5774, 0.5000, 0.4472]])
```

针对张量数据的裁剪，有根据最大值裁剪torch.clamp_max()，有根据最小值裁剪torch.clamp_min()，还有根据范围裁剪torch.clamp()，它们的用法如下：

```
In[78]: ## 根据最大值裁剪
```

```
    torch.clamp_max(A,4)
Out[78]: tensor([[0., 1., 2.],
                 [3., 4., 4.]])
In[79]: ## 根据最小值裁剪
    torch.clamp_min(A,3)
Out[79]: tensor([[3., 3., 3.],
                 [3., 4., 5.]])
In[80]: ## 根据范围裁剪
     torch.clamp(A,2.5,4)
Out[80]: tensor([[2.5000, 2.5000, 2.5000],
                 [3.0000, 4.0000, 4.0000]])
```

前面介绍的都是张量中逐元素进行计算的方式，对于张量矩阵的一些运算函数，如torch.t()计算矩阵的转置，torch.matmul()输出两个矩阵的乘积，它们的使用方法如下代码所示：

```
In[81]: ## 矩阵的转置
     C = torch.t(A)
     C
Out[81]: tensor([[0., 3.],
                [1., 4.],
                [2., 5.]])
In[82]: ## 矩阵运算，矩阵相乘，A的行数要等于C的列数
     A.matmul(C)
Out[82]: tensor([[ 5., 14.],
                 [14., 50.]])
In[83]: A = torch.arange(12.0).reshape(2,2,3)
     B = torch.arange(12.0).reshape(2,3,2)
     AB = torch.matmul(A,B)
     AB
Out[83]: tensor([[[ 10.,  13.],
                  [ 28.,  40.]],
                 [[172., 193.],
                  [244., 274.]]])
In[84]: ## 矩阵相乘只计算最后面的两个维度的乘法
     print(AB[0].eq(torch.matmul(A[0],B[0])))
     print(AB[1].eq(torch.matmul(A[1],B[1])))
Out[84]: tensor([[True, True],
                 [True, True]])
       tensor([[True, True],
               [True, True]])
```

如果$A \times B = I$，I为单位矩阵，则可称A和B互为逆矩阵，计算矩阵的逆矩阵使用torch.inverse()函数；一个方阵中，对角线元素的和称为矩阵的迹，可以使用torch.trace()计算得到，例如：

```
In[85]: ## 计算矩阵的逆
     C = torch.rand(3,3)
     D = torch.inverse(C)
     torch.mm(C,D)
Out[85]: tensor([[ 1.0000e+00,  1.7502e-08, -8.7483e-08],
                 [ 1.8397e-08,  1.0000e+00, -4.0170e-08],
                 [-4.5937e-08,  7.6177e-08,  1.0000e+00]])
In[86]: ## 计算张量矩阵的迹，对角线元素的和
     torch.trace(torch.arange(9.0).reshape(3,3))
Out[86]: tensor(12.)
```

(3)统计相关的计算

在PyTorch中包含了一些基础的统计计算功能，可以很方便地获取张量中的均值、标准差、最大值、最小值及位置等。下面列出一些函数的功能含义：

torch.max()可以计算张量中的最大值。

torch.argmax()输出最大值所在的位置。

torch.min()计算张量中的最小值。

torch.argmin()输出最小值所在的位置。

使用示例如下所示：

```
In[87]: ## 一维张量的最大值和最小值
     A = torch.tensor([12.,34,25,11,67,32,29,30,99,55,23,44])
     ## 最大值及位置
     print(" 最大值 :",A.max())
     print(" 最大值位置 :",A.argmax())
     ## 最小值及位置
     print(" 最小值 :",A.min())
     print(" 最小值位置 :",A.argmin())
Out[87]: 最大值 : tensor(99.)
      最大值位置 : tensor(8)
      最小值 : tensor(11.)
      最小值位置 : tensor(3)
In[88]: ## 二维张量的最大值和最小值
     B = A.reshape(3,4)
     print("2-D 张量 B:\n",B)
     ## 最大值及位置 ( 每行 )
     print(" 最大值 :\n",B.max(dim=1))
```

```
        print(" 最大值位置 :",B.argmax(dim=1))
        ## 最小值及位置 ( 每列 )
        print(" 最小值 :\n",B.min(dim=0))
        print(" 最小值位置 :",B.argmin(dim=0))
Out[88]: 2-D 张量 B:
         tensor([[12., 34., 25., 11.],
                 [67., 32., 29., 30.],
                 [99., 55., 23., 44.]])
        最大值 :
          (tensor([34., 67., 99.]), tensor([1, 0, 0]))
        最大值位置 : tensor([1, 0, 0])
        最小值 :
          (tensor([12., 32., 23., 11.]), tensor([0, 1, 2, 0]))
        最小值位置 : tensor([0, 1, 2, 0])
```

torch.sort()可以对一维张量进行排序，或者对高维张量在指定的维度进行排序，在输出排序结果的同时，还会输出对应的值在原始位置的索引，其使用方法如下所示：

```
In[89]: ## 张量排序，分别输出从小到大的排序结果和相应的元素在原始位置的索引
        torch.sort(A)
Out[89]: torch.return_types.sort(
        values=tensor([11., 12., 23., 25., 29., 30., 32., 34., 44., 55.,
67., 99.]),
        indices=tensor([ 3,  0, 10,  2,  6,  7,  5,  1, 11,  9,  4,
8]))
In[90]: ## 按照降序排列
        torch.sort(A,descending=True)
Out[90]: torch.return_types.sort(
        values=tensor([99., 67., 55., 44., 34., 32., 30., 29., 25., 23.,
12., 11.]),
        indices=tensor([ 8,  4,  9, 11,  1,  5,  7,  6,  2, 10,  0,
3]))
In[91]: ## 对 2-D 张量进行排序
       Bsort, Bsort_id= torch.sort(B)
       print("B sort:\n",Bsort)
       print("B sort index:\n",Bsort_id)
       print("B argsort:\n",torch.argsort(B))
Out[91]:  B sort:
         tensor([[11., 12., 25., 34.],
                 [29., 30., 32., 67.],
                 [23., 44., 55., 99.]])
```

```
    B sort index:
     tensor([[3, 0, 2, 1],
             [2, 3, 1, 0],
             [2, 3, 1, 0]])
    B argsort:
     tensor([[3, 0, 2, 1],
             [2, 3, 1, 0],
             [2, 3, 1, 0]])
```

torch.topk()根据指定的k值，计算出张量中取值大小为第k大的数值与数值所在的位置。

torch.kthvalue()根据指定的k值，计算出张量中取值大小为第k小的数值与数值所在的位置。

```
In[92]: ## 获取张量前几个大的数值
    torch.topk(A,4)
Out[92]: torch.return_types.topk(
        values=tensor([99., 67., 55., 44.]),
        indices=tensor([ 8,  4,  9, 11]))
In[93]: ## 获取 2-D 张量每列前几个大的数值
    Btop2,Btop2_id = torch.topk(B,2,dim=0)
    print("B 每列 top2:\n",Btop2)
    print("B 每列 top2 位置 :\n",Btop2_id)
Out[93]: B 每列 top2:
       tensor([[99., 55., 29., 44.],
               [67., 34., 25., 30.]])
       B 每列 top2 位置 :
        tensor([[2, 2, 1, 2],
                [1, 0, 0, 1]])
In[94]: ## 获取张量第 k 小的数值和位置
    torch.kthvalue(A,3)
Out[94]: torch.return_types.kthvalue(values=tensor(23.),
indices=tensor(10))
In[95]: ## 获取 2-D 张量第 k 小的数值和位置
    torch.kthvalue(B,3,dim = 1)
Out[95]: torch.return_types.kthvalue(values=tensor([25., 32., 55.]),
indices=tensor([2, 1, 1]))
In[96]: ## 获取 2-D 张量第 k 小的数值和位置
    Bkth,Bkth_id = torch.kthvalue(B,3,dim = 1,keepdim=True)
    Bkth
Out[96]: tensor([[25.],
```

```
              [32.],
              [55.]])
```

torch.mean()根据指定的维度计算均值。

torch.sum()根据指定的维度求和。

torch.cumsum()根据指定的维度计算累加和。

torch.median()根据指定的维度计算中位数。

torch.cumprod()根据指定的维度计算累乘积。

torch.std()计算张量的标准差。

这些函数的用法示例如下：

```
In[97]: ## 平均值，计算每行的均值
     print(torch.mean(B,dim = 1,keepdim = True))
     ## 平均值，计算每列的均值
     print(torch.mean(B,dim = 0,keepdim = True))
Out[97]: tensor([[20.5000],
                 [39.5000],
                 [55.2500]])
        tensor([[59.3333, 40.3333, 25.6667, 28.3333]])
In[98]: ## 计算每行的和
     print(torch.sum(B,dim = 1,keepdim = True))
     ## 计算每列的和
     print(torch.sum(B,dim = 0,keepdim = True))
Out[98]: tensor([[ 82.],
                 [158.],
                 [221.]])
        tensor([[178., 121.,  77.,  85.]])
In[99]: ## 按照行计算累加和
     print(torch.cumsum(B,dim = 1))
     ## 按照列计算累加和
     print(torch.cumsum(B,dim = 0))
Out[99]: tensor([[ 12.,  46.,  71.,  82.],
                 [ 67.,  99., 128., 158.],
                 [ 99., 154., 177., 221.]])
        tensor([[ 12.,  34.,  25.,  11.],
                [ 79.,  66.,  54.,  41.],
                [178., 121.,  77.,  85.]])
In[100]: ## 计算每行的中位数
     print(torch.median(B,dim = 1,keepdim = True))
     ## 计算每列的中位数
     print(torch.median(B,dim = 0,keepdim = True))
```

```
Out[100]: (tensor([[12.],
                   [30.],
                   [44.]]), tensor([[0],
                   [3],
                   [3]]))
        (tensor([[67., 34., 25., 30.]]), tensor([[1, 0, 0, 1]]))
In[101]: ## 按照行计算乘积
      print(torch.prod(B,dim = 1,keepdim = True))
      ## 按照列计算乘积
      print(torch.prod(B,dim = 0,keepdim = True))
Out[101]: tensor([[ 112200.],
                  [1865280.],
                  [5510340.]])
        tensor([[79596., 59840., 16675., 14520.]])
In[102]: ## 按照行计算累乘积
      print(torch.cumprod(B,dim = 1))
      ## 按照列计算累乘积
      print(torch.cumprod(B,dim = 0))
Out[102]: tensor([[1.2000e+01, 4.0800e+02, 1.0200e+04, 1.1220e+05],
                  [6.7000e+01, 2.1440e+03, 6.2176e+04, 1.8653e+06],
                  [9.9000e+01, 5.4450e+03, 1.2524e+05, 5.5103e+06]])
          tensor([[1.2000e+01, 3.4000e+01, 2.5000e+01, 1.1000e+01],
                  [8.0400e+02, 1.0880e+03, 7.2500e+02, 3.3000e+02],
                  [7.9596e+04, 5.9840e+04, 1.6675e+04, 1.4520e+04]])
In[103]: ## 标准差
      torch.std(A)
Out[103]: tensor(25.0108)
```

2.3 PyTorch中的自动微分

在torch中的torch.autograd模块，提供了实现任意标量值函数自动求导的类和函数。针对一个张量只需要设置参数requires_grad = True，通过相关计算即可输出其在传播过程中的梯度（导数）信息。下面使用一个示例来解释PyTorch中自动微分的计算，在PyTorch中生成一个矩阵张量x，并且$y=\text{sum}(x^2+2x+1)$，计算出y在x上的导数，程序如下：

```
In[1]: x = torch.tensor([[1.0,2.0],[3.0,4.0]],requires_grad=True)
       ## 默认 requires_grad = False
      y = torch.sum(x**2+2*x+1)
```

```
print("x.requires_grad:",x.requires_grad)
print("y.requires_grad:",y.requires_grad)
print("x:",x)
print("y:",y)
```

输出结果为：

```
Out[1]:x.requires_grad: True
      y.requires_grad: True
      x: tensor([[1., 2.],
              [3., 4.]], requires_grad=True)
      y: tensor(54., grad_fn=<SumBackward0>)
```

上面的程序中首先使用torch.tensor()函数生成一个矩阵 x，并且使用参数requires_grad =True来指定矩阵 x 可以求导，然后根据公式 $y = \text{sum}(x^2 + 2x + 1)$ 计算出标量y。从输出的x.requires_grad和y.requires_grad的结构中可以发现，这两个变量都是可以求导的(因为x可以求导，所以计算得到的y也可以求导)。下面通过y.backward()来计算y在x的每个元素上的导数，程序如下：

```
In[2]: ## 计算 y 在 x 上的梯度
     y.backward()
     x.grad
Out[2]:tensor([[ 4.,  6.],
              [ 8., 10.]])
```

在上面的程序中通过y.backward()即可自动计算出y在x的每个元素上的导数，然后通过x的grad属性即可获取此时x的梯度信息，计算得到梯度值等于 $2x + 2$。

2.4 torch.nn 模块

扫一扫，看视频

torch.nn模块包含着torch已经准备好的层，方便使用者调用构建网络。以下内容介绍卷积层、池化层、激活函数层、循环层、全连接层的相关使用方法。

2.4.1 卷积层

卷积可以看作是输入和卷积核之间的内积运算，是两个实值函数之间的一种数学运算。在卷积运算中，通常使用卷积核将输入数据进行卷积运算得到输出作为特征映射，每个卷积核可获得一个特征映射。针对二维图像使用 2×2 的卷积核，步长为1的运算过程如图2-5所示。

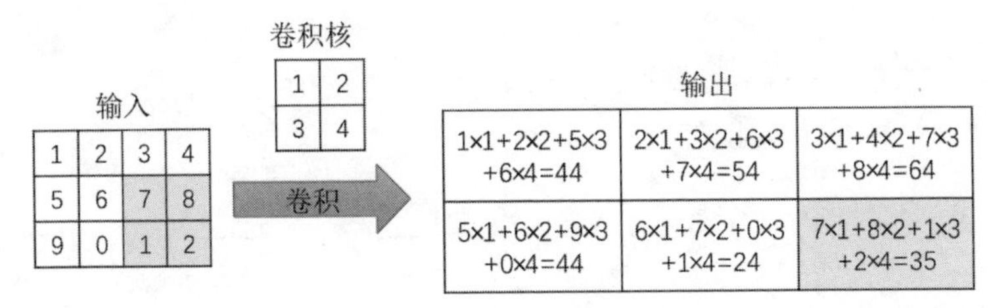

图 2-5　二维卷积运算过程示意图

图2-5是一个二维卷积运算的示例，可以发现，卷积操作将周围几个像素的取值经过计算得到一个像素值。

使用卷积运算在图像识别、图像分割、图像重建等应用中有三个好处，即卷积稀疏连接、参数共享、等变表示，正是这些好处让卷积神经网络在图像处理算法中脱颖而出。

在卷积神经网络中，通过输入卷积核来进行卷积操作，使输入单元(图像或特征映射)和输出单元(特征映射)之间的连接是稀疏的，这样能够减少需要训练参数的数量，从而加快网络的计算速度。

卷积操作的参数共享特点，主要体现在模型中同一组参数可以被多个函数或操作共同使用。在卷积神经网络中，针对不同的输入会利用同样的卷积核来获得相应的输出。这种参数共享的特点是只需要训练一个参数集，而不需对每个位置学习一个参数集合。由于卷积核尺寸可以远远小于输入尺寸，即减少需要学习的参数的数量，并且针对每个卷积层可以使用多个卷积核获取输入的特征映射，对数据(尤其是图像)具有很强的特征提取和表示能力，并且在卷积运算之后，使得卷积神经网络结构对输入的图像具有平移不变的性质。

在PyTorch中针对卷积操作的对象和使用的场景不同，有一维卷积、二维卷积、三维卷积与转置卷积(可以简单理解为卷积操作的逆操作)，但它们的使用方法比较相似，都可以从torch.nn模块中调用，需要调用的类如表2-5所示。

表 2-5　常用的卷积操作对应的类

层对应的类	功能作用
torch.nn.Conv1d()	针对输入信号上应用 1D 卷积
torch.nn.Conv2d()	针对输入信号上应用 2D 卷积
torch.nn.Conv3d()	针对输入信号上应用 3D 卷积
torch.nn.ConvTranspose1d()	在输入信号上应用 1D 转置卷积
torch.nn.ConvTranspose2d()	在输入信号上应用 2D 转置卷积
torch.nn.ConvTranspose3d()	在输入信号上应用 3D 转置卷积

以torch.nn.Conv2d()为例，介绍卷积在图像上的使用方法，其调用方式为：

```
torch.nn.Conv2d(in_channels,
                out_channels,
```

```
                 kernel_size,
                 stride=1,
                 padding=0,
                 dilation=1,
                 groups=1,
                 bias=True)
```

主要参数说明：

in_channels:(整数)输入图像的通道数。

out_channels:(整数)经过卷积运算后，输出特征映射的数量。

kernel_size:(整数或者数组)卷积核的大小。

stride:(整数或者数组，正数)卷积的步长，默认为1。

padding:(整数或者数组，正数)在输入两边进行0填充的数量，默认为0。

dilation:(整数或者数组，正数)卷积核元素之间的步幅，该参数可调整空洞卷积的空洞大小，默认为1。

groups:(整数，正数)从输入通道到输出通道的阻塞连接数。

bias:(布尔值，正数)如果bias=True，则添加偏置，默认为True。

torch.nn.Conv2d()输入的张量为$(N, C_{\text{in}}, H_{\text{in}}, W_{\text{in}})$，输出的张量为$(N, C_{\text{out}}, H_{\text{out}}, W_{\text{out}})$。其中：

$$H_{\text{out}} = \left\lfloor \frac{H_{\text{in}} + 2\times \text{padding}[0] - \text{dilation}[0]\times(\text{kernel\_size}[0]-1)-1}{\text{stride}[0]} + 1 \right\rfloor$$

$$W_{\text{out}} = \left\lfloor \frac{W_{\text{in}} + 2\times \text{padding}[1] - \text{dilation}[1]\times(\text{kernel\_size}[1]-1)-1}{\text{stride}[1]} + 1 \right\rfloor$$

针对一张图像，经过二维卷积后的输出会是什么样子呢？下面使用一张图像来展示经过卷积后，输出的特征映射的结果。先导入相关的包和模块，并且使用PIL包读取图像数据，使用matplotlib包来可视化图像和卷积后的结果，程序如下：

```
In[1]: ## 使用一张图像来展示经过卷积后的图像效果
       import torch
       import torch.nn as nn
       import matplotlib.pyplot as plt
       from PIL import Image
       ## 读取图像→转化为灰度图片→转化为 Numpy 数组
       myim = Image.open("data/chap2/Lenna.png")
       myimgray = np.array(myim.convert("L"),dtype=np.float32)
       ## 可视化图片
       plt.figure(figsize=(6,6))
       plt.imshow(myimgray,cmap=plt.cm.gray)
```

```
    plt.axis("off")
    plt.show()
```

上面的代码在导入相关包和模块后，使用Image.open()函数读取了图像数据，并且使用.convert()方法，将其转化为灰度图像，得到512 × 512的灰度图，最后使用plt.imshow()函数将图像可视化，如图2-6所示。

图 2-6　示例使用的灰度图像

经过上述操作之后，得到一个512 × 512的数组，在使用PyTorch进行卷积操作之前，需要将其转化为1 × 1 × 512 × 512的张量。

```
In[2]: ## 将数组转化为张量
    imh,imw = myimgray.shape
    myimgray_t = torch.from_numpy(myimgray.reshape((1,1,imh,imw)))
    myimgray_t.shape
Out[2]: torch.Size([1, 1, 512, 512])
```

卷积时需要将图像转化为四维来表示［batch,channel,h,w］。在对图像进行卷积操作后，获得两个特征映射。第一个特征映射使用图像轮廓提取卷积核获取，第二个特征映射使用的卷积核为随机数，卷积核大小为5 × 5，对图像的边缘不使用0填充，所以卷积后输出特征映射的尺寸为508 × 508。使用下面的程序进行卷积运算，并对卷积后的两个特征映射进行可视化：

```
In[3]: ## 对灰度图像进行卷积提取图像轮廓
    kersize = 5 ## 定义边缘检测卷积核，并将维度处理为1*1*5*5
    ker = torch.ones(kersize,kersize,dtype=torch.float32)*-1
    ker[2,2] = 24
    ker = ker.reshape((1,1,kersize,kersize))
    ## 进行卷积操作
    conv2d = nn.Conv2d(1,2,(kersize,kersize),bias = False)
    ## 设置卷积时使用的核，第一个核使用边缘检测核
```

```
    conv2d.weight.data[0] = ker
    ## 对灰度图像进行卷积操作
    imconv2dout = conv2d(myimgray_t)
    ## 对卷积后的输出进行维度压缩
    imconv2dout_im = imconv2dout.data.squeeze()
    print(" 卷积后尺寸 :",imconv2dout_im.shape)
    ## 可视化卷积后的图像
    plt.figure(figsize=(12,6))
    plt.subplot(1,2,1)
    plt.imshow(imconv2dout_im[0],cmap=plt.cm.gray)
    plt.axis("off")
    plt.subplot(1,2,2)
    plt.imshow(imconv2dout_im[1],cmap=plt.cm.gray)
    plt.axis("off")
    plt.show()
Out[3]: 卷积后尺寸 : torch.Size([2, 508, 508])
```

卷积后输出的两个 508 × 508 的特征映射可视化如图 2–7 所示。

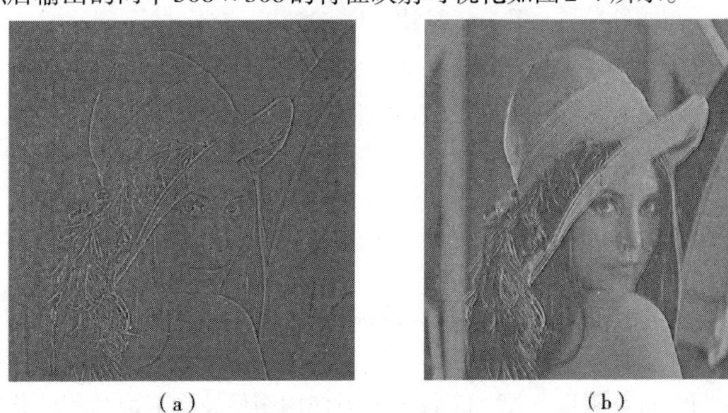

（a）　　（b）

图 2–7　卷积后的两个特征映射可视化

从图 2–7（a）可以看出，使用的边缘特征提取卷积核很好地提取出了图像的边缘信息。而右边的图像使用的卷积核为随机数，得到的卷积结果与原始图像很相似。

2.4.2　池化层

池化操作的一个重要的目的就是对卷积后得到的特征进行进一步处理（主要是降维），池化层可以起到对数据进一步浓缩的效果，从而缓解计算时内存的压力。池化会选取一定大小区域，将该区域内的像素值使用一个代表元素表示。如果使用平均值代替，称为平均值池化，如果使用最大值代替则称为最大值池化。这两种池化方式如图2-8所示。

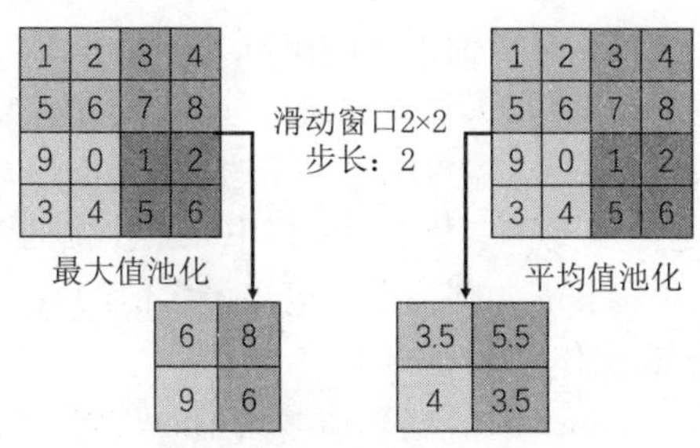

图 2-8　最大值池化和平均值池化

在PyTorch中，提供了多种池化的类，分别是最大值池化(MaxPool)、最大值池化的逆过程(MaxUnPool)、平均值池化(AvgPool)与自适应池化(AdaptiveMaxPool、AdaptiveAvgPool)等。并且均提供了一维、二维和三维的池化操作。具体的池化类和功能如表2-6所示。

表 2-6　PyTorch 中常用的池化操作

层对应的类	功能
torch.nn.MaxPool1d()	针对输入信号上应用 1D 最大值池化
torch.nn.MaxPool2d()	针对输入信号上应用 2D 最大值池化
torch.nn.MaxPool3d()	针对输入信号上应用 3D 最大值池化
torch.nn.MaxUnPool1d()	1D 最大值池化的部分逆运算
torch.nn.MaxUnPool2d()	2D 最大值池化的部分逆运算
torch.nn.MaxUnPool3d()	3D 最大值池化的部分逆运算
torch.nn.AvgPool1d()	针对输入信号上应用 1D 平均值池化
torch.nn.AvgPool2d()	针对输入信号上应用 2D 平均值池化
torch.nn.AvgPool3d()	针对输入信号上应用 3D 平均值池化
torch.nn.AdaptiveMaxPool1d()	针对输入信号上应用 1D 自适应最大值池化
torch.nn.AdaptiveMaxPool2d()	针对输入信号上应用 2D 自适应最大值池化
torch.nn.AdaptiveMaxPool3d()	针对输入信号上应用 3D 自适应最大值池化
torch.nn.AdaptiveAvgPool1d()	针对输入信号上应用 1D 自适应平均值池化
torch.nn.AdaptiveAvgPool2d()	针对输入信号上应用 2D 自适应平均值池化
torch.nn.AdaptiveAvgPool3d()	针对输入信号上应用 3D 自适应平均值池化

对于torch.nn.MaxPool2d()池化操作相关参数的应用，其使用方法如下：

```
torch.nn.MaxPool2d(kernel_size,
                   stride=None,
                   padding=0,
                   dilation=1,
                   return_indices=False,
                   ceil_mode=False)
```

参数的使用说明：

kernel_size:(整数或数组)最大值池化的窗口大小。

stride:(整数或数组，正数)最大值池化窗口移动的步长，默认值是kernel_size。

padding:(整数或数组，正数)输入的每一条边补充0的层数。

dilation:(整数或数组，正数)一个控制窗口中元素步幅的参数。

return_indices：如果为True，则会返回输出最大值的索引，这样会更加便于之后的torch.nn.MaxUnpool2d操作。

ceil_mode：如果等于True，计算输出信号大小的时候，会使用向上取整，默认是向下取整。

torch.nn.MaxPool2d()输入为$(N,C_{\text{in}},H_{\text{in}},W_{\text{in}})$的张量，输出为$(N,C_{\text{out}},H_{\text{out}},W_{\text{out}})$的张量。其中：

$$H_{\text{out}}=\left\lfloor\frac{H_{\text{in}}+2\times\text{padding}[0]-\text{dilation}[0]\times(\text{kernel\_size}[0]-1)-1}{\text{stride}[0]}+1\right\rfloor$$

$$W_{\text{out}}=\left\lfloor\frac{W_{\text{in}}+2\times\text{padding}[1]-\text{dilation}[1]\times(\text{kernel\_size}[1]-1)-1}{\text{stride}[1]}+1\right\rfloor$$

下面以图2-7图像卷积后的结果为例，对其进行最大值池化、平均值池化与自适应平均值池化。

```
In[4]: ## 对卷积后的结果进行最大值池化
     maxpool2 = nn.MaxPool2d(2,stride=2)
     pool2_out = maxpool2(imconv2dout)
     pool2_out_im = pool2_out.squeeze()
     pool2_out.shape
Out[4]: torch.Size([1, 2, 254, 254])
```

通过上面程序发现，原始508 × 508的特征映射在经过窗口为2 × 2，步长为2的最大值池化后，尺寸变化为254 × 254的特征映射。将两个特征映射进行可视化，得到如图2-9所示的图像。

```
In[5]: ## 可视化最大值池化后的结果
      plt.figure(figsize=(12,6))
      plt.subplot(1,2,1)
      plt.imshow(pool2_out_im[0].data,cmap=plt.cm.gray)
      plt.axis("off")
      plt.subplot(1,2,2)
      plt.imshow(pool2_out_im[1].data,cmap=plt.cm.gray)
      plt.axis("off")
      plt.show()
```

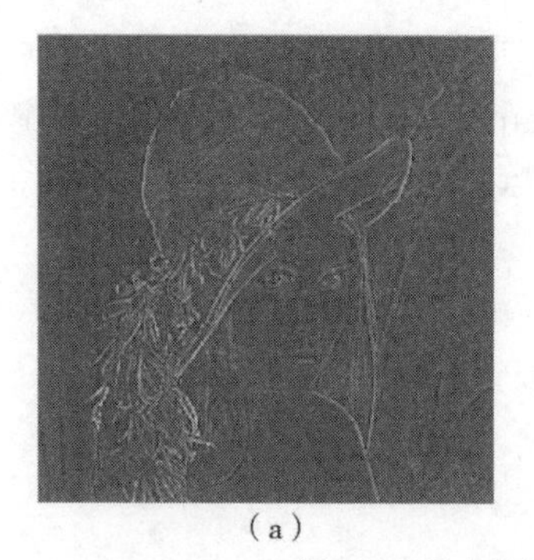
(a)

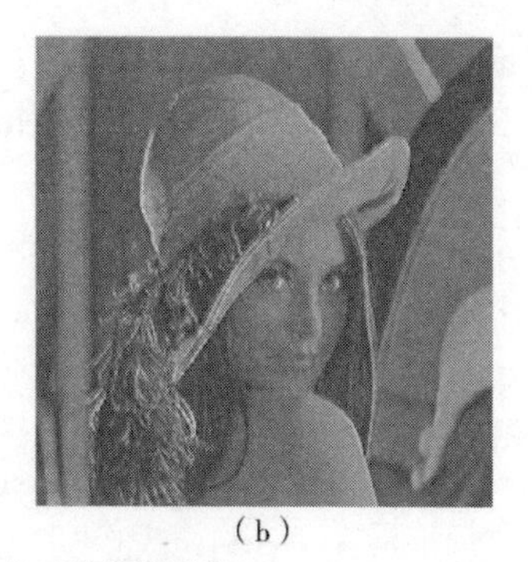
(b)

图 2-9 最大值池化后的结果图像

接下来使用nn.AvgPool2d()函数，对卷积后的输出进行平均值池化，并对其进行可视化，程序如下：

```
In[6]: ## 对卷积后的结果进行平均值池化
       avgpool2 = nn.AvgPool2d(2,stride=2)
       pool2_out = avgpool2(imconv2dout)
       pool2_out_im = pool2_out.squeeze()
       pool2_out.shape
Out[6]:  torch.Size([1, 2, 254, 254])
In[7]: ## 可视化平均值池化后的结果
       plt.figure(figsize=(12,6))
       plt.subplot(1,2,1)
       plt.imshow(pool2_out_im[0].data,cmap=plt.cm.gray)
       plt.axis("off")
       plt.subplot(1,2,2)
       plt.imshow(pool2_out_im[1].data,cmap=plt.cm.gray)
       plt.axis("off")
       plt.show()
```

得到可视化图像如图 2-10 所示。

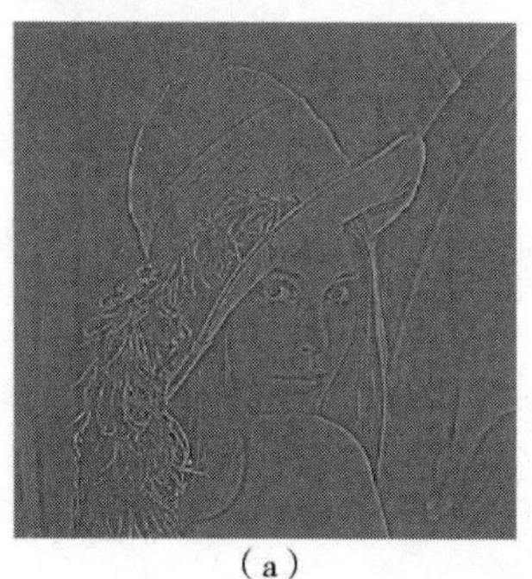
(a)

(b)

图 2-10 平均值池化后的结果图像

再使用nn.AdaptiveAvgPool2d ()函数，对卷积后的输出进行自适应平均值池化并可视化。在使用该函数时，可以使用output_size参数指定输出特征映射的尺寸。程序如下：

```
In[8]: ## 对卷积后的结果进行自适应平均值池化
       AdaAvgpool2 = nn.AdaptiveAvgPool2d(output_size = (100,100))
       pool2_out = AdaAvgpool2(imconv2dout)
       pool2_out_im = pool2_out.squeeze()
       pool2_out.shape
Out[8]: torch.Size([1, 2, 100, 100])
In[9]: ## 可视化自适应平均值池化后的结果
       plt.figure(figsize=(12,6))
       plt.subplot(1,2,1)
       plt.imshow(pool2_out_im[0].data,cmap=plt.cm.gray)
       plt.axis("off")
       plt.subplot(1,2,2)
       plt.imshow(pool2_out_im[1].data,cmap=plt.cm.gray)
       plt.axis("off")
       plt.show()
```

得到可视化图像如图2-11所示。

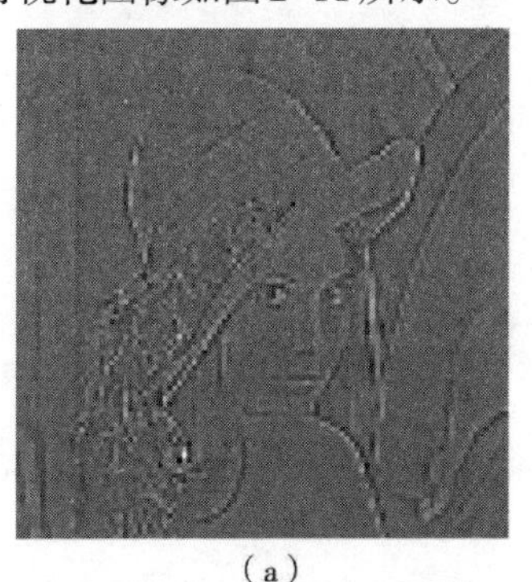

（a）

（b）

图2-11　自适应平均值池化后的结果图像

从图2-11的结果中可以看出，池化后的特征映射的尺寸变小，图像变得更加模糊。

2.4.3　激活函数

在PyTorch中，提供了十几种激活函数层所对应的类，但常用的激活函数通常为S型（Sigmoid）激活函数、双曲正切（Tanh）激活函数、线性修正单元（ReLU）激活函数等。激活函数类和功能如表2-7所示。

表 2-7　PyTorch 中常用的激活函数操作

层对应的类	功能
torch.nn.Sigmoid	Sigmoid 激活函数
torch.nn.Tanh	Tanh 激活函数
torch.nn.ReLU	ReLU 激活函数
torch.nn.Softplus	ReLU 激活函数的平滑近似

torch.nn.Sigmoid()对应的Sigmoid激活函数，也叫logistic激活函数，计算方式为

$$f\left(x\right)=\frac{1}{1+\mathrm{e}^{-x}}$$

其输出是在(0,1)这个开区间内。该函数在神经网络早期也是很常用的激活函数之一，但是当输入远离坐标原点时，函数的梯度就变得很小，几乎为零，所以会影响参数的更新速度。

torch.nn.Tanh()对应的双曲正切函数，计算公式为

$$f\left(x\right)=\frac{\mathrm{e}^{x}-\mathrm{e}^{-x}}{\mathrm{e}^{x}+\mathrm{e}^{-x}}$$

其输出区间是在(-1,1)之间，整个函数是以0为中心，虽然Tanh函数曲线和Sigmoid函数的曲线形状比较相近，在输入很大或很小时，梯度很小，不利于权重更新，但由于Tanh的取值输出以0对称，使用的效果会比Sigmoid好很多。

torch.nn.ReLU()对应的ReLU函数又叫修正线性单元，计算方式为

$$f\left(x\right)=\max(0,x)$$

ReLU函数只保留大于0的输出，其他输出则会设置为0。在输入正数的时候，不存在梯度饱和的问题。计算速度相对于其他类型激活函数要快很多，而且ReLU函数只有线性关系，所以不管是前向传播还是反向传播，速度都很快。

torch.nn.Softplus()对应的平滑近似ReLU的激活函数，其计算公式为

$$f\left(x\right)=\frac{1}{\beta}\log\left(1+\mathrm{e}^{\beta x}\right)$$

β默认取值为1。该函数对任意位置都可计算导数，而且尽可能地保留了ReLU激活函数的优点。

以下使用PyTorch中的激活函数可视化上面介绍的几种激活函数的图像，程序如下所示：

```
In[10] x = torch.linspace(-6,6,100)
       sigmoid = nn.Sigmoid() ## Sigmoid 激活函数
       ysigmoid = sigmoid(x)
       tanh = nn.Tanh()## Tanh 激活函数
       ytanh = tanh(x)
       relu = nn.ReLU() ## ReLU 激活函数
```

```
yrelu = relu(x)
softplus = nn.Softplus() ## Softplus 激活函数
ysoftplus = softplus(x)
plt.figure(figsize=(14,3)) ## 可视化激活函数
plt.subplot(1,4,1)
plt.plot(x.data.numpy(),ysigmoid.data.numpy(),"r-")
plt.title("Sigmoid")
plt.grid()
plt.subplot(1,4,2)
plt.plot(x.data.numpy(),ytanh.data.numpy(),"r-")
plt.title("Tanh")
plt.grid()
plt.subplot(1,4,3)
plt.plot(x.data.numpy(),yrelu.data.numpy(),"r-")
plt.title("Relu")
plt.grid()
plt.subplot(1,4,4)
plt.plot(x.data.numpy(),ysoftplus.data.numpy(),"r-")
plt.title("Softplus")
plt.grid()
plt.show()
```

使用上面的程序可得到如图2-12所示的图像。

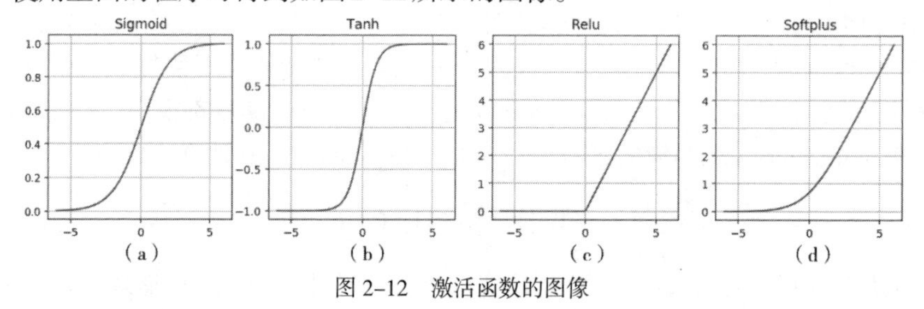

图 2-12　激活函数的图像

2.4.4　循环层

在PyTorch中，提供了三种循环层的实现，分别如表2-8所示。

表 2-8　循环层对应的类与功能

层对应的类	功能
torch.nn.RNN()	多层 RNN 单元
torch.nn.LSTM()	多层长短期记忆 LSTM 单元
torch.nn.GRU()	多层门限循环 GRU 单元

续表

层对应的类	功能
torch.nn.RNNCell()	一个 RNN 循环层单元
torch.nn.LSTMCell()	一个长短期记忆 LSTM 单元
torch.nn.GRUCell()	一个门限循环 GRU 单元

下面以torch.nn.RNN()输入一个多层的Elman RNN进行学习，激活函数可以使用tanh或者ReLU。对于输入序列中的每个元素，RNN每层的计算公式为

$$h_t = \tanh\left(W_{ih}x_t + b_{ih} + W_{hh}x_{t-1} + b_{hh}\right)$$

h_t是时刻t的隐状态。x_t是上一层时刻t的隐状态，或者是第一层在时刻t的输入。若nonlinearity=relu，则使用ReLU函数代替tanh函数作为激活函数。

下面以torch.nn.RNN()为例，介绍循环层的参数、输入和输出：

参数说明如下：

input_size：输入x的特征数量。

hidden_size：隐层的特征数量。

num_layers：RNN网络的层数。

nonlinearity：指定非线性函数使用tanh还是relu，默认是tanh。

bias：如果是False，那么RNN层就不会使用偏置权重，默认是True。

batch_first：如果是True，那么输入和输出的shape应该是[batch_size, time_step, feature]。

dropout：如果值非零，那么除了最后一层外，其他RNN层的输出都会套上一个dropout层，默认为0。

bidirectional：如果是True，将会变成一个双向RNN，默认为False。

RNN的输入为input和h_0，其中input是一个形状为(seq_len, batch, input_size)的张量。h_0则是一个形状为(num_layers × num_directions, batch, hidden_size)保存着初始隐状态的张量。如果不提供就默认为0。如果是双向RNN，num_directions等于2，否则等于1。

RNN的输出为output和h_n，其中：

output是一个形状为(seq_len, batch, hidden_size × num_directions)的张量，保存着RNN最后一层的输出特征。如果输入是被填充过的序列，那么输出也是被填充过的序列。

h_n是一个形状为(num_layers × num_directions, batch, hidden_size)的张量，保存着最后一个时刻的隐状态。

在后面的循环神经网络章节中会以具体的实例，介绍循环神经网络的建立和应用。

2.4.5　全连接层

通常所说的全连接层是指一个由多个神经元所组成的层，其所有的输出和该

层的所有输入都有连接，即每个输入都会影响所有神经元的输出。在PyTorch中的nn.Linear()表示线性变换，全连接层可以看作是nn.Linear()表示线性变层再加上一个激活函数层所构成的结构。

nn.Linear()全连接操作及相关参数如下：

torch.nn.Linear(in_features, out_features, bias=True)

参数说明如下：

in_features：每个输入样本的特征数量。

out_features：每个输出样本的特征数量。

bias：若设置为False，则该层不会学习偏置。默认值为True。

torch.nn.Linear()的输入为(N,in_features)的张量，输出为(N,out_features)的张量。

全连接层的应用范围非常广泛，只有全连接层组成的网络是全连接神经网络，可用于数据的分类或回归预测，卷积神经网络和循环神经网络的末端，通常会由多个全连接层组成。

2.5 PyTorch中数据操作和预处理

扫一扫，看视频

在PyTorch中torch.utils.data模块包含着一些常用的数据预处理的操作，主要用于数据的读取、切分、准备等。常用的函数类如表2-9所示。

表2-9 常用的数据操作类

类	功能
torch.utils.data.TensorDataset()	将数据处理为张量
torch.utils.data.ConcatDataset()	连接多个数据集
torch.utils.data.Subset()	根据索引获取数据集的子集
torch.utils.data.DataLoader()	数据加载器
torch.utils.data.random_split()	随机将数据集拆分为给定长度的非重叠新数据集

使用这些类能够对高维数组、图像等各种类型的数据进行预处理，以便深度学习模型的使用。针对文本数据的处理可以使用torchtext库进行相关的数据准备操作。下面针对分类和回归模型，在高维数组、图像及文本数据上的相关预处理和数据准备工作进行介绍。

2.5.1 高维数组

在很多情况下，我们需要从文本（如csv文件）中读取高维数组数据，这类数据的特征是每个样本都有很多个预测变量（特征）和一个被预测变量（目标标签），特征通常是数值变量或者离散变量，被预测变量如果是连续的数值，则对应着回归问题的预测，如果是离散变量，则对应着分类问题。在使用PyTorch建立模型对数据进行学习时，通常要对数据进行预处理，并将它们转化为网络需要的数据形式。

为了展示全连接神经网络模型，下面使用sklearn中提供的数据集load_boston和load_iris，来进行回归和分类的数据准备。

1. 回归数据准备

针对全连接神经网络模型回归问题的数据准备，首先加载相应的模块，然后读取数据，程序代码如下：

```
In[1]: import torch
       import torch.utils.data as Data
       from sklearn.datasets import load_boston,load_iris
       ## 读取波士顿回归数据
       boston_X,boston_y = load_boston(return_X_y=True)
       print("boston_X.dtype:",boston_X.dtype)
       print("boston_y.dtype:",boston_y.dtype)
Out[1]: boston_X.dtype: float64
        boston_y.dtype: float64
```

上面程序输出的数据集的特征和被预测变量都是Numpy的64位浮点型数据。而使用PyTorch时需要的数据应该为torch的32位浮点型的张量，故需将数据集boston_X和boston_y转化为32位浮点型张量，程序如下：

```
In[2]: ## 训练集 X 转化为张量，训练集 y 转化为张量
       train_xt = torch.from_numpy(boston_X.astype(np.float32))
       train_yt = torch.from_numpy(boston_y.astype(np.float32))
       print("train_xt.dtype:",train_xt.dtype)
       print("train_yt.dtype:",train_yt.dtype)
Out[2]: train_xt.dtype: torch.float32
        train_yt.dtype: torch.float32
```

上面的程序是先将Numpy数据转化为32位浮点型，然后使用torch.from_numpy()函数，将数组转化为张量。在训练全连接神经网络时，通常一次使用一个batch的数据进行权重更新，torch.utils.data.DataLoader()函数可以将输入的数据集（包含数据特征张量和被预测变量张量）获得一个加载器，每次迭代可使用一个batch的数据，其使用方法如下：

```
In[3]: ## 将训练集转化为张量后，使用 TensorDataset 将 X 和 Y 整理到一起
       train_data = Data.TensorDataset(train_xt,train_yt)
       ## 定义一个数据加载器，将训练数据集进行批量处理
       train_loader = Data.DataLoader(
           dataset = train_data, ## 使用的数据集
```

```
        batch_size=64,    ## 批处理样本大小
        shuffle = True,    ## 每次迭代前打乱数据
        num_workers = 1, ## 使用两个进程
    )
    ##  检查训练数据集的一个 batch 的样本的维度是否正确
    for step, (b_x, b_y) in enumerate(train_loader):
        if step > 0:
            break
    ## 输出训练图像的尺寸和标签的尺寸及数据类型
    print("b_x.shape:",b_x.shape)
    print("b_y.shape:",b_y.shape)
    print("b_x.dtype:",b_x.dtype)
    print("b_y.dtype:",b_y.dtype)
Out[3]: b_x.shape: torch.Size([64, 13])
     b_y.shape: torch.Size([64])
     b_x.dtype: torch.float32
     b_y.dtype: torch.float32
```

在上面的数据中，首先使用Data.TensorDataset()将训练数据X和Y放在一起组成数据train_data，然后使用Data.DataLoader()定义一个数据加载器，每64个样本为一个batch，最后使用for循环获得一次加载器的输出内容b_x和b_y，它们均为torch的32位浮点型张量。

2. 分类数据准备

分类数据和回归数据的不同点在于，分类数据的被预测变量为离散类别变量，所以在使用PyTorch定义的网络模型时，默认的预测标签是64位有符号整型数据。

```
In[4]: ## 处理分类数据
    iris_x,irisy = load_iris(return_X_y=True)
    print("iris_x.dtype:",iris_x.dtype)
    print("irisy:",irisy.dtype)
Out[4]: iris_x.dtype: float64
     irisy: int64
```

上面的程序先读取了数据，然后查看数据的特征和标签的数据类型。从程序输出可知，该数据集的特征数据（X）为64位浮点型，标签（Y）为64位整型。在torch构建的网络中，X默认的数据格式是torch.float32，所以转化为张量时，数据的特征要转化为32位浮点型，数据的类别标签Y要转化为64位有符号整型。下面将X和Y均转化为张量。

```
In[5]: ## 训练集 X 转化为张量，训练集 Y 转化为张量
    train_xt = torch.from_numpy(iris_x.astype(np.float32))
```

```
    train_yt = torch.from_numpy(irisy.astype(np.int64))
    print("train_xt.dtype:",train_xt.dtype)
    print("train_yt.dtype:",train_yt.dtype)
Out[5]: train_xt.dtype: torch.float32
     train_yt.dtype: torch.int64
```

准备好数据类型后，再使用Data.TensorDataset()和Data.DataLoader()定义数据加载器，程序如下：

```
In[6]: ## 将训练集转化为张量后，使用 TensorDataset 将 X 和 Y 整理到一起
    train_data = Data.TensorDataset(train_xt,train_yt)
    ## 定义一个数据加载器，将训练数据集进行批量处理
    train_loader = Data.DataLoader(
        dataset = train_data, ## 使用的数据集
        batch_size=10,        ## 批处理样本大小
        shuffle = True,       ## 每次迭代前打乱数据
        num_workers = 1,      ## 使用 1 个进程
    )
    ## 检查训练数据集的一个 batch 样本的维度是否正确
    for step, (b_x, b_y) in enumerate(train_loader):
        if step > 0:
            break
    ## 输出训练图像的尺寸和标签的尺寸与数据类型
    print("b_x.shape:",b_x.shape)
    print("b_y.shape:",b_y.shape)
    print("b_x.dtype:",b_x.dtype)
    print("b_y.dtype:",b_y.dtype)
Out[6]: b_x.shape: torch.Size([10, 4])
     b_y.shape: torch.Size([10])
     b_x.dtype: torch.float32
     b_y.dtype: torch.int64
```

从上面程序输出中可知，每个batch使用了10个数据样本，并且数据的类型已经正确转化。

2.5.2 图像数据

torchvision中的datasets模块包含多种常用的分类数据集下载及导入函数，可以很方便地导入数据以及验证所建立的模型效果。datasets模块所提供的部分常用图像数据集如表2-10所示。

表 2-10　torchvision 中已经准备好的数据集

数据集对应的类	描述
datasets.MNIST()	手写字体数据集
datasets.FashionMNIST()	衣服、鞋子、包等 10 类数据集
datasets.KMNIST()	一些文字的灰度数据
datasets.CocoCaptions()	用于图像标注的 MS COCO 数据
datasets.CocoDetection()	用于检测的 MS COCO 数据
datasets.LSUN()	10 个场景和 20 个目标的分类数据集
datasets.CIFAR10()	CIFAR10 类数据集
datasets.CIFAR100()	CIFAR100 类数据集
datasets.STL10()	包含 10 类的分类数据集和大量的未标记数据
datasets.ImageFolder()	定义一个数据加载器从文件夹中读取数据

torchvision中的transforms模块可以针对每张图像进行预处理操作，在该模块中提供了如表2-11所示的常用图像操作。

表 2-11　torchvision 中图像的变换操作

数据集对应的类	描述
transforms.Compose()	将多个 transform 组合起来使用
transforms.Scale()	按照指定的图像尺寸对图像进行调整
transforms.CenterCrop()	将图像进行中心切割，得到给定的大小
transforms.RandomCrop()	切割中心点的位置随机选取
transforms.RandomHorizontalFlip()	图像随机水平翻转
transforms.RandomSizedCrop()	将给定的图像随机切割，然后再变换为给定大小
transforms.Pad()	将图像所有边用给定的 pad value 填充
transforms.ToTensor()	把一个取值范围是 [0,255] 的 PIL 图像或形状为 [H,W,C] 的数组，转换成形状为 [C,H,W]，取值范围是 [0,1.0] 的张量（torch.FloadTensor）
transforms.Normalize()	将给定的图像进行规范化操作
transforms.Lambda(lambd)	使用 lambd 作为转化器，可自定义图像操作方式

下面代码以实际的数据集为例，结合torchvision中的相关模块的使用，展示图像数据的预处理操作。一种是从torchvision中的datasets模块中导入数据并预处理，另一种是从文件夹中导入数据并进行预处理。

```
In[7]: import torch
     import torch.utils.data as Data
     from torchvision.datasets import FashionMNIST
     import torchvision.transforms as transforms
     from torchvision.datasets import ImageFolder
```

1. 从 torchvision 中的 datasets 模块中导入数据并预处理

以导入FashionMNIST数据集为例，该数据集包含一个60000张28 × 28的灰度图片作为训练集，以及10000张28 × 28的灰度图片作测试集。数据共10类，分别是鞋子、T恤、连衣裙等服饰类的图像。

```
In[8]: ## 使用 FashionMNIST 数据，准备训练数据集
      train_data  = FashionMNIST(
          root = "./data/FashionMNIST", ## 数据的路径
          train = True, ## 只使用训练数据集
          transform  = transforms.ToTensor(),
          download= False  ## 因为数据已经下载过，所以这里不再下载
      )
      ## 定义一个数据加载器
      train_loader = Data.DataLoader(
          dataset = train_data, ## 使用的数据集
          batch_size=64,        ## 批处理样本大小
          shuffle = True,       ## 每次迭代前打乱数据
          num_workers = 2,      ## 使用两个进程
      )
      ## 计算 train_loader 有多少个 batch
      print("train_loader 的 batch 数量为 :",len(train_loader))
Out[8]: train_loader 的 batch 数量为 : 938
```

上面的程序针对数据的导入主要做了如下操作：

（1）通过FashionMNIST()函数来导入数据。在该函数中root参数用于指定需要导入数据的所在路径（如果指定路径下已经有该数据集，需要指定对应的参数download= False，如果指定路径下没有该数据集，需要指定对应的参数download= True，将会自动下载数据）。参数train的取值为Ture或者False，表示导入的数据是训练集（60000张图片）或测试集（10000张图片）。参数transform用于指定数据集的变换，transform = transforms.ToTensor()表示将数据中的像素值转换到0 ~ 1之间，并且将图像数据从形状为[H,W,C]转换成形状为[C,H,W]。

（2）在数据导入后需要利用数据加载器DataLoader()将整个数据集切分为多个batch，用于网络优化时利用梯度下降算法进行求解。在函数中dataset参数用于指定使用的数据集；batch_size参数指定每个batch使用的样本数量；shuffle = True表示从数据集中获取每个批量图片时需先打乱数据；num_workers参数用于指定导入数据使用的进程数量（和并行处理相似）。经过处理后该训练数据集包含938个batch。

对训练数据集进行处理后，可以使用相同的方法对测试集进行处理，也可以使用如下方式对测试集进行处理。

```
In[9]: ## 对测试集进行处理
      test_data  = FashionMNIST(
          root = "./data/FashionMNIST", ## 数据的路径
```

```
        train = False,    ## 不使用训练数据集
        download= False  ## 因为数据已经下载过，所以这里不再下载
    )
    ## 为数据添加一个通道维度，并且取值范围缩放到 0 ~ 1 之间
    test_data_x = test_data.data.type(torch.FloatTensor) / 255.0
    test_data_x = torch.unsqueeze(test_data_x,dim = 1)
    test_data_y = test_data.targets  ## 测试集的标签
    print("test_data_x.shape:",test_data_x.shape)
    print("test_data_y.shape:",test_data_y.shape)
Out[9]:test_data_x.shape: torch.Size([10000, 1, 28, 28])
     test_data_y.shape: torch.Size([10000])
```

上面的程序使用FashionMNIST()函数导入数据，使用train = False参数指定导入测试集，并将数据集中的像素值除以255.0，使像素值转化到0 ~ 1之间，再使用函数torch.unsqueeze()为数据添加一个通道，即可得到测试数据集。在test_data中使用test_data.data获取图像数据，使用test_data.targets获取每个图像所对应的标签。

2. 从文件夹中导入数据并进行预处理

在torchvision的datasets模块中包含有ImageFolder()函数，该函数可以读取如下格式的数据集：

root/dog/xxx.png

root/dog/xxy.png

…

root/cat/123.png

即在相同的文件路径下，每类数据都单独存放在不同的文件夹下。现imagedata文件夹下有三个子文件夹，每个文件夹中保存一类图像，如图2-13所示。

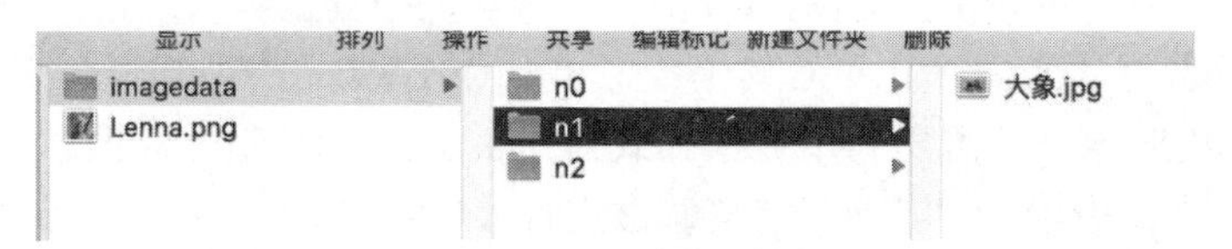

图 2-13　文件保存示意图

为了读取上面的文件夹中的图像，需先对训练数据集的变换操作进行设置。

```
In[10]: ## 对训练集的预处理
    train_data_transforms = transforms.Compose([
        transforms.RandomResizedCrop(224),## 随机长宽比裁剪为 224*224
        transforms.RandomHorizontalFlip(),## 依概率 p=0.5 水平翻转
        transforms.ToTensor(), ## 转化为张量并归一化至 [0-1]
        ## 图像标准化处理
```

```
        transforms.Normalize([0.485, 0.456, 0.406],
                             [0.229, 0.224, 0.225])
    ])
```

在上面的程序中，使用transforms.Compose()函数可以将多个变换操作组合在一起，其中train_data_transforms包含了将图像随机剪切为224 × 224、依概率p=0.5水平翻转、转化为张量并归一化至0 ～ 1、图像的标准化处理等操作。

```
In[11]: ## 读取图像
    train_data_dir = "data/chap2/imagedata/"
    train_data = ImageFolder(train_data_dir, transform=train_data_
transforms)
    train_data_loader = Data.DataLoader(train_data,batch_size=4,
                                        shuffle=True,num_workers=1)
    print("数据集的label:",train_data.targets)
    ##  获得一个batch的数据
    for step, (b_x, b_y) in enumerate(train_data_loader):
        if step > 0:
            break
    ## 输出训练图像的尺寸和标签的尺寸
    print(b_x.shape)
    print(b_y.shape)
    print("图像的取值范围为:",b_x.min(),"~",b_x.max())
Out[11]:数据集的label: [0, 0, 1, 2]
      torch.Size([4, 3, 224, 224])
      torch.Size([4])
```

上面的代码使用ImageFolder()函数读取图像，其中的transform参数指定读取图像时对每张图像所做的变换，图像的取值范围为 tensor(−2.1179) ~ tensor(2.6400)。

读取图像后，同样使用DataLoader()函数创建了一个数据加载器。从输出结果可以发现，共读取了4张图像，每张图像是224 × 224的RGB图像，经过变换后，图像的像素值在2.1179 ～ 2.6400之间。

2.5.3 文本数据

对文本数据进行分类是深度学习任务中常见的应用，但是PyTorch建立的深度学习网络并不能直接作用于文本数据，需要对文本数据进行相应的预处理。具体操作如下。

在指定的文件夹中，包含两个文本数据的数据集train.csv和test.csv，在每个文件中均包含两列数据，分别是表示文本对应的标签变量label和表示文本的内容变量text，数据的形式如图2-14所示。

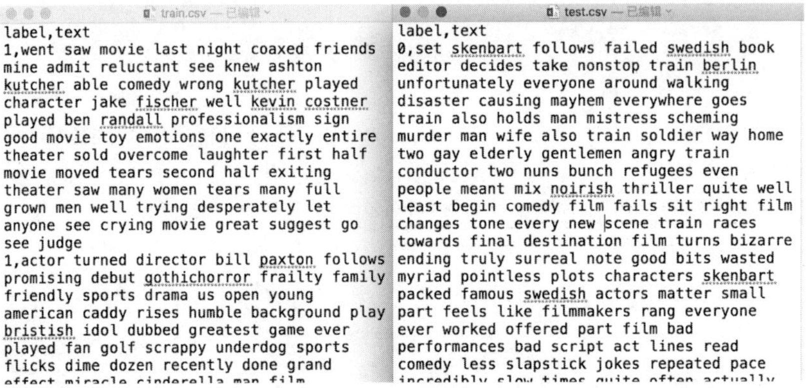

```
train.csv — 已编辑
label,text
1,went saw movie last night coaxed friends
mine admit reluctant see knew ashton
kutcher able comedy wrong kutcher played
character jake fischer well kevin costner
played ben randall professionalism sign
good movie toy emotions one exactly entire
theater sold overcome laughter first half
movie moved tears second half exiting
theater saw many women tears many full
grown men well trying desperately let
anyone see crying movie great suggest go
see judge
1,actor turned director bill paxton follows
promising debut gothichorror frailty family
friendly sports drama us open young
american caddy rises humble background play
bristish idol dubbed greatest game ever
played fan golf scrappy underdog sports
flicks dime dozen recently done grand
effect miracle cinderella man film
```

```
test.csv — 已编辑
label,text
0,set skenbart follows failed swedish book
editor decides take nonstop train berlin
unfortunately everyone around walking
disaster causing mayhem everywhere goes
train also holds man mistress scheming
murder man wife also train soldier way home
two gay elderly gentlemen angry train
conductor two nuns bunch refugees even
people meant mix noirish thriller quite well
least begin comedy film fails sit right film
changes tone every new scene train races
towards final destination film turns bizarre
ending truly surreal note good bits wasted
myriad pointless plots characters skenbart
packed famous swedish actors matter small
part feels like filmmakers rang everyone
ever worked offered part film bad
performances bad script act lines read
comedy less slapstick jokes repeated pace
incredibly slow times quite often actually
```

图 2-14　文本数据的训练集和测试集

针对如图2-14所示的数据形式，可以非常方便地利用torchtext库中的相关函数进行预处理。

```
In[12]:## 使用 torchtext 库进行数据准备
     from torchtext import data
     ## 定义文本切分方法，使用空格切分即可
     mytokenize = lambda x: x.split()
     ## 定义将文本转化为张量的相关操作
     TEXT = data.Field(sequential=True,    ## 表明输入的文本是字符
                       tokenize=mytokenize, ## 使用自定义的分词方法
                       use_vocab=True,      ## 创建一个词汇表
                       batch_first=True,    ## batch 优先的数据方式
                       fix_length=200       ## 每个句子固定长度为 200
                       )
     ## 定义将标签转化为张量的相关操作
     LABEL = data.Field(sequential=False, ## 表明输入的标签是数字
                        use_vocab=False,  ## 不创建词汇表
                        pad_token=None,   ## 不进行填充
                        unk_token=None    ## 没有无法识别的字符
                       )
     ## 对所要读取的数据集的每列进行处理
     text_data_fields = [
         ("label", LABEL),  ## 对标签的操作
         ("text", TEXT)     ## 对文本的操作
     ]
     ## 读取数据
     traindata,testdata = data.TabularDataset.splits(
         path="data/chap2/textdata", format="csv",
```

```
        train="train.csv", fields=text_data_fields,
        test = "test.csv", skip_header=True
    )
    len(traindata),len(testdata)
Out[12]: (4, 4)
```

从上面程序的输出结果中，可以发现训练集和测试集中都有4个样本，表示已经成功地将两个数据集读入Python的工作环境中。上面的程序主要进行了下面几步骤的操作：

（1）首先从torchtext库导入data模块，接着利用lambda函数定义一个使用空格切分文本的切分函数mytokenize。该函数可以将读入的长文本利用空格切分为一个个单词。

（2）使用data.Field()函数类，分别定义将文本和标签转化为张量的相关操作。data.Field()函数类为可以通过张量来表示的常见的文本，其中TEXT是需要对文本内容进行相关预处理，LABEL是需要对文本所对应的类别标签进行预处理。然后通过列表的方式将TEXT和LABEL与需要读取文件中的列名text和label相对应，最后得到text_data_fields。

（3）通过data.TabularDataset.splits()函数从文件夹中读取指定的训练数据和测试数据，并返回相应的traindata和testdata。在读取文件时，通过fields=text_data_fields参数来确定对不同的列进行不同的操作。

进行上述操作后，使用data.BucketIterator()函数将训练数据集和测试数据集定义为数据加载器。

在使用data.BucketIterator()函数之前，需要对数据建立一个单词表。建立单词表通常是以训练数据集为基础，使用TEXT.build_vocab()方法对指定的数据集（这里是利用训练数据集traindata）建立一个单词表。参数max_size=1000表示单词表使用的最大单词数量（这里是只保留出现次数最多的前1000个单词）；参数vectors用于指定单词的词向量，可以使用预训练好的词向量也可以不指定（None）。构建单词表后使用data.BucketIterator()函数建立训练数据集和测试数据集加载器，使用batch_size参数指定每个batch数据中包含的样本数量，程序如下：

```
In[13]:## 使用训练集构建单词表，并不指定预训练好的词向量
    TEXT.build_vocab(traindata,max_size=1000,vectors = None)
    ## 将训练数据集定义为数据加载器，便于对模型进行优化
    train_iter = data.BucketIterator(traindata,batch_size = 4)
    test_iter = data.BucketIterator(testdata,batch_size = 4)
    for step, batch in enumerate(train_iter):
        if step > 0:
            break
    ## 针对一个 batch 的数据，可以使用 batch.label 获得数据的类别标签
```

```
    print("数据的类别标签:",batch.label)
    ## batch.text是文本对应的编码向量
    print("数据的尺寸:",batch.text.shape)
Out[13]:数据的类别标签: tensor([0, 1, 0, 1])
    数据的尺寸: torch.Size([4, 200])
```

在上面的操作中，使用batch.label获取一个batch数据的类别标签，这里4个样本的类别分别为[0, 1, 0, 1]。而使用batch.text可以获得每个文本的内容，这里每个文本都是一个长度为200的向量。

2.6 本章小结

本章主要介绍了PyTorch中基于张量的相关计算方式及PyTorch的自动微分功能；着重介绍了PyTorch中的torch.nn模块，包含其中的卷积层、池化层、激活函数、循环层等在深度学习中常用的层操作，并且使用具体的示例展示了如何使用这些层。最后对PyTorch中相关的数据预处理进行了介绍，以具体的数据预处理示例，展示了高维数组、图像、文本在深度学习任务中的数据准备操作。

第 3 章　PyTorch 深度神经网络及训练

在深度学习中，模型的建立与训练是十分关键和有挑战性的，选定了网络结构后，深度学习训练过程基本大同小异，是一个反复调整模型参数的过程。得益于GPU等硬件性能的提升，复杂的深度学习训练由此成为可能。

3.1 随机梯度下降算法

在深度学习网络中，通常需要设计一个模型的损失函数来约束我们的训练过程，如针对分类问题可以使用交叉熵损失，针对回归问题可以使用均方根误差损失等。模型的训练并不是漫无目的的，而是朝着最小化损失函数的方向去训练，这时就会用到梯度下降类的算法。

梯度下降法（gradient descent）是一个一阶最优化算法，通常也称为最速下降法，是通过函数当前点对应梯度(或者是近似梯度)的反方向，使用规定步长距离进行迭代搜索，从而找到一个函数的局部极小值的算法，最好的情况是希望找到全局极小值。但是在使用梯度下降算法时，每次更新参数都需要使用所有的样本。如果对所有的样本均计算一次，当样本总量特别大时，对算法的速度影响非常大，所以就有了随机梯度下降（stochastic gradient descent，SGD）算法。它是对梯度下降法算法的一种改进，且每次只随机取一部分样本进行优化，样本的数量一般是2的整数次幂，取值范围是32~256，以保证计算精度的同时提升计算速度，是优化深度学习网络中最常用的一类算法。

SGD算法及其一些变种，是深度学习中应用最多的一类算法。在深度学习中，SGD通常指小批随机梯度下降（mini-batch gradient descent）算法，其在训练过程中，通常会使用一个固定的学习率进行训练。即

$$g_t = \nabla_{\theta_{t-1}} f\left(\theta_{t-1}\right)$$

$$\nabla_{\theta_t} = -\eta * g_t$$

式中，g_t是第t步的梯度，η则是学习率，随机梯度下降算法在优化时，完全依赖于当前batch数据计算得到的梯度，而学习率η则是调整梯度影响大小的参数，通过控制学习率η的大小，一定程度上可以控制网络的训练速度。

随机梯度下降虽然在大多数情况下都很有效，但其还存在一些缺点，如很难确定一个合适的学习率η，而且所有的参数使用同样的学习率可能并不是最有效的方法。针对这种情况，可以采用变化学习率η的训练方式，如控制网络在初期以大的学习率进行参数更新，后期以小的学习率进行参数更新。随机梯度下降的另一个缺点就是，其更容易收敛到局部最优解，而且当落入局部最优解后，很难跳出局部最优解的区域。

针对随机梯度下降算法的缺点，动量的思想被引入优化算法中。动量通过模拟物体运动时的惯性来更新网络中的参数，即更新时在一定程度上会考虑之前参数更新的方向，同时利用当前batch计算得到的梯度，将两者结合起来计算出最终参数需要更新的大小和方向。在优化时引入动量思想旨在加速学习，特别是面对小而连续且含有很多噪声的梯度。利用动量在一定程度上不仅增加了学习参数的稳定性，而且会更快地学习到收敛的参数。

在引入动量后，网络的参数则按照下面的方式更新：

$$g_t = \nabla_{\theta_{t-1}} f\left(\theta_{t-1}\right)$$

$$m_t = \mu * m_{t-1} + g_t$$

$$\nabla_{\theta_t} = -\eta * m_t$$

在上述公式中，m_t为当前动量的累加，μ属于动量因子，用于调整上一步动量对参数更新时的重要程度。引入动量后，在网络更新初期，可利用上一次参数更新，此时下降方向一致，乘以较大的μ能够进行很好的加速。在网络更新后期，随着梯度g_t逐渐趋近于0，在局部最小值来回震荡的时候，利用动量使得更新幅度增大，跳出局部最优解的陷阱。

Nesterov项（Nesterov动量）是在梯度更新时做出的校正，避免参数更新太快，同时提高灵敏度。在动量中，之前累积的动量m_{t-1}并不会直接影响当前的梯度g_t，所以Nesterov的改进就是让之前的动量直接影响当前的动量，即

$$g_t = \nabla_{\theta_{t-1}} f\left(\theta_{t-1} - \eta * \mu * m_{t-1}\right)$$

$$m_t = \mu * m_{t-1} + g_t$$

$$\nabla_{\theta_t} = -\eta * m_t$$

Nesterov动量和标准动量的区别在于，在当前batch梯度的计算上，Nesterov动量的梯度计算是在施加当前速度之后的梯度。所以，Nesterov动量可以看作是在标准动量方法上添加了一个校正因子，从而提升算法的更新性能。

在训练开始的时候，参数会与最终的最优值点距离较远，所以需要使用较大的学习率，经过几轮训练之后，则需要减小训练学习率。因此，在众多的优化算法中，不仅有通过改变更新时梯度方向和大小的算法，还有一些算法则是优化了学习率等参数的变化，如一系列自适应学习率的算法Adadelta、RMSProp及Adam等。

很多网站介绍了多种优化算法，如https://ruder.io/optimizing-gradient-descent/网在一个通用的问题下求解其路径，其过程截图如图3-1所示。

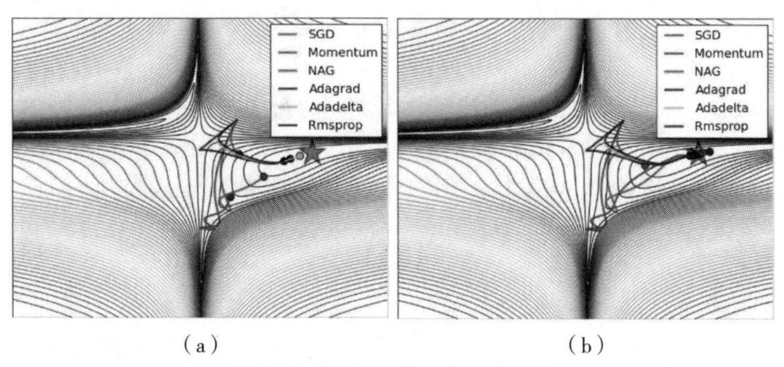

（a）　　（b）

图3-1　多个优化算法的优化轨迹

3.2 PyTorch 中的优化器

扫一扫，看视频

在PyTorch中的optim模块，提供了多种可直接使用的深度学习优化算法，内置算法包括Adam、SGD、RMSprop等，无须人工实现随机梯度下降算法，直接调用即可。可直接调用的优化算法类如表3-1所示。

表3-1 PyTorch 中的优化器

类	算法名称
torch.optim.Adadelta()	Adadelta 算法
torch.optim.Adagrad()	Adagrad 算法
torch.optim.Adam()	Adam 算法
torch.optim.Adamax()	Adamax 算法
torch.optim.ASGD()	平均随机梯度下降算法
torch.optim.LBFGS()	L-BFGS 算法
torch.optim.RMSprop()	RMSprop 算法
torch.optim.Rprop()	弹性反向传播算法
torch.optim.SGD()	随机梯度下降算法

表3-1列出了PyTorch中可直接调用的优化算法。这些优化算法的使用方式很相似，下面以Adam算法为例，介绍优化器中参数的使用情况，以及如何优化所建立的网络。Adam类的使用方式如下：

```
torch.optim.Adam(params, lr=0.001, betas=(0.9, 0.999), eps=1e-08,
weight_decay=0)
```

其中的参数说明如下：

（1）params：待优化参数的iterable或定义了参数组的dict，通常为model.parameters()。

（2）lr：算法学习率，默认为0.001。

（3）betas：用于计算梯度以及梯度平方的运行平均值的系数，默认为(0.9, 0.999)。

（4）eps：为了增加数值计算的稳定性而加到分母里的项，默认为1e-8。

（5）weight_decay：权重衰减（L2惩罚），默认为0。

下面建立一个简单的测试网络，用于演示优化器的使用，程序如下所示：

```
In[1]:## 建立一个测试网络
    class TestNet(nn.Module):
      def __init__(self):
          super(TestNet,self).__init__()
          ## 定义隐藏层
           self.hidden = nn.Sequential(nn.Linear(13,10),nn.ReLU(),)
```

```
        ## 定义预测回归层
        self.regression = nn.Linear(10,1)
    ## 定义网络的向前传播路径
    def forward(self, x):
        x = self.hidden(x)
        output = self.regression(x)
        ## 输出为 output
        return output
## 输出我们的网络结构
testnet = TestNet()
```

上面的程序建立了一个简单的测试网络，使用testnet = TestNet()来得到网络，并对其进行了输出(因为该网络很简单，所以就不将其输出单独列出了)，发现testnet主要有hidden层和regression层。针对一个已经建立好的深度学习网络，在定义优化器时通常使用下面的方式来定义：

```
In[2]:## 使用方式 1：为不同的层定义统一的学习率
     optimizer = Adam(testnet.parameters(),lr=0.001)
```

这种方式中Adam()的第一个参数为testnet.parameters()，表示对testnet网络中的所有需要优化的参数进行更新优化，而且使用统一的学习率lr=0.001。如果对不同层次的权重参数使用不同的学习率，则可对第一个参数使用字典来表示，使用方法如下所示：

```
In[3]:## 使用方式 2：为不同的层定义不同的学习率
    optimizer = Adam(
      [{"params":testnet.hidden.parameters(),"lr":0.0001},
      {"params":testnet.regression.parameters(),"lr": 0.01}],
      lr=1e-2)
```

在上面的程序中，第一个参数的字典使用"params"关键字来指定需要优化层的权重参数，"lr"来置顶相应层的学习率。上述程序表示testnet.hidden层对应的参数将会使用0.0001的学习率;testnet.regression层对应的参数将会使用0.01的学习率;而且lr=1e-2将作用于testnet中其他没有特殊指定的所有参数。

定义好优化器后，需要将optimizer.zero_grad()方法和optimizer.step()方法一起使用，对网络中的参数进行更新。其中optimizer.zero_grad()方法表示在进行反向传播之前，对参数的梯度进行清空;optimizer.step()方法表示在损失的反向传播loss.backward()方法计算出梯度之后，调用step()方法进行参数更新。如对数据集加载器dataset、深度网络testnet、优化器optimizer、损失函数loss_fn等，可使用下面的程序进行网络参数更新：

```
In[4]:## 对目标函数进行优化时通常的格式
```

```
    for input, target in dataset:
        optimizer.zero_grad()           ## 梯度清零
        output = testnetst(input)       ## 计算预测值
        loss = loss_fn(output, target)  ## 计算损失
        loss.backward()                 ## 损失后向传播
        optimizer.step()                ## 更新网络参数
```

注意：本小节介绍的程序是通用的使用方法，并不是一个可正确运行的示例，但是除程序片段In[4]之外，其他程序片段都能运行。

针对网络学习率，通过网络训练可以改变学习率的大小，不同的epoch可以设置不同大小的学习率。在PyTorch中的torch.optim.lr_scheduler模块下提供了优化器学习率调整方式，常用的几种列出如下：

（1）lr_scheduler.LambdaLR(optimizer, lr_lambda, last_epoch=-1)：不同的参数组设置不同的学习调整策略，last_epoch参数用于设置何时开始调整学习率，last_epoch=-1表示学习率设置为初始值，在开始训练后准备调整学习率（last_epoch参数的设置，下面的方法在使用中也是这样的）。

（2）lr_scheduler.StepLR(optimizer, step_size, gamma=0.1, last_epoch=-1)：等间隔调整学习率，学习率会每经过step_size指定的间隔调整为原来的gamma倍。这里的step_size所指的间隔通常是epoch的间隔。

（3）lr_scheduler.MultiStepLR(optimizer, milestones, gamma=0.1, last_epoch=-1)：按照设定的间隔调整学习率。milestones参数通常使用一个列表来指定需要调整学习率的epoch数值，学习率会调整为原来的gamma倍。

（4）lr_scheduler.ExponentialLR(optimizer, gamma, last_epoch=-1)：按照指数衰减调整学习率，学习率调整公示为 $\mathrm{lr} = \mathrm{lr}^* \mathrm{gamma}^{\mathrm{epoch}}$。

（5）lr_scheduler.CosineAnnealingLR(optimizer, T_max, eta_min=0, last_epoch=-1)：以余弦函数为周期，并在每个周期最大值时调整学习率，T_max表示在T_max个epoch后重新设置学习率，eta_min表示最小学习率，即每个周期的最小学习率不会小于eta_min。学习率的调整公式为 $\eta_t = \eta_{\min} + \frac{1}{2}(\eta_{\max} - \eta_{\min})\left(1 + \cos\left(\frac{T_{\mathrm{cur}}}{T_{\max}}\right)\right)$，其中 η_t 表示在t时刻的学习率，$\eta_{\min}$ 为参数eta_min，$T_{\max}$ 为参数T_max。

针对已经定义的学习率调整类，还会包含一个获得网络学习率的方法get_lr()，用于获得当前的学习率。

上述的学习率调整方法一般以如下方式进行：

```
In[5]:scheduler = ...       ## 设置学习率调整方式
    for epoch in range(100):
        train(...)
        validate(...)
```

```
        scheduler.step()   ## 更新学习率
```

设置学习率调整方法的类，一般是在网络的训练之前，而学习率的调整则是在网络的训练过程中，并通过scheduler.step()来更新。

3.3 PyTorch 中的损失函数

深度学习的优化方法直接作用的对象是损失函数。在最优化、统计学、机器学习和深度学习等领域中经常能用到损失函数。损失函数就是用来表示预测与实际数据之间的差距程度。一个最优化问题的目标是将损失函数最小化，针对分类问题，直观的表现就是分类正确的样本越多越好。在回归问题中，直观的表现就是预测值与实际值误差越小越好。

PyTorch中的nn模块提供了多种可直接使用的深度学习损失函数，如交叉熵、均方误差等，针对不同的问题，可以直接调用现有的损失函数类。常用损失函数如表3-2所示。

表 3-2 PyTorch 中的常用损失函数

类	算法名称	适用问题类型
torch.nn.L1Loss()	平均绝对值误差损失	回归
torch.nn.MSELoss()	均方误差损失	回归
torch.nn.CrossEntropyLoss()	交叉熵损失	多分类
torch.nn.NLLLoss()	负对数似然函数损失	多分类
torch.nn.NLLLoss2d()	图片负对数似然函数损失	图像分割
torch.nn.KLDivLoss()	KL 散度损失	回归
torch.nn.BCELoss()	二分类交叉熵损失	二分类
torch.nn.MarginRankingLoss()	评价相似度的损失	
torch.nn.MultiLabelMarginLoss()	多标签分类的损失	多标签分类
torch.nn.SmoothL1Loss()	平滑的 L1 损失	回归
torch.nn.SoftMarginLoss()	多标签二分类问题的损失	多标签二分类

这些损失函数的调用较为简单，下面以均方误差损失和交叉熵损失为例，介绍它们的参数使用情况。

1. 均方误差损失

torch.nn.MSELoss(size_average=None, reduce=None, reduction='mean')

其中参数的使用情况如下：

size_average：默认为True。计算的损失为每个batch的均值，否则为每个batch的和。以后将会弃用该参数，可以通过设置reduction来代替该参数的效果。

reduce：默认为True，此时计算的损失会根据size_average参数设定，是计算每个batch的均值或和。以后将会弃用该参数。

reduction：通过指定参数取值为none、mean、sum来判断损失的计算方式。默认为mean，即计算的损失为每个batch的均值；如果设置为sum，则计算的损失为每个batch的和；如果设置为none，则表示不使用该参数。

对模型的预测输入x和目标y计算均方误差损失方式为

$$\text{loss}(x,y)=1/N(x_i-y_i)^2$$

如果reduction的取值为sum，则不除以N。

2. 交叉熵损失

```
torch.nn.CrossEntropyLoss(weight=None,
                          size_average=None,
                          ignore_index=-100,
                          reduce = None,
                          reduction='mean')
```

交叉熵损失是将LogSoftMax和NLLLoss集成到一个类中，通常用于多分类问题，其参数的使用情况如下：

ignore_index：指定被忽略且对输入梯度没有贡献的目标值。

size_average、reduce、reduction三个参数的使用情况同上。

weight：是1维的张量，包含n个元素，分别代表n类的权重，在训练样本不均衡时，非常有用，默认值为None。

当weight=None，损失函数的计算方式为：

$$\text{loss}(x,\text{class})=-\log\frac{\exp(x[\text{class}])}{\sum_j\exp(x[j])}=-x[\text{class}]+\log\left(\sum_j\exp(x[j])\right)$$

当weight被指定时，损失函数的计算方式为：

$$\text{loss}(x,\text{class})=\text{weight}[\text{class}]\times\left(-x[\text{class}]+\log\left(\sum_j\exp(x[j])\right)\right)$$

损失函数类的使用方法都很相似，这里就不一一赘述。

3.4 防止过拟合

在统计学中，过拟合是指过于精确地匹配了特定数据集，导致模型不能良好地拟合其他数据或预测未来的观察结果的现象。模型如果过拟合，会导致模型的偏差很小，但是方差会很大。相较用于训练的数据总量来说，一个模型只要结构足够复杂或参数足够多，就总是可以完美地适应数据。

3.4.1　过拟合的概念

深度学习模型的过拟合通常是指针对设计好的深度学习网络，在使用训练数据集训练时，在训练数据集上能够获得很高的识别精度(针对分类问题)，或者很低的均方根误差(针对回归问题)，但是把训练好的模型作用于测试集进行预测时，预测效果往往不是很理想。深度学习网络通常会有大量的可训练的参数，参数使网络具有更强的表示能力，使其在很多领域的性能超过了众多的"传统"机器学习方法，例如深度学习在图像识别、物体检测、语义分割和自然语言处理等领域表现优异。但众多的参数也带来了深度学习网络更容易得到过拟合的训练结果。过拟合模型的示意图如图3-2所示。

图 3-2　过拟合模型示意图

在图3-2中，加号和减号分别代表空间中的两类数据，绿色实线代表过拟合的模型，黑色虚线代表未过拟合的模型。可以发现虽然绿色实线完美地将训练数据全部分类正确，但是模型过于复杂，对训练数据过度拟合，和黑色虚线相比，当预测新的测试数据时会有更高的错误率。

3.4.2　防止过拟合的方法

在实践过程中，准确有效地检测深度学习模型是否过拟合是比较困难的，而且大的深度学习模型通常需要训练很长时间，如果没有有效防止网络过拟合的方式，很可能会花费大量的时间训练出无用的过拟合模型，所以众多的研究者也总结和发现了一些防止过拟合的方法。

1. 增加数据量

更深、更宽的深度学习网络，往往需要训练更多的参数，所以需要更多的数据量才能获得稳定的训练结果。更多的训练样本通常会使模型更加稳定，所以训练样本的增加不仅可以得到更有效的训练结果，也能在一定程度上防止模型过拟合，增强网络的泛化能力。但是如果训练样本有限，可以通过数据增强技术对现有的数据集进行扩充。数据增强则是通过已定的规则扩充数据，如在图像分类任务中，物体在图像中的位置、姿态、尺度、图像的明暗等都会影响分类结果，所以可以通过平移、旋转、缩放等手段对数据进行扩充。

2. 合理的数据切分

针对现有的数据集，在训练深度学习网络时，可以将数据集进行切分为训练集、验证集和测试集(或者使用交叉验证的方法，但是深度学习网络利用交叉验证进行训练的方式并不常见)。针对数据切分的结果，可以使用训练集来训练深度学习网络，并且通过验证集来监督网络的学习过程，可以在网络过拟合之前终止网络的训练。在模型训练结束后，可以利用测试集来测试训练结果的泛化能力。

当然在保证数据尽可能来自同一分布的情况下，如何有效地对数据集进行切分也很重要，传统的数据切分方法通常是按照60∶20∶20的比例拆分，但是针对数据量的不同，数据切分的比例也不尽相同。尤其在大数据时代，如果数据集有几百万甚至上亿级条目时，这种60∶20∶20比例的划分已经不再合适，更好的方式是将数据集的98%用于训练网络，保证尽可能多的样本训练网络，使用1%的样本用于验证集，这1%的数据已经有足够多的样本来监督模型是否过拟合，最后使用1%的样本测试网络的泛化能力。所以针对数据量的大小、网络参数的数量，数据的切分比例可以根据实际的需要来确定。

前面介绍的方法是通过增加数据量来监督、防止网络过拟合，但在实际情况中，数据量往往是已经确定了的，所以在有限的数据集上，如何防止网络过拟合显得更加重要。

3. 正则化方法

正则化通常是在损失函数上添加对训练参数的惩罚范数，通过添加的范数惩罚对需要训练的参数进行约束，防止模型过拟合。常用的正则化参数有l_1和l_2范数，l_1范数惩罚项的目的是将参数的绝对值最小化，l_2范数惩罚项的目的是将参数的平方和最小化。在固定的深度学习网络中，使用l_1范数会趋向于使用更少的参数，而其他的参数都是0，从而增加网络稀疏性，防止模型过拟合。而利用l_2范数进行约束则会选择更多的参数，但是这些参数都会接近于0，防止模型过拟合。在实际应用中，一般利用l_2范数进行正则化约束较多。使用正则化防止过拟合非常有效，如在经典的线性回归模型中，使用l_1范数正则化的模型叫作Lasso回归，使用l_2范数正则化的模型叫作Ridge回归。

4. Dropout

在深度学习网络中最常用的正则化技术是通过引入Dropout层，随机丢掉一些神经元，即在每个训练批次中，通过忽略一定百分比的神经元数量(通常是一半的神经元)，减轻网络的过拟合现象。简单来说针对网络在前向传播的时候，让某个神经元的激活值以一定的概率p停止工作，这样可以使模型泛化性更强，因为这样训练得到的网络的鲁棒性会更强，不会过度依赖某些局部的特征。Dropout的工作示意图如图3–3所示。

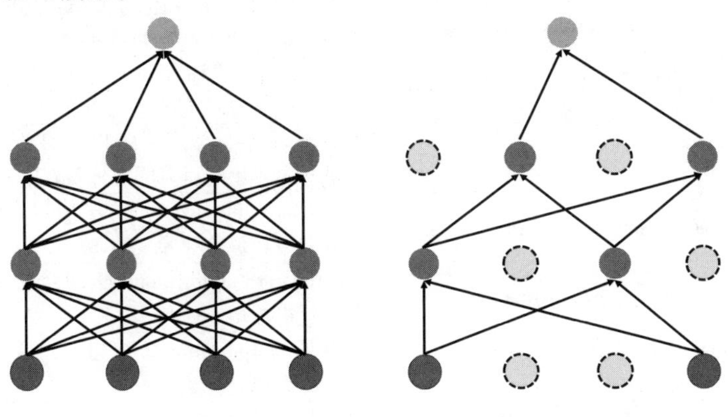

（a）标准的神经网络　　（b）Dropout后的神经网络

图 3–3　Dropout 的工作示意图

在图3–3中可以发现，通过Dropout操作，会随机减少网络中神经元和连接权重的数量。

5. 提前结束训练

防止网络过拟合的最直观的方式就是提前终止网络的训练，其通常将数据切分为训练集、验证集和测试集相结合。例如，当网络在验证集上的损失不再减小，或者精度不再增加时，即认为网络已经训练充分，应终止网络的继续训练。但是该操作可能会获得训练不充分的最终参数。

3.5 网络参数初始化

对于搭建的网络，一般情况下使用默认的参数初始化就能获得比较稳定的结果，但是了解常用的参数初始化方法，并合理地使用它们，有时会得到意想不到的高精度训练结果。

3.5.1 常用的参数初始化方法

下面列出在nn模块中的init模块下常用的参数初始化类，它们的功能如表3–3所示。

表 3–3 常用的初始化方法的功能

方法（类）	功能
nn.init.uniform_(tensor,a=0.0, b=1.0)	从均匀分布 U(a, b) 中生成值，填充输入的张量或变量
nn.init.normal_(tensor, mean=0.0, std=1.0)	从给定均值 mean 和标准差 std 的正态分布中生成值，填充输入的张量或变量
nn.init.constant_(tensor, val)	用 val 的值填充输入的张量或变量
nn.init.eye_(tensor)	用单位矩阵来填充输入二维张量或变量
nn.init.dirac_(tensor)	用 Dirac delta 函数来填充 {3, 4, 5} 维输入张量或变量。在卷积层尽可能多地保存输入通道特性
nn.init.xavier_uniform_(tensor, gain=1.0)	使用 Glorot initialization 方法均匀分布生成值，生成随机数填充张量
nn.init.xavier_normal_(tensor, gain=1.0)	使用 Glorot initialization 方法正态分布生成值，生成随机数填充张量
nn.init.kaiming_uniform_(tensor, a=0, mode='fan_in', nonlinearity='leaky_relu')	使用 He initialization 方法均匀分布生成值，生成随机数填充张量
nn.init.kaiming_normal_(tensor, a=0, mode='fan_in', nonlinearity='leaky_relu')	使用 He initialization 方法正态分布生成值，生成随机数填充张量
nn.init.orthogonal_(tensor, gain=1)	使用正交矩阵填充张量进行初始化

表3–3所列出的参数的初始化方法，在使用时比较简单，下面以具体的实例介绍如何使用这些方法，并对模型参数进行初始化。

3.5.2 参数初始化方法应用实例

在实际应用中，如何针对某一层的权重进行初始化，以及如何针对一个网络的权重进行初始化，下面以具体的实例进行介绍。

1. 针对某一层的权重进行初始化

对某一层的权重进行初始化。以一个卷积层为例，先使用torch.nn.Conv2d()函数定义一个从3个特征映射到16个特征映射的卷积层，并且使用3 × 3的卷积核，然后使用标准正态分布的随机数进行初始化，程序如下：

```
In[1]:## 针对一个层的权重初始化方法
    conv1 = torch.nn.Conv2d(3,16,3)
    ## 使用标准正态分布初始化权重
    torch.manual_seed(12)  ## 随机数初始化种子
```

```
torch.nn.init.normal(conv1.weight,mean=0,std=1)
## 使用直方图可视化 conv1.weight 的分布情况
import matplotlib.pyplot as plt
plt.figure(figsize=(8,6))
plt.hist(conv1.weight.data.numpy().reshape((-1,1)),bins = 30)
plt.show()
```

在上面的程序中使用conv1.weight可以获取conv1卷积层初始权重参数，torch.manual_seed(12)操作则是定义一个随机数初始化种子，便于torch.nn.init.normal()生成的随机数重复使用。使用torch.nn.init.normal()函数时，第一个参数使用conv1.weight，表示生成的随机数用来替换张量conv1.weight的原始数据，参数mean=0表示均值为0，参数std=1表示标准差为1。在为conv1.weight重新初始化后，可以将其中的数值分布可视化，得到的直方图如图3-4所示，生成的数据符合正态分布。

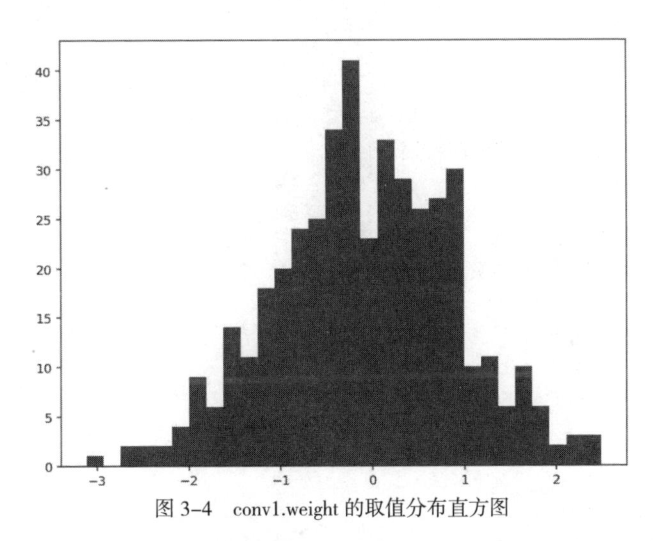

图 3-4　conv1.weight 的取值分布直方图

上面定义了conv1的卷积核的权重，通过conv1.bias可以获取该层的偏置参数，下面通过torch.nn.init.constant()函数使用0.1来初始化偏置，程序如下：

```
In[2]:## 使用指定值初始化偏置
    torch.nn.init.constant(conv1.bias,val=0.1)
Out[2]:Parameter containing:
      tensor([0.1000, 0.1000, 0.1000, 0.1000, 0.1000, 0.1000, 0.1000,
0.1000, 0.1000,0.1000, 0.1000, 0.1000, 0.1000, 0.1000, 0.1000,0.1000],
            requires_grad=True)
```

从上面的程序及输出结果可知，conv1的偏置参数中的每个元素，已经重新初始化成了0.1。

2. 针对一个网络的权重初始化方法

对于多层网络每个层的参数进行初始化，先看一个实例。首先定义一个测试网络TestNet()网络类，程序如下：

```
In[3]:## 建立一个测试网络
    class TestNet(nn.Module):
        def __init__(self):
            super(TestNet,self).__init__()
            self.conv1 = nn.Conv2d(3,16,3)
            self.hidden = nn.Sequential(
                nn.Linear(100,100),
                nn.ReLU(),
                nn.Linear(100,50),
                nn.ReLU(),
            )
            self.cla = nn.Linear(50,10)
        ## 定义网络的前向传播路径
        def forward(self, x):
            x = self.conv1(x)
            x = x.view(x.shape[0],-1)
            x = self.hidden(x)
            output = self.cla(x)
            return output
    ## 输出我们的网络结构
    testnet = TestNet()
    print(testnet)
Out[3]:TestNet(
   (conv1): Conv2d(3, 16, kernel_size=(3, 3), stride=(1, 1))
   (hidden): Sequential(
     (0): Linear(in_features=100, out_features=100, bias=True)
     (1): ReLU()
     (2): Linear(in_features=100, out_features=50, bias=True)
     (3): ReLU()
   )
   (cla): Linear(in_features=50, out_features=10, bias=True)
  )
```

在上述定义的网络结构中，一共有4个包含参数的层，分别是1个卷积层和3个全连接层。如果想要对不同类型层的参数使用不同的方法进行初始化，可以先定义一个函数，针对不同类型层使用不同初始化方法，自定义函数init_weights()代码如下：

```
In[4]:## 定义为网络中的每个层进行权重初始化的函数
    def init_weights(m):
        ## 如果是卷积层
        if type(m) == nn.Conv2d:
            torch.nn.init.normal(m.weight,mean=0,std=0.5)
        ## 如果是全连接层
        if type(m) == nn.Linear:
            torch.nn.init.uniform(m.weight,a=-0.1,b=0.1)
            m.bias.data.fill_(0.01)
```

上面的程序中，如果层的type等于nn.Conv2d，则使用均值为0，标准差为0.5的正态分布进行初始化权重weight；如果是全连接层，则使用分布在(–0.1,0.1)之间的均匀分布进行初始化权重weight，偏置bias使用0.01。

在网络testnet中，对定义好的函数init_weights()使用apply方法即可，testnet的参数初始化程序如下所示：

```
In[5]:## 使用网络的 apply 方法进行权重初始化
    torch.manual_seed(13)  ## 随机数初始化种子
    testnet.apply(init_weights)
```

3.6 PyTorch 中定义网络的方式

扫一扫，看视频

在PyTorch中提供了多种搭建网络的方法，下面以一个简单的全连接神经网络回归为例，介绍定义网络的过程，将会使用到Module和Sequential两种不同的网络定义方式。程序如下：

```
In[1]:import torch
    import torch.nn as nn
    from torch.optim import SGD
    import torch.utils.data as Data
    from sklearn.datasets import load_boston
    from sklearn.preprocessing import StandardScaler
    import pandas as pd
    import numpy as np
    import matplotlib.pyplot as plt
```

在上面导入的库和模块中，nn模块方便用户对网络中的层的使用，Data模块用于对使用数据的预处理，load_boston模块用于导入数据，StandardScaler则是为了对数据进行标准化等。

3.6.1 数据准备

下面以波士顿房价数据为例，分别使用Module和Sequential两种方式来定义一个简单的全连接神经网络，并用于网络模型的训练。在定义网络之前，先导入数据，并对数据进行预处理，程序如下所示：

```
In[2]:## 读取数据
    boston_X,boston_y = load_boston(return_X_y=True)
    print("boston_X.shape:",boston_X.shape)
    plt.figure()
    plt.hist(boston_y,bins=20)
    plt.show()
```

上面的程序通过sklearn库中的datasets模块用load_boston()函数来导入数据，并使用直方图对数据集的因变量可视化，用于查看数据的分布，如图3-5所示。

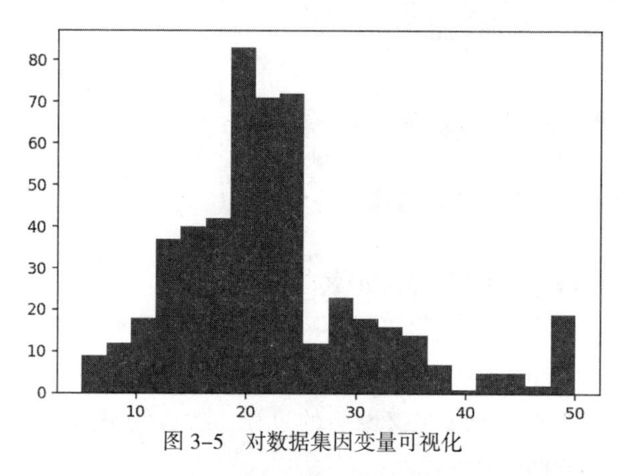

图3-5 对数据集因变量可视化

下面使用StandardScaler()对数据集中的自变量进行标准化处理，在标准化处理后，需要将数据集转化为张量并设置为一个数据加载器，方便模型的训练。程序如下所示：

```
In[3]:## 数据标准化处理
    ss = StandardScaler(with_mean=True,with_std=True)
    boston_Xs = ss.fit_transform(boston_X)
    ## 将数据预处理为可以使用 PyTorch 进行批量训练的形式
    ## 训练集 X 转化为张量
    train_xt = torch.from_numpy(boston_Xs.astype(np.float32))
    ## 训练集 y 转化为张量
    train_yt = torch.from_numpy(boston_y.astype(np.float32))
    ## 将训练集转化为张量后，使用 TensorDataset 将 X 和 Y 整理到一起
    train_data = Data.TensorDataset(train_xt,train_yt)
```

```
## 定义一个数据加载器，将训练数据集进行批量处理
train_loader = Data.DataLoader(
    dataset = train_data, ## 使用的数据集
    batch_size=128,       ## 批处理样本大小
    shuffle = True,       ## 每次迭代前打乱数据
    num_workers = 1,      ## 使用两个进程
)
```

上面的程序进行如下操作：

(1) 使用StandardScaler()对数据集的自变量进行了标准化处理，然后使用torch.from_numpy()函数将Numpy数组转化为张量。

(2) 针对转化为张量数据的train_xt和train_yt使用Data.TensorDataset()函数和Data.DataLoader()函数定义了一个数据加载器，方便使用随机梯度下降类算法优化，每个batch包含128个样本。

3.6.2　网络定义与训练方式1

在数据进行预处理后，可以使用继承Module的方式定义一个包含层的全连接神经网络。程序如下：

```
In[4]:## 使用继承 Module 的方式定义全连接神经网络
    class MLPmodel(nn.Module):
        def __init__(self):
            super(MLPmodel,self).__init__()
            ## 定义第一个隐藏层
            self.hidden1 = nn.Linear(
                in_features = 13, ## 第一个隐藏层的输入，数据的特征数
                out_features = 10,## 第一个隐藏层的输出，神经元的数量
                bias=True,        ## 默认会有偏置
            )
            self.active1 = nn.ReLU()
            ## 定义第一个隐藏层
            self.hidden2 = nn.Linear(10,10)
            self.active2 = nn.ReLU()
            ## 定义预测回归层
            self.regression = nn.Linear(10,1)
        ## 定义网络的前向传播路径
        def forward(self, x):
            x = self.hidden1(x)
            x = self.active1(x)
            x = self.hidden2(x)
```

```
            x = self.active2(x)
            output = self.regression(x)
            ## 输出为output
            return output
```

上面的程序定义了一个类MLPmodel，在继承了nn.Module类的基础上对其功能进行了定义。在我们定义的类确定的函数中，包含两个部分，一部分定义了网络结构，另一部分定义了网络结构的向前传播过程forward()函数。在程序中网络结构包含3个使用nn.Linear()定义的全连接层和2个使用nn.ReLU()定义的激活函数层。在定义forward()函数中，通过对输入x进行一系列的层计算，获取最后的输出output。

对于定义好的网络结构，可以使用MLPmodel()函数类得到网络结构，使用程序如下：

```
In[5]:## 输出我们的网络结构
    mlp1 = MLPmodel()
    print(mlp1)
Out[5]:MLPmodel(
          (hidden1): Linear(in_features=13, out_features=10, bias=True)
          (active1): ReLU()
          (hidden2): Linear(in_features=10, out_features=10, bias=True)
          (active2): ReLU()
          (regression): Linear(in_features=10, out_features=1, bias=True)
      )
```

上面的程序中，使用mlp1 = MLPmodel()可以将网络结构赋给mlp1，从输出中可以看出网络包含hidden1、active1、hidden2、active2、regression共5个层。

定义好网络之后，可以对已经准备好的数据集进行训练，代码如下：

```
In[6]:# 对回归模型mlp1进行训练并输出损失函数的变化情况，定义优化器和损失函数
    optimizer = SGD(mlp1.parameters(),lr=0.001)
    loss_func = nn.MSELoss()  ## 最小均方根误差
    train_loss_all = []       ## 输出每个批次训练的损失函数
    ## 进行训练，并输出每次迭代的损失函数
    for epoch in range(30):
        ## 对训练数据的加载器进行迭代计算
        for step, (b_x, b_y) in enumerate(train_loader):
            output = mlp1(b_x).flatten()      ## MLP在训练batch上的输出
            train_loss = loss_func(output,b_y) ## 均方根误差
            optimizer.zero_grad()             ## 每个迭代步的梯度初始化为0
            train_loss.backward()             ## 损失的后向传播，计算梯度
            optimizer.step()                  ## 使用梯度进行优化
            train_loss_all.append(train_loss.item())
```

在上面的程序中，我们使用SGD（随机梯度下降）优化方法对网络进行了优化，需要优化的参数可以使用mlp1.parameters()获得。在SGD()函数中，lr参数指定了优化时的学习率。针对回归问题可以使用nn.MSELoss()函数（最小均方根误差）作为损失函数。代码中使用两层for循环对网络进行参数训练，第一层for循环定义了对整个数据集训练的次数——30次，第二层for循环利用数据加载器train_loader中的每一个batch对模型参数进行优化。在优化训练的过程中，把每个batch的损失函数保存在train_loss_all列表中。

在网络训练完毕后，将train_loss_all进行可视化，每个batch上损失函数值的变化情况如图3-6所示。

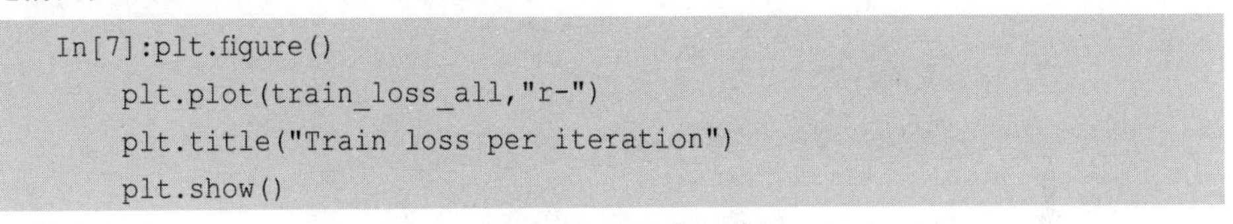

```
In[7]:plt.figure()
    plt.plot(train_loss_all,"r-")
    plt.title("Train loss per iteration")
    plt.show()
```

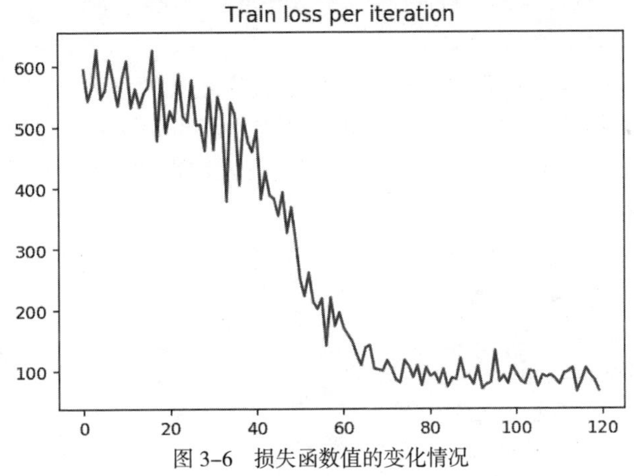

图 3-6　损失函数值的变化情况

从图3-6中可以发现损失函数的变化趋势是迅速下降，然后在一个小的范围内平稳波动。可以认为网络经过30个epoch，120次左右的迭代计算，损失函数大小达到了稳定。

3.6.3　网络定义与训练方式 2

我们在定义网络结构时，每个层都指定了一个名称。在PyTorch中提供了可以将多个功能层连接在一起的函数nn.Sequential()，以大大方便网络向前传播函数的定义。下面将上述的网络使用nn.Sequential()函数进行改进，定义网络结构的程序如下：

```
In[8]:## 使用定义网络时使用 nn.Sequential 的形式
    class MLPmodel2(nn.Module):
```

```
        def __init__(self):
            super(MLPmodel2,self).__init__()
            ## 定义隐藏层
            self.hidden = nn.Sequential(
                nn.Linear(13, 10),
                nn.ReLU(),
                nn.Linear(10,10),
                nn.ReLU(),
            )
            ## 预测回归层
            self.regression = nn.Linear(10,1)
        ## 定义网络的前向传播路径
        def forward(self, x):
            x = self.hidden(x)
            output = self.regression(x)
            return output
```

由于nn.Sequential()函数的使用，上面的程序定义网络的结构和前向传播函数得到了简化，网络中通过nn.Sequential()函数将两个nn.Linear()层和两个nn.ReLU()层统一打包为self.hidden层，所以前向传播过程函数得到了简化。下面输出新的网络模型mlp2，程序如下：

```
In[9]:## 输出网络结构
    mlp2 = MLPmodel2()
    print(mlp2)
Out[9]:MLPmodel2(
          (hidden): Sequential(
          (0): Linear(in_features=13, out_features=10, bias=True)
          (1): ReLU()
          (2): Linear(in_features=10, out_features=10, bias=True)
          (3): ReLU()
        )
        (regression): Linear(in_features=10, out_features=1,
bias=True)
     )
```

从输出中可以发现，网络的计算层数和mlp1相同，同样包含由Linear和ReLU()组成的5个层。下面使用同样的优化方式对mlp2进行训练并输出损失函数的变化情况，程序如下：

```
In[10]:## 对回归模型 mlp2 进行训练并输出损失函数的变化情况，定义优化器和损失
函数
```

```
optimizer = SGD(mlp2.parameters(),lr=0.001)
loss_func = nn.MSELoss()  ## 最小均方根误差
train_loss_all = []       ## 输出每个批次训练的损失函数
## 进行训练，并输出每次迭代的损失函数
for epoch in range(30):
    ## 对训练数据的加载器进行迭代计算
    for step, (b_x, b_y) in enumerate(train_loader):
        output = mlp2(b_x).flatten()     ## mlp 在训练 batch 上的输出
        train_loss = loss_func(output,b_y) ## 均方根误差
        optimizer.zero_grad()            ## 每个迭代步的梯度初始化为 0
        train_loss.backward()            ## 损失的后向传播，计算梯度
        optimizer.step()                 ## 使用梯度进行优化
        train_loss_all.append(train_loss.item())
plt.figure()
plt.plot(train_loss_all,"r-")
plt.title("Train loss per iteration")
plt.show()
```

上面的程序可得到如图3–7所示的网络损失函数变化情况。

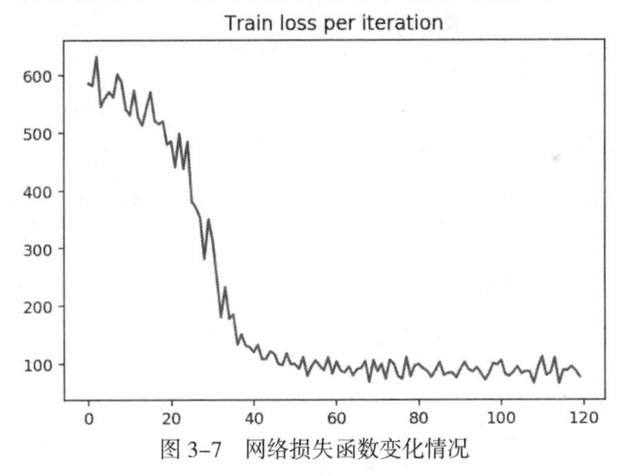

图 3–7　网络损失函数变化情况

从图3–7中可以看出损失函数的变化趋势和mlp1相似，先是迅速下降，然后在一个小的范围内平稳波动。可以认为网络经过30个epoch和120次左右的迭代计算后，达到了稳定。

3.7　PyTorch 模型保存和加载方法

对于已经训练好的模型，该如何保存以及使用已经训练好的模型呢？下面介绍保存整个模型和保存模型的参数的两种方法。

方法1：保存整个模型

```
In[1]:## 保存整个模型
    torch.save(mlp2,"data/chap3/mlp2.pkl")
    ## 导入保存的模型
    mlp2load = torch.load("data/chap3/mlp2.pkl")
    mlp2load
```

上面的程序是使用torch.save()函数将已经训练好的mlp2模型保存到指定文件夹下的mlp2.pkl文件。在模型保存后，可以通过torch.load()函数，将指定的模型文件导入，重新导入的模型结构输出如下所示：

```
Out[1]:MLPmodel2(
    (hidden): Sequential(
    (0): Linear(in_features=13, out_features=10, bias=True)
    (1): ReLU()
    (2): Linear(in_features=10, out_features=10, bias=True)
    (3): ReLU()
    )
    (regression): Linear(in_features=10, out_features=1, bias=True)
    )
```

方法2：只保存模型的参数

```
In[2]:torch.save(mlp2.state_dict(),"data/chap3/mlp2_param.pkl")
    ## 导入保存的模型的参数
    mlp2param = torch.load("data/chap3/mlp2_param.pkl")
    mlp2param
```

上面的程序使用mlp2.state_dict()来获取mlp2网络中已经训练好的参数，然后通过torch.save()将其保存。同样可以使用torch.load()函数将保存好的参数导入。模型的部分参数如下所示：

```
OrderedDict([('hidden.0.weight',
              tensor([[-0.2902, -0.0680, -0.1398, -0.2561,  0.0390, -0.0654, -0.2102,  0.0269,
                       -0.0567,  0.0278,  0.2593, -0.1992,  0.2846],
                      [ 0.0370,  0.1276,  0.0842, -0.0985,  0.0086,  0.1100, -0.2222, -0.2124,
                       -0.0437,  0.0625,  0.0299,  0.3946, -0.3539],
                      [-0.2845, -0.3198,  0.1992, -0.2743,  0.0775,  0.2352,  0.1392,  0.1097,
                        0.1335, -0.0889, -0.1783,  0.1839,  0.2376],
                      [-0.0211, -0.3900, -0.4704,  0.0044, -0.1960, -0.0812,  0.0080,  0.1548,
                       -0.4886, -0.5812, -0.0898,  0.0630, -0.0410],
                      [-0.2615, -0.1426,  0.2693, -0.0480,  0.1690, -0.1277, -0.1701,  0.0898,
                        0.0900, -0.0987,  0.0126, -0.0089, -0.0674],
                      [-0.1455,  0.1677, -0.2638, -0.3012, -0.4122, -0.0607, -0.1501,  0.0476,
                       -0.0574, -0.4259,  0.1208, -0.0362, -0.2254],
                      [-0.0558, -0.3944,  0.4391,  0.2358,  0.3339, -0.1244,  0.5925, -0.5084,
                        0.0957,  0.2594,  0.1696, -0.1774,  0.1314],
                      [ 0.2475, -0.1089,  0.3639, -0.1777,  0.1309,  0.2371, -0.1177, -0.2256,
                        0.1899, -0.0106,  0.2522,  0.0954, -0.0923],
                      [ 0.0268, -0.1370, -0.1209,  0.2594, -0.0347, -0.2085,  0.1766,  0.0333,
                       -0.1436, -0.1071, -0.1644, -0.1180,  0.0211],
                      [-0.0739,  0.2104, -0.0130,  0.1988, -0.0393,  0.1714, -0.1185, -0.0297,
                        0.0891,  0.2582, -0.2589, -0.0225,  0.1964]])),
             ('hidden.0.bias',
              tensor([ 0.0098,  0.8750,  0.3014,  1.0254,  0.1079,  0.3707,  0.6105, -0.0609,
                       0.1283, -0.2810])),
             ('hidden.2.weight',
              tensor([[-2.9642e-01,  1.5002e-01, -1.9244e-01, -2.0723e-01,  2.6547e-01,
```

3.8 本章小结

本章介绍了PyTorch中深度学习网络的训练和优化。介绍了常用的随机梯度下降方法，以及常用的算法种类，并介绍了使用这些优化方法需要调用的函数和类，并对网络优化过程中的损失函数进行了介绍。还介绍了在网络训练过程中，如何避免网络过拟合。

针对网络中参数的初始化方法，介绍了PyTorch中初始化模块的使用方式和使用PyTorch定义网络并对其进行训练的方式，以及如何保存和加载已经训练好的网络。

第4章　基于PyTorch的相关可视化工具

在PyTorch发布后，网络及训练过程的可视化工具也相应地被开发出来，方便用户监督所建立模型的结构和训练过程。

HiddenLayer库非常简单、易于扩展，可用于可视化深度学习训练过程及网络结构，并且可以与Jupyter Notebook完美兼容。开发该工具的目的不是取代TensorBoard等高级工具，而是用在那些无须使用高级工具的实例中。HiddenLayer由Waleed Abdulla和Phil Ferriere共同编写，并且已获得MIT许可证。HiddenLayer库不仅支持PyTorch的深度学习网络，同时支持TensorFlow和Keras。

PyTorchViz是一个用于创建PyTorch执行图和跟踪的可视化库。该库非常的轻量级，可使用提供的make_dot()函数来可视化深度学习网络结构。

tensorboardX是PyTorch用于连接TensorFlow的tensorboard可视化工具的库，通过tensorboardX可以利用深度学习可视化利器tensorboard来监督、查看PyTorch的深度学习网络的训练过程等，并且tensorboardX库非常容易使用。

Visdom库是Facebook专门为PyTorch开发的一款可视化工具。该库使用时较为灵活，可用于创建、组织和共享实时丰富数据的可视化图像。可以直接对Tensor进行操作（也可直接操作Numpy数组），能够胜任大部分数据可视化任务。

4.1　网络结构的可视化

深度学习网络通常具有很深的层次结构，而且层与层之间通常会有并联、串联等连接方式。当使用PyTorch建立一个深度学习网络并输出文本向读者展示网络的连接方式是非常低效的，所以需要有效的工具将建立的深度学习网络结构有层次化的展示，这就需要使用相关的深度学习网络结构可视化库。

扫一扫，看视频

4.1.1　准备网络和数据

本节将定义一个简单的卷积神经网络模型来对手写字体数据进行分类，并对定义好的卷积神经网络模型的网络结构通过相关的可视化库进行可视化。导入相关库和数据准备工作的程序如下：

```
In[1]:import torch
    import torch.nn as nn
    import torchvision
    import torchvision.utils as vutils
    from torch.optim import SGD
    import torch.utils.data as Data
    from sklearn.metrics import accuracy_score
    import matplotlib.pyplot as plt
```

在上面导入的相关库中，torch和torchvision为深度学习相关的库，matplotlib为图像可视化库。下面导入手写字体数据，并将数据处理为数据加载器，程序如下所示：

```
In[2]:## 使用手写字体数据，准备训练数据集
    train_data  = torchvision.datasets.MNIST(
       root = "./data/MNIST", ## 数据的路径
       train = True,            ## 只使用训练数据集
       ## 将数据转化为 torch 使用的张量，取值范围为［0, 1］
       transform  = torchvision.transforms.ToTensor(),
       download= False         ## 因为数据已经下载过，所以这里不再下载
       )
    ## 定义一个数据加载器
    train_loader = Data.DataLoader(
       dataset = train_data,  ## 使用的数据集
       batch_size=128,         ## 批处理样本大小
       shuffle = True,         ## 每次迭代前打乱数据
       num_workers = 2,        ## 使用两个进程
```

```
    )
## 获得一个 batch 的数据
for step, (b_x, b_y) in enumerate(train_loader):
    if step > 0:
        break

## 输出训练图像的尺寸和标签的尺寸
print(b_x.shape)
print(b_y.shape)

## 准备需要使用的测试数据集
test_data  = torchvision.datasets.MNIST(
   root = "./data/MNIST", ## 数据的路径
   train = False,         ## 不使用训练数据集
   download= False        ## 因为数据已经下载过，所以这里不再下载
)
## 为数据添加一个通道纬度，并且取值范围缩放到 0 ~ 1 之间
test_data_x = test_data.data.type(torch.FloatTensor) / 255.0
test_data_x = torch.unsqueeze(test_data_x,dim = 1)
test_data_y = test_data.targets  ## 测试集的标签
print("test_data_x.shape:",test_data_x.shape)
print("test_data_y.shape:",test_data_y.shape)
```

程序的输出如下：

```
torch.Size([128, 1, 28, 28])
torch.Size([128])
test_data_x.shape: torch.Size([10000, 1, 28, 28])
test_data_y.shape: torch.Size([10000])
```

上面的程序是对手写字体数据的训练集和测试集进行预处理，方便后面的卷积神经网络模型对数据集训练和测试的调用。在数据的准备过程中主要进行了以下操作：

（1）针对训练集使用torchvision.datasets.MNIST()函数导入数据，并将其像素值转化到0 ~ 1之间，然后使用Data.DataLoader()函数定义一个数据加载器，每个batch包含128张图像。

（2）针对测试数据，同样使用torchvision.datasets.MNIST()函数导入数据，但不将数据处理为数据加载器，而是将整个测试集作为一个batch，方便计算模型在测试集上的预测精度。

在数据预处理之后，下面定义一个简单的卷积神经网络，该网络用于展示如何使用相关包来可视化其网络结构：

```
In[3]:## 搭建一个卷积神经网络
```

```
class ConvNet(nn.Module):
    def __init__(self):
        super(ConvNet,self).__init__()
        ## 定义第一个卷积层
        self.conv1 = nn.Sequential(
            nn.Conv2d(
                in_channels = 1,    ## 输入的 feature map
                out_channels = 16, ## 输出的 feature map
                kernel_size = 3,    ## 卷积核尺寸
                stride=1,           ## 卷积核步长
                padding=1,          ## 进行填充
                ),
            nn.ReLU(),              ## 激活函数
            nn.AvgPool2d(
                kernel_size = 2,    ## 平均值池化层，使用 2×2
                stride=2,           ## 池化步长为 2
                ),
            )
        ## 定义第二个卷积层
        self.conv2 = nn.Sequential(
            nn.Conv2d(16,32,3,1,1),
            nn.ReLU(),         ## 激活函数
            nn.MaxPool2d(2,2) ## 最大值池化
        )
        ## 定义全连接层
        self.fc = nn.Sequential(
            nn.Linear(
                in_features = 32*7*7, ## 输入特征
                out_features = 128,   ## 输出特征数
            ),
            nn.ReLU(),                ## 激活函数
            nn.Linear(128,64),
            nn.ReLU()                 ## 激活函数
        )
        self.out = nn.Linear(64,10)   ## 最后的分类层
    ## 定义网络的向前传播路径
    def forward(self, x):
        x = self.conv1(x)
        x = self.conv2(x)
        x = x.view(x.size(0), -1)    ## 展平多维的卷积图层
        x = self.fc(x)
        output = self.out(x)
        return output
```

上面的程序定义了卷积网络结构，包含卷积层和全连接层。下面初始化网络并输出网络的结构，程序如下所示：

```
In[4]:## 输出网络结构
    MyConvnet = ConvNet()
    print(MyConvnet)
Out[4]:ConvNet(
      (conv1): Sequential(
        (0): Conv2d(1, 16, kernel_size=(3, 3), stride=(1, 1),
padding=(1, 1))
        (1): ReLU()
        (2): AvgPool2d(kernel_size=2, stride=2, padding=0)
      )
      (conv2): Sequential(
        (0): Conv2d(16, 32, kernel_size=(3, 3), stride=(1, 1),
padding=(1, 1))
        (1): ReLU()
        (2): MaxPool2d(kernel_size=2, stride=2, padding=0, dilation=1,
ceil_mode=False)
      )
      (fc): Sequential(
        (0): Linear(in_features=1568, out_features=128, bias=True)
        (1): ReLU()
        (2): Linear(in_features=128, out_features=64, bias=True)
        (3): ReLU()
      )
      (out): Linear(in_features=64, out_features=10, bias=True)
    )
```

从定义网络和网络的输出可以看出，在MyConvnet网络结构中，共包含两个使用nn.Sequential()函数连接的卷积层，即conv1和conv2，每个层都包含有卷积层、激活函数层和池化层。在fc层中，包含两个全连接层和激活函数层，out层则由一个全连接层构成。

通过文本输出MyConvnet网络的网络结构得到上面的输出结果，但这并不容易让读者理解在网络中层与层之间的连接方式，所以需要将PyTorch搭建的深度学习网络进行可视化，通过图像来帮助读者理解网络层与层之间的连接方式。HiddenLayer库和PyTorchViz库是两个可视化网络结构的库，学习和了解这些库对网络结构进行可视化，可以帮助我们查看、理解所搭建深度网络的结构。

4.1.2 HiddenLayer库可视化网络

HiddenLayer库包含有一个build_graph()函数，可以非常方便地将深度学习网络进行可视化。下面将4.1.1节的卷积神经网络进行可视化，并保存到指定的文件夹，程序如下所示：

```
In[5]:import hiddenlayer as hl
    ## 可视化卷积神经网络
    hl_graph = hl.build_graph(MyConvnet, torch.zeros([1, 1, 28, 28]))
    hl_graph.theme = hl.graph.THEMES["blue"].copy()
    ## 将可视化的网络保存为图片
    hl_graph.save("data/chap4/MyConvnet_hl.png", format="png")
```

在上面程序中，首先导入HiddenLayer库并命名为hl，并使用hl.build_graph()得到MyConvnet网络的可视化图像，然后使用hl.graph.THEMES["blue"].copy()将图像的主题设置为蓝色，保存图像时可以使用图像hl_graph的save方法，指定图像的保存位置和图片的类型。最终得到的图像如图4-1(a)所示。

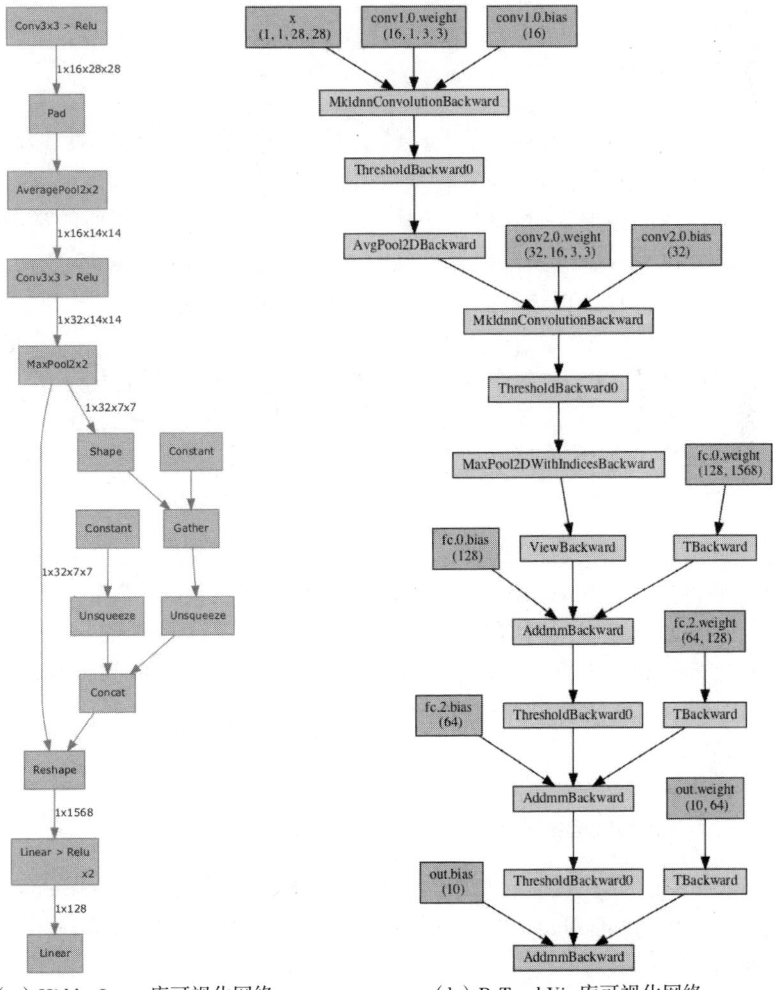

（a）HiddenLayer 库可视化网络　　（b）PyTorchViz 库可视化网络

图 4-1　网络结构的可视化

4.1.3 PyTorchViz库可视化网络

PyTorchViz（torchviz）库含有可以将深度学习网络进行可视化的函数make_dot()。上面的卷积神经网络也可以使用PyTorchViz库中的函数进行可视化并保存到指定的文件夹，程序如下所示：

```
In[6]:from torchviz import make_dot
    ## 使用make_dot可视化网络
    x = torch.randn(1, 1, 28, 28).requires_grad_(True)
    y = MyConvnet(x)
    MyConvnetvis = make_dot(y, params=dict(list(MyConvnet.named_
parameters()) + [('x', x)]))
    ## 将MyConvnetvis保存为图片
    MyConvnetvis.format = "png" ## 形式转化为png
    ## 指定文件保存位置
    MyConvnetvis.directory = "data/chap4/MyConvnet_vis"
    MyConvnetvis.view()          ## 会自动在当前文件夹生成文件
```

上面程序中使用make_dot()函数来得到MyConvnet网络的可视化图像MyConvnetvis。在图像保存时可以使用MyConvnetvis.format修改图像的类型，使用MyConvnetvis.directory指定图像保存的文件夹，最后使用MyConvnetvis.view()即可在相应的文件夹下保存图像。最终得到的图像如图4-1(b)所示。

从图4-1中可以发现，通过图像来分析网络的连接方式比通过文本输出更容易理解。而且通过图像会输出经过每个神经元后的输出情况以及每个层的参数情况等。

4.2 训练过程的可视化

扫一扫，看视频

网络结构的可视化，主要是帮助使用者理解所搭建的网络或检查搭建网络时存在的错误。而网络训练过程的可视化，通常用于监督网络的训练过程或呈现网络的训练效果，以期获得更有效的训练效果。

在4.1小节已经定义了一个简单的卷积神经网络，用于手写字体数据的识别，并且可视化网络结构。在本节中将使用tensorboardX库和HiddenLayer库来可视化模型的训练过程。

4.2.1 tensorboardX中的常用方法

tensorboardX是帮助PyTorch使用tensorboard工具来可视化的库。在tensorboardX库中，提供了多种向tensorboard中添加事件的函数，它们的常用功能和调用方式总结如表4-1所示。

表 4-1　tensorboardX 常用功能和调用方式

函数	功能	用法
SummaryWriter()	创建编写器，保存日志	writer = SummaryWriter()
writer.add_scalar()	添加标量	writer.add_scalar('myscalar',value,iteration)
writer.add_image()	添加图像	writer.add_image('imresult',x,iteration)
writer.add_histogram()	添加直方图	writer.add_histogram('hist', array, iteration)
writer.add_graph()	添加网络结构	writer.add_graph(model, input_to_model=None)
writer.add_audio()	添加音频	add_audio(tag,audio,iteration, sample_rate)
writer.add_text()	添加文本	writer.add_text(tag,text_string,global_step=None)

表4-1中列出了常用的可视化方法，如在图像中添加标量、文本、音频、直方图等，下面将会使用手写字体数据集来训练搭建好的卷积神经网络，并借助tensorboardX库将网络的训练过程进行可视化。

4.2.2　利用 tensorboardX 进行可视化

下面针对建立好的卷积神经网络，使用tensorboardX库对网络在训练过程中损失函数的变化情况、精度的变化情况、权重分布等内容进行可视化，程序如下：

```
In[1]:## 从 tensorboardX 库中导入需要的 API
    from tensorboardX import SummaryWriter
    SumWriter = SummaryWriter(log_dir="data/chap4/log")
    ## 定义优化器
    optimizer = torch.optim.Adam(MyConvnet.parameters(), lr=0.0003)
    loss_func = nn.CrossEntropyLoss()   ## 损失函数
    train_loss = 0
    print_step = 100 ## 每经过 100 次迭代后，输出损失
    ## 对模型进行迭代训练，对所有的数据训练 EPOCH 轮
    for epoch in range(5):
        ## 对训练数据的加载器进行迭代计算
        for step, (b_x, b_y) in enumerate(train_loader):
            ## 计算每个 batch 的损失
            output = MyConvnet(b_x)          ## CNN 在训练 batch 上的输出
            loss = loss_func(output, b_y)    ## 交叉熵损失函数
            optimizer.zero_grad()            ## 每个迭代步的梯度初始化为 0
            loss.backward()                  ## 损失的后向传播，计算梯度
            optimizer.step()                 ## 使用梯度进行优化
            train_loss = train_loss+loss     ## 计算损失的累加损失
            ## 计算迭代次数
            niter = epoch * len(train_loader) + step+1
            ## 计算每经过 print_step 次迭代后的输出
```

```
            if niter % print_step == 0:
                ## 为日志添加训练集损失函数
                SumWriter.add_scalar("train loss",train_loss.item() / niter, global_step = niter)
                ## 计算在测试集上的精度
                output = MyConvnet(test_data_x)
                _,pre_lab = torch.max(output,1)
                acc = accuracy_score(test_data_y,pre_lab)
                ## 为日志添加在测试集上的预测精度
                SumWriter.add_scalar("test acc",acc.item(),niter)
                ## 为日志中添加训练数据的可视化图像，使用当前 batch 的图像
                ## 将一个 batch 的数据进行预处理
                b_x_im = vutils.make_grid(b_x,nrow=12)
                SumWriter.add_image('train image sample', b_x_im,niter)
                ## 使用直方图可视化网络中参数的分布情况
                for name, param in MyConvnet.named_parameters():
                    SumWriter.add_histogram(name, param.data.numpy(),niter)
```

在上面的程序中，使用的优化器为Adam算法，损失函数为交叉熵，通过for循环对所有数据重复训练5轮，并且每隔100个batch训练后，将结果进行输出。SumWriter.add_scalar()函数输出的是训练集上损失函数的变化情况以及在测试集上的预测精度，通过SumWriter.add_image()函数将当前batch所使用的手写字体图像进行可视化，并且使用SumWriter.add_histogram()函数将每个权重的分布直方图进行可视化。最终训练过程的结果保存在data/chap4/log路径下的文件中。

4.2.3 查看 tensorboardX 可视化结果

在网络训练完毕之后，会得到网络的训练过程文件，该文件中的可视化结果可以通过tensorboard可视化工具进行查看，在浏览器中打开保存的模型训练过程如下：

（1）打开终端（Windows系统则是命令行工具cmd），将工作路径设置到合适的文件夹，输入命令tensorboard --logdir="data/chap4/log"即可。成功后，tensorboard可视化工具会输出一个网页路径，如得到的网页链接为http://DaiTudeMacBook-Pro.local:6006，如图4-2所示。

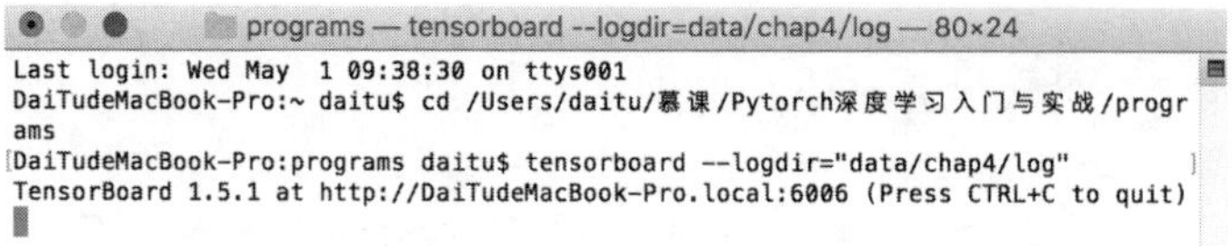

```
programs — tensorboard --logdir=data/chap4/log — 80×24
Last login: Wed May  1 09:38:30 on ttys001
DaiTudeMacBook-Pro:~ daitu$ cd /Users/daitu/慕课/Pytorch深度学习入门与实战/programs
DaiTudeMacBook-Pro:programs daitu$ tensorboard --logdir="data/chap4/log"
TensorBoard 1.5.1 at http://DaiTudeMacBook-Pro.local:6006 (Press CTRL+C to quit)
```

图 4-2　tensorboard 命令使用

（2）在获取网页路径后，将其在浏览器中打开即可得到可视化界面，如图4–3所示。

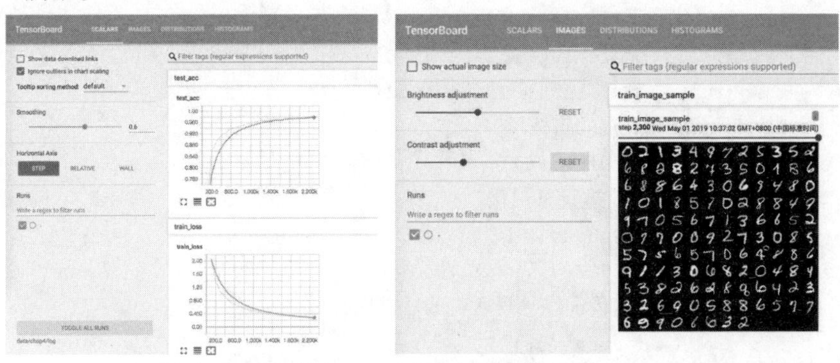

（a）可视化的损失函数和精度　　（b）可视化的一个 batch 的图片图像

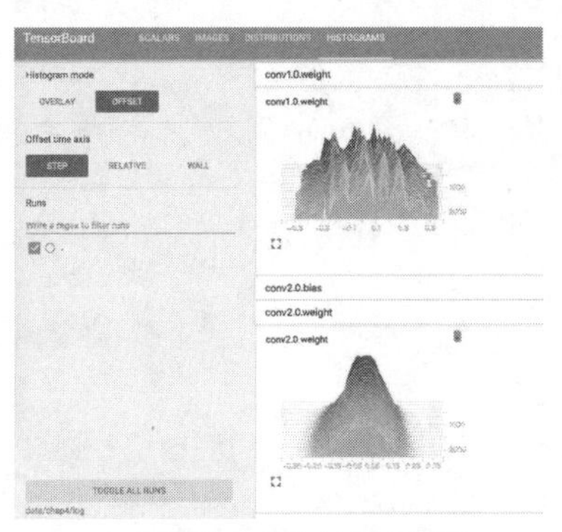

（c）网络参数的分布直方图

图 4–3　tensorboardX 库可视化的网络训练过程

在图4–3中，可视化出了多个界面的图像，图4–3（a）中的两条曲线为损失函数和预测精度的可视化图像；图4–3（b）则是一个batch的图片图像，一个batch包含128张手写字体图片；图4–3（c）则是每个可训练的权重的分布情况，通过直方图可视化权重的大小和分布。通过这些图像，可以观察网络在训练过程中的变化情况。

使用tensorboardX库可视化网络在训练完毕后，需要通过tensorboard工具获得一个地址，然后通过浏览器才能观察网络的训练过程，使用过程过于烦琐，所以针对小网络并不非常适用。

4.2.4　HiddenLayer 库可视化训练过程

下面介绍如何使用HiddenLayer库可视化训练过程，程序如下：

```
In[2]:import hiddenlayer as hl
    import time
```

```
## 初始化 MyConvnet
MyConvnet = ConvNet()
## 定义优化器
optimizer = torch.optim.Adam(MyConvnet.parameters(), lr=0.0003)
loss_func = nn.CrossEntropyLoss()  ## 损失函数
## 记录训练过程的指标
history1 = hl.History()
## 使用 Canvas 进行可视化
canvas1 = hl.Canvas()
print_step = 100 ## 每经过 100 次迭代后，输出损失
## 对模型进行迭代训练，对所有的数据训练 EPOCH 轮
for epoch in range(5):
    ## 对训练数据的加载器进行迭代计算
    for step, (b_x, b_y) in enumerate(train_loader):
        ## 计算每个 batch 的损失
        output = MyConvnet(b_x)          ## CNN 在训练 batch 上的输出
        loss = loss_func(output, b_y) ## 交叉熵损失函数
        optimizer.zero_grad()            ## 每个迭代步的梯度初始化为 0
        loss.backward()                  ## 损失的后向传播，计算梯度
        optimizer.step()                 ## 使用梯度进行优化
        ## 计算迭代次数
        ## 计算每经过 print_step 次迭代后的输出
        if step % print_step == 0:
            ## 计算在测试集上的精度
            output = MyConvnet(test_data_x)
            _,pre_lab = torch.max(output,1)
            acc = accuracy_score(test_data_y,pre_lab)
            ## 计算每个 epoch 和 step 的模型的输出特征
            history1.log((epoch, step),
                         train_loss=loss, ## 训练集损失
                         test_acc = acc,  ## 测试集精度
                         ## 第二个全连接层权重
                         hidden_weight=MyConvnet.fc[2].weight)
            ## 可视网络训练的过程
            with canvas1:
                canvas1.draw_plot(history1["train_loss"])
                canvas1.draw_plot(history1["test_acc"])
                canvas1.draw_image(history1["hidden_weight"])
```

在上面网络训练前，首先使用history1 = hl.History()初始化一个对象history1，

用于记录训练过程需要可视化的内容，接着使用canvas1 = hl.Canvas()初始化一个图层对象canvas1，用于可视化网络的训练过程。在训练的过程中仍然每隔100个batch输出一个结果，在保存需要可视化的过程时，使用history1.log()函数，添加需要可视化的变量，分别为训练集损失、测试集精度和第二个全连接层权重。将保存的结果可视化需要使用canvas1.draw_plot()函数可视化折线，以及使用canvas1.draw_image()函数对权重进行可视化。最终得到的图像如图4–4所示。

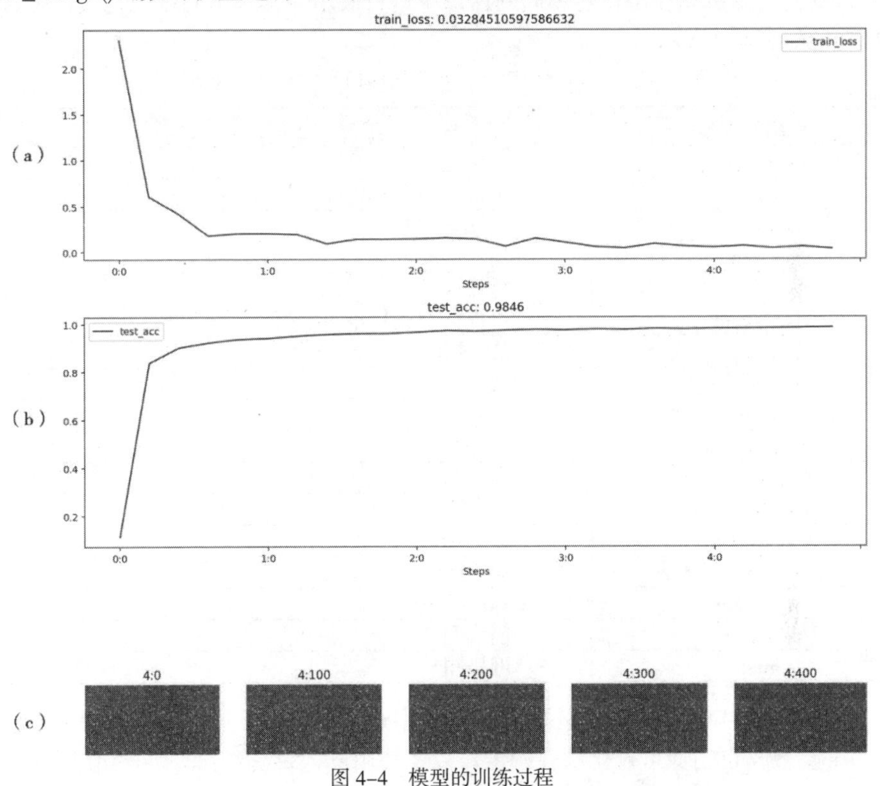

图4–4　模型的训练过程

在图4–4中，从上往下，一共包含3个子图，分别是网络在训练过程中训练集上损失函数的变化情况，在测试集上的预测精度的变化情况以及权重参数的热力图，该图像是一个动态图，图中展示的是最终结果。读者可以通过运行程序代码观察网络在训练过程中图4–4的变化情况。

扫一扫，看视频

4.3　使用Visdom进行可视化

Visdom库是Facebook专门为PyTorch开发的一款可视化工具。该库使用时非常灵活，可用于创建、组织和共享实时丰富数据的可视化。可视化同时支持PyTorch

中的张量和Numpy中的数组，其Github网址为https://github.com/facebookresearch/visdom。

4.3.1 Visdom库中常用的可视化方法

在Visdom库中，包含多种用于可视化图像的接口，使用时非常方便，而且其可视化得到的图像可以在浏览器不同的窗口中进行展示。其常用的可视化接口函数和对应功能如表4-2所示。

表 4-2 Visdom 库常用可视化接口函数和对应功能

可视化函数	功能
vis.image	可视化一张图像
vis.images	可视化一个 batch 的图像，或者一个图像列表
vis.text	可视化文本
vis.audio	用于播放音频
vis.video	播放视频
vis.matplot	可视化 Matplotlib 的图像
vis.scatter	2D 或者 3D 的散点图
vis.line	线图
vis.stem	茎叶图
vis.heatmap	热力图
vis.bar	条形图
vis.histogram	直方图
vis.boxplot	盒形图
vis.surf	曲面图
vis.contour	等高线图
vis.quiver	箭头图
vis.mesh	网格图

虽然这些接口函数的输入不完全相同，但通常需要用于可视化数据的输入，并通过win参数指定图像可视化所在的窗口以及使用env参数指定图像可视化所在的环境，每个环境可以包含多个图像窗口。

4.3.2 使用Visdom进行数据可视化

为了介绍在环境中使用Visdom的相关接口函数，下面使用具体的数据集进行可视化图像，首先导入相关包和数据：

```
In[1]:from visdom import Visdom
    from sklearn.datasets import load_iris
    iris_x,iris_y = load_iris(return_X_y=True)
    print(iris_x.shape)
    print(iris_y.shape)
```

```
Out[1]:(150, 4)
     (150,)
```

上面的程序导入了鸢尾花数据集，包含3类数据，150个样本，每个样本包含4个特征。下面使用该数据集展示如何可视化散点图，程序如下：

```
In[2]:## 2D 散点图
    vis = Visdom()
    vis.scatter(iris_x[:,0:2],Y = iris_y+1,win="windows1",env="main")
    ## 3D 散点图
    vis.scatter(iris_x[:,0:3],Y = iris_y+1,win="3D 散点图 ",env="main",
            opts = dict(markersize = 4,# 点的大小
                        xlabel = " 特征 1",ylabel = " 特征 2")
            )
```

程序中使用vis = Visdom()初始化一个绘图对象，通过vis.scatter()为对象添加散点图。在该函数中，如果输入的X为二维则可得到2D散点图，如果输入的X为三维则可得到3D散点图，其中参数Y用于指定数据的分组情况，参数win指定图像的窗口名称，参数env则指定图像所在的环境。可以发现两幅图像都在主环境main中。图像的其他设置可使用opts参数通过字典的形式设置。

在上述初始化的可视化图像环境main中，继续添加其他窗口，以绘制不同类型的图像，如添加折线图，程序如下所示：

```
In[3]:## 添加折线图
    x = torch.linspace(-6,6,100).view((-1,1))
    sigmoid = torch.nn.Sigmoid()
    sigmoidy = sigmoid(x)
    tanh = torch.nn.Tanh()
    tanhy = tanh(x)
    relu = torch.nn.ReLU()
    reluy = relu(x)
    ## 连接 3 个张量
    ploty = torch.cat((sigmoidy,tanhy,reluy),dim=1)
    plotx = torch.cat((x,x,x),dim=1)
    vis.line(Y=ploty,X=plotx,win="line plot",env="main",
          ## 设置线条的其他属性
          opts = dict(dash = np.array(["solid","dash","dashdot"]),
                   legend = ["Sigmoid","Tanh","ReLU"]))
```

上面的程序中，可视化出了sigmoid、Tanh和ReLU三种激活函数的图像。在可视化折线时，使用vis.line()函数进行绘图，图像在环境main中，通过win参数指定窗口名称为line plot，然后通过opts参数为不同的线设置了不同的线型。

接着继续向环境中绘制不同类型的图像，添加茎叶图，程序代码如下：

```
In[4]:## 添加茎叶图
    x = torch.linspace(-6,6,100).view((-1,1))
    y1 = torch.sin(x)
    y2 = torch.cos(x)
    ## 连接 2 个张量
    plotx = torch.cat((y1,y2),dim=1)
    ploty = torch.cat((x,x),dim=1)
    vis.stem(X=plotx,Y=ploty,win="stem plot",env="main",
             ## 设置图例
             opts = dict(legend = ["sin","cos"],
                         title = " 茎叶图 "))
```

上面的程序中，可视化出了正弦和余弦函数的茎叶图。在可视化时通过vis.stem()函数绘图，图像在环境main中，通过win参数指定窗口名称为stem plot，然后通过opts参数为图像添加图例和标题。

继续向环境中绘制新的图像，通过vis.heatmap()接口函数添加热力图，程序如下所示：

```
In[5]:## 添加热力图，计算鸢尾花数据的相关系数
    iris_corr = torch.from_numpy(np.corrcoef(iris_x,rowvar=False))
    vis.heatmap(iris_corr,win="heatmap",env="main",
                ## 设置每个特征的名称
                opts=dict(rownames = ["x1","x2","x3","x4"],
                          columnnames =["x1","x2","x3","x4"],
                          title = " 热力图 "))
```

程序中可视化出了鸢尾花数据集中4个特征的相关系数热力图。在可视化时通过vis.heatmap()函数进行绘图，图像在环境main中，通过win参数指定窗口名称为heatmap，然后通过opts参数为图像添加X轴的变量名称、Y轴变量名称和标题。

在创建的vis对象中可以添加新的环境，并在新环境中添加新的窗口。以下是可视化一个batch的手写字体图像数据，并且在新环境中进行可视化。首先准备用于可视化的手写字体图像数据，程序如下所示：

```
In[6]:## 创建新的可视化图像环境，可视化图像，获得一个 batch 的数据
    for step, (b_x, b_y) in enumerate(train_loader):
        if step > 0:
            break
    ## 输出训练图像和标签的尺寸
    print(b_x.shape)
    print(b_y.shape)
```

```
Out[6]:torch.Size([128, 1, 28, 28])
     torch.Size([128])
```

从一个batch数据的形状（尺寸）输出中可以知道，数据b_x中包含128张28 × 28的灰度图像。

接下来分别使用vis.image()和vis.images()函数，可视化一张图像和可视化128张图像，程序如下所示：

```
In[7]:## 可视化其中的一张图片
    vis.image(b_x[0,:,:,:],win="one image", env="MyimagePlot",
            opts = dict(title = " 一张图像 "))
    ## 它形成一个大小为（B/nrow, nrow）的图像网格
    vis.images(b_x,win="my batch image", env="MyimagePlot",
             nrow = 16,opts = dict(title = " 一个批次的图像 "))
```

上面的程序中使用vis.image()接口函数在新的可视化环境MyimagePlot中创建了一个新的可视化窗口one image，用于可视化b_x中的第一张灰度图像。使用vis.image()接口函数在MyimagePlot环境中可视化一个batch的图像。在可视化时，可以直接对张量b_x进行可视化，nrow参数用于指定图像可视化时排列的列数，会得到一个（128/16, 16）的图像可视化窗口。

继续向新环境MyimagePlo中添加新的图像，通过vis.text()接口函数可以添加一个文本窗口函数，程序如下所示：

```
In[8]:## 可视化一段文本
    texts = """A flexible tool for creating, organizing, and sharing
visualizations of live,rich data. Supports Torch and Numpy."""
    vis.text(texts,win="text plot", env="MyimagePlot",
          opts = dict(title = " 可视化文本 "))
```

上面的代码首先定义了一段文本texts，然后使用接口函数vis.text()对文本进行显示，显示的环境为MyimagePlot，窗口名称为text plot。

4.3.3　查看 Visdom 数据可视化图像

在上面使用的示例中得到的一系列可视化图像环境和窗口，并不会在当前使用的Jupyter nootbook(Spyder)中显示，而是需要使用visodm.server启动新的浏览器窗口进行可视化查看，具体操作如下：

（1）打开终端（Windows系统则是命令行工具），并且激活所使用的Python环境。

（2）执行python3 －m visdom.server 命令，成功后会得到一个新的浏览器地址，并会自动打开该地址得到绘制的可视化图像。

在本例中打开的浏览器地址为http://localhost:8097，使用的命令行截图如图4-5所示。

```
daitu — python3 -m visdom.server — 80×24
Last login: Sat May  4 15:55:11 on ttys001
DaiTudeMacBook-Pro:~ daitu$ source activate python35
(python35) DaiTudeMacBook-Pro:~ daitu$ python3 -m visdom.server
Checking for scripts.
It's Alive!
INFO:root:Application Started
You can navigate to http://localhost:8097
INFO:tornado.access:304 GET / (::1) 14.15ms
INFO:tornado.access:101 GET /socket (::1) 0.61ms
INFO:root:Opened new socket from ip: ::1
INFO:tornado.access:200 POST /env/main (::1) 0.91ms
INFO:tornado.access:200 POST /env/main (::1) 0.80ms
INFO:tornado.access:304 GET /favicon.png (::1) 2.51ms
INFO:tornado.access:304 GET /extensions/MathMenu.js?V=2.7.1 (::1) 3.16ms
INFO:tornado.access:304 GET /extensions/MathZoom.js?V=2.7.1 (::1) 3.51ms
```

图 4–5　查看 Visdom 可视化图像的步骤

打开浏览器查看，在可视化的图像窗口中有两个工作环境。第一个工作环境中的所有图像如图4–6所示。

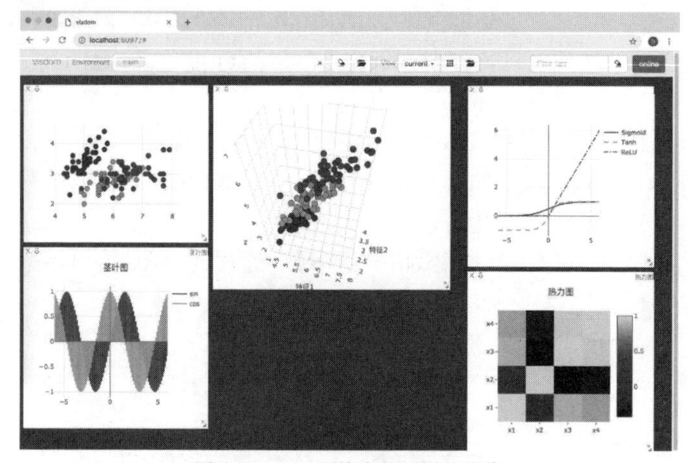

图 4–6　main 环境中的可视化图像

图4–6是在main环境中获得的可视化图像，它们分别为二维散点图、三维散点图、折线图、茎叶图和热力图，它们对应着程序片段2 ~ 5。

通过点击环境窗口，可以切换到需要显示的可视化环境，继续查看环境MyimagePlot图像内容可得到如图4–7所示的图像。

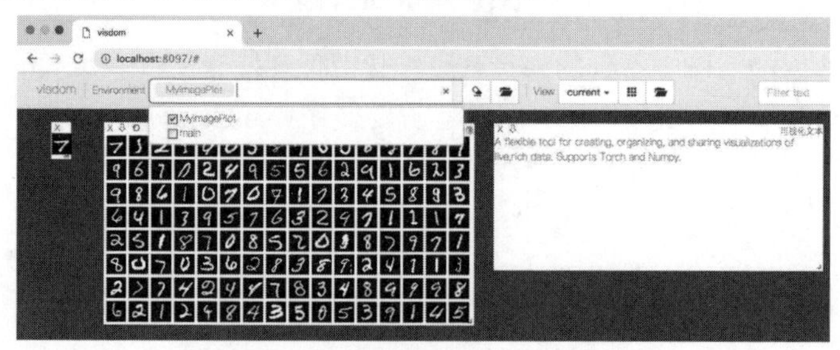

图 4–7　MyimagePlot 环境中的可视化图像

在图像4-7中，图像分别是一张手写字体的可视化图像和一个batch手写字体的可视化图像与可视化的一段文本，它们分别对应着程序片段7 ~ 8。

4.4 本章小结

本章主要介绍了与PyTorch深度学习网络相关的可视化工具和对深度学习网络、训练过程以及训练结果的可视化，让我们更充分地理解深度学习的机理和其所做的工作，这些对解决实际问题都有很大的帮助。

基于PyTorch进行可视化的库有很多，有些库非常简练，专注于某一方面的可视化，有些库则可视化功能丰富。本章则主要介绍了对网络结构进行可视化的库HiddenLayer和PyTorchViz。

第5章　全连接神经网络

全连接神经网络是最基础的深度学习网络，通常由多层多个神经元组成。在卷积神经网络和循环神经网络中，都能看到全连接层的身影。全连接网络在分类和回归问题中都非常有效。本章将对全连接神经网络及神经元结构进行介绍，并使用PyTorch针对分类和回归问题分别介绍全连接神经网络的搭建、训练及可视化相关方面的程序实现。

5.1　全连接神经网络简介

人工神经网络（Artificial Neural Network，ANN）简称神经网络，可以对一组输入信号和一组输出信号之间的关系进行建模，是机器学习和认知科学领域中一种模仿生物神经网络的结构和功能的数学模型。用于对函数进行估计或近似，其灵感来源于动物的中枢神经系统，特别是大脑。神经网络由大量的人工神经元（或节点）联结进行计算，大多数情况下人工神经网络能在外界信息的基础上改变内部结构，是一种自适应系统。

具有n个输入一个输出的单一的神经元模型的结构如图5-1所示。在这个模型中，神经元接收到来自n个其他神经元传递过来的输入信号，这些输入信号通过带权重的连接进行传递，神经元收到的总输入值将经过激活函数f处理后产生神经元的输出。

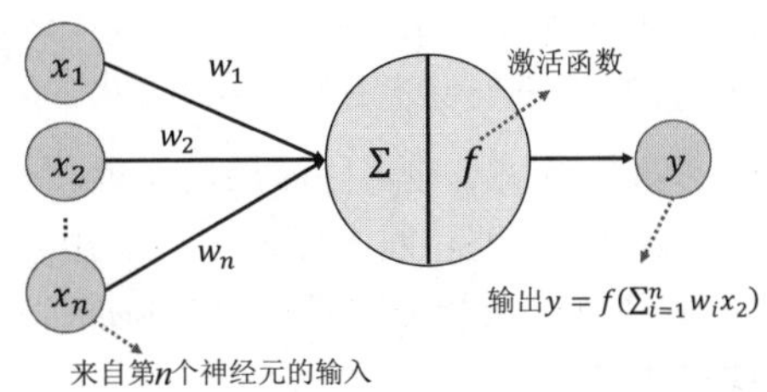

图5-1　神经元结构

全连接神经网络（Multi-Layer Perception，MLP）或者叫多层感知机，是一种连接方式较为简单的人工神经网络结构，属于前馈神经网络的一种，主要由输入层、隐藏层和输出层构成，并且在每个隐藏层中可以有多个神经元。MLP网络是可以应用于几乎所有任务的多功能学习方法，包括分类、回归，甚至是无监督学习。

神经网络的学习能力主要来源于网络结构，而且根据层的数量不同、每层神经元数量的多少，以及信息在层之间的传播方式，可以组合成多种神经网络模型。全连接神经网络主要由输入层、隐藏层和输出层构成。输入层仅接收外界的输入，不进行任何函数处理，所以输入层的神经元个数往往和输入的特征数量相同，隐藏层和输出层神经元对信号进行加工处理，最终结果由输出层神经元输出。根据隐藏层的数量可以分为单隐藏层MLP和多隐藏层MLP，它们的网络拓扑结构如图5-2所示。

针对单隐藏层MLP和多隐藏层MLP，每个隐藏层的神经元数量是可以变化的，通常没有一个很好的标准用于确定每层神经元的数量和隐藏层的个数。根据经验，更多的神经元就会有更强的表示能力，同时更容易造成网络的过拟合，所以在使用全连接神经网络时，对模型泛化能力的测试很重要，最好的方式是在训练模型时，使用验证集来验证模型的泛化能力，且尽可能地去尝试多种网络结构，以寻找更好的模型，但这往往需要耗费大量的时间。

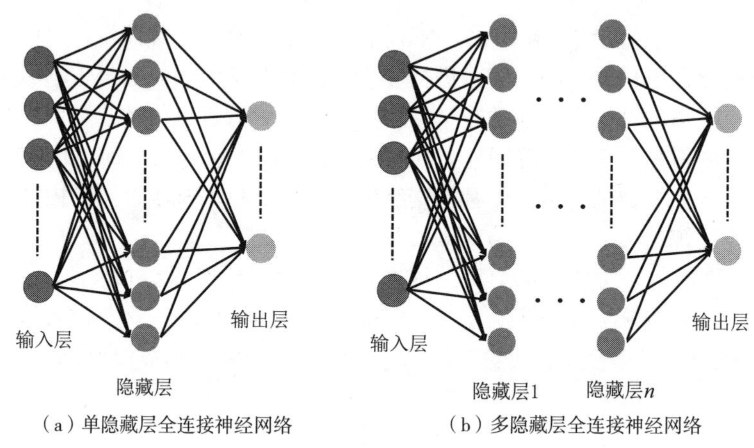

（a）单隐藏层全连接神经网络　　（b）多隐藏层全连接神经网络

图 5-2　MLP 全连接神经网络拓扑结构

下面使用PyTorch中的相关模块搭建多隐藏层的全连接神经网络，并使用不同的真实数据集，用于探索MLP在分类和回归任务中的应用。学习如何利用PyTorch搭建、训练、验证建立的MLP网络及相关网络可视化和训练技巧。在分析之前先导入所需要的库和相关模块，程序如下：

```
In[1]: import numpy as np
     import pandas as pd
     from sklearn.preprocessing import StandardScaler,MinMaxScaler
     from sklearn.model_selection import train_test_split
     from sklearn.metrics import accuracy_score,confusion_
matrix,classification_report
     from sklearn.manifold import TSNE
     import torch
     import torch.nn as nn
     from torch.optim import SGD,Adam
     import torch.utils.data as Data
     import matplotlib.pyplot as plt
     import seaborn as sns
     import hiddenlayer as hl
     from torchviz import make_dot
```

在上面导入的库和模块中，sklearn.preprocessing模块用于数据标准化预处理，sklearn.model_selection模块用于数据集的切分，sklearn.metrics模块用于评价模型的预测效果，sklearn.manifold模块用于数据的降维及可视化，torch库则是用于全连接网络的搭建和训练。

5.2 MLP分类模型

为了比较数据标准化是否对模型的训练过程有影响，通常使用相同的网络结构，分别对标准化和未标准化的数据训练，并将结果及训练过程进行比较。例如使用MLP进行分类，其分析流程如图5-3所示。

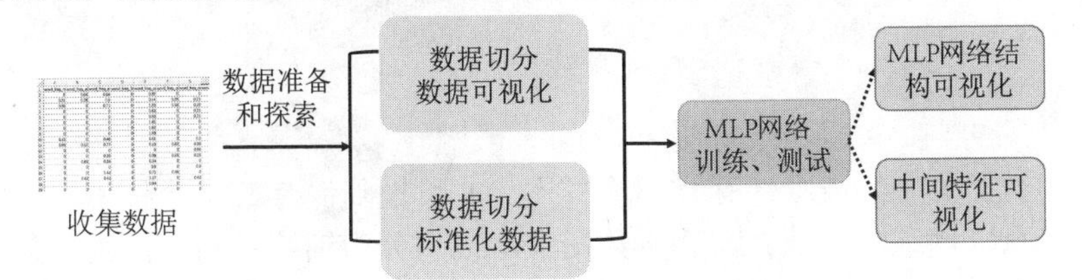

图5-3　MLP分类流程图

在图5-3展示的MLP分类器的分析过程中，可以分为数据预处理和网络训练以及可视化部分，其中数据的预处理部分会分别针对数据是否进行标准化进行单独分析，主要是用于分析数据标准化对MLP网络训练的重要性。

5.2.1 数据准备和探索

本节使用一个垃圾邮件数据介绍如何使用PyTorch建立MLP分类模型，该数据集可以从UCI机器学习数据库进行下载，网址为https://archive.ics.uci.edu/ml/datasets/Spambase。

在该数据集中，包含57个邮件内容的统计特征，其中有48个特征是关键词出现的频率×100的取值，范围为[0，100]，变量名使用word_freq_WORD命名，WORD表示该特征统计的词语；6个特征为关键字符出现的频率×100取值，范围为[0，100]，变量名使用char_freq_CHAR命名；1个变量为capital_run_length_average，表示大写字母不间断的平均长度；1个变量为capital_run_length_longest，表示大写字母不间断的最大长度；1个变量capital_run_length_total表示邮件中大写字母的数量。数据集中最后一个变量是待预测目标变量（0、1），表示电子邮件被认为是垃圾邮件（1）或不是（0）。

垃圾邮件数据下载后保存为spambase.csv，使用pandas包将其读入Python工作环境中，程序如下所示：

```
In[1]:## 读取数据显示数据的前几行
      spam = pd.read_csv("data/chap5/spambase.csv")
      spam.head()
```

	word_freq_make	word_freq_address	word_freq_all	word_freq_3d	word_freq_our	word_freq_over	word_freq_remove	word_freq_internet	word_freq_order	wc
0	0.00	0.64	0.64	0.0	0.32	0.00	0.00	0.00	0.00	
1	0.21	0.28	0.50	0.0	0.14	0.28	0.21	0.07	0.00	
2	0.06	0.00	0.71	0.0	1.23	0.19	0.19	0.12	0.64	
3	0.00	0.00	0.00	0.0	0.63	0.00	0.31	0.63	0.31	
4	0.00	0.00	0.00	0.0	0.63	0.00	0.31	0.63	0.31	

5 rows × 58 columns

统计两种类型的邮件样本数，使用pd.value_counts()函数进行计算，程序如下：

```
In[2]:## 计算垃圾邮件和非垃圾邮件的数量
    pd.value_counts(spam.label)
Out[2]:0    2788
      1    1813
      Name: label, dtype: int64
```

发现数据集中垃圾邮件有1813个样本，非垃圾邮件有2788个样本。为了验证训练好的MLP网络的性能，需要将数据集spam切分为训练集和测试集，其中使用75%的数据作为训练集，剩余25%的数据作为测试集，以测试训练好的模型的泛化能力。数据集切分可以使用train_test_split()函数，程序如下：

```
In[2]:## 将数据随机切分为训练集和测试集
    X = spam.iloc[:,0:57].values
    y = spam.label.values
    X_train, X_test, y_train, y_test = train_test_split(X,y,test_
size=0.25, random_state=123)
```

切分好数据后，需要对数据进行标准化处理。此处采用MinMaxScaler()将数据进行最大值–最小值标准化，将数据集中的每个特征取值范围转化到0 ~ 1之间，程序如下：

```
In[3]:## 对数据的前 57 列特征进行数据标准化处理
    scales = MinMaxScaler(feature_range=(0, 1))
    X_train_s = scales.fit_transform(X_train)
    X_test_s = scales.transform(X_test)
```

在得到标准化数据后，将训练数据集的每个特征变量使用箱线图进行显示，对比不同类别的邮件（垃圾邮件和非垃圾邮件）在每个特征变量上的数据分布情况。

```
In[4]: colname = spam.columns.values[:-1]
     plt.figure(figsize=(20,14))
     for ii in range(len(colname)):
         plt.subplot(7,9,ii+1)
         sns.boxplot(x = y_train,y = X_train_s[:,ii])
         plt.title(colname[ii])
     plt.subplots_adjust(hspace=0.4)
     plt.show()
```

上面的程序使用sns.boxplot()函数将数据集X_train_s中的57个特征变量进行了可视化，得到的图像如图5-4所示。

图5-4 使用箱线图对比邮件的每个特征分布

通过图像发现，有些特征在两种类型的邮件上分布有较大的差异，如word_freq_all、word_freq_our、word_freq_your、word_freq_you、word_freq_000等。

下面将使用全部特征作为MLP网络的输入，因为有些特征尽管在两种类型的邮件上差异并不明显，但是全连接神经网络包含多个神经元，而且每个神经元都是接受前面层的所有神经元的输出，所以MLP网络的每个神经元都有变换、筛选、综合输入特征的能力，故用于输入的特征越多，网络获取的信息就会越充分，从而网络就会越有效。虽然有些特征在两种类型的邮件上差异并不明显，但是如果将多个特征综合考虑，差异可能就会非常明显。所以在下面建立的MLP分类器中，将使用全部数据特征作为网络的输入。

5.2.2 搭建网络并可视化

在数据准备、探索和可视化分析后，下面搭建需要使用的全连接神经网络分类器。网络的每个全连接隐藏层由nn.Linear()函数和nn.ReLU()函数构成，其中nn.ReLU()表示使用激活函数ReLU。构建全连接层分类网络的程序如下所示：

```
In[5]:## 全连接网络
    class MLPclassifica(nn.Module):
        def __init__(self):
```

```
        super(MLPclassifica,self).__init__()
        ## 定义第一个隐藏层
        self.hidden1 = nn.Sequential(
            nn.Linear(
                in_features = 57, ## 第一个隐藏层的输入，数据的特征数
                out_features = 30,## 第一个隐藏层的输出，神经元的数量
                bias=True, ## 默认会有偏置
            ),
            nn.ReLU()
        )
        ## 定义第二个隐藏层
        self.hidden2 = nn.Sequential(
            nn.Linear(30,10),
            nn.ReLU()
        )
        ## 分类层
        self.classifica = nn.Sequential(
            nn.Linear(10,2),
            nn.Sigmoid()
        )
    ## 定义网络的前向传播路径
    def forward(self, x):
        fc1 = self.hidden1(x)
        fc2 = self.hidden2(fc1)
        output = self.classifica(fc2)
        ## 输出为两个隐藏层和输出层
        return fc1,fc2,output
```

上面的程序中定义了一个MLPclassifica函数类，其网络结构中含有hidden1和hidden2两个隐藏层，分别包含30和10个神经元以及1个分类层classifica，并且分类层使用Sigmoid函数作为激活函数。由于数据有57个特征，所以第一个隐藏层的输入特征为57，而且该数据为二分类问题，所以分类层有2个神经元。在定义完网络结构后，需要定义网络的正向传播过程，分别输出了网络的两个隐藏层fc1、fc2以及分类层的输出output。

针对定义好的MLPclassifica()函数类，使用mlpc = MLPclassifica()得到全连接网络mlpc，并利用torchviz库中的make_dot函数，将网络结构进行可视化，程序如下所示：

```
In[6]:## 输出网络结构
    mlpc = MLPclassifica()
    ## 使用make_dot可视化网络
```

```
    x = torch.randn(1,57).requires_grad_(True)
    y = mlpc(x)
    Mymlpcvis = make_dot(y, params=dict(list(mlpc.named_parameters())
+ [('x', x)]))
    Mymlpcvis
```

得到的网络结构传播过程的可视化结构如图5-5所示。

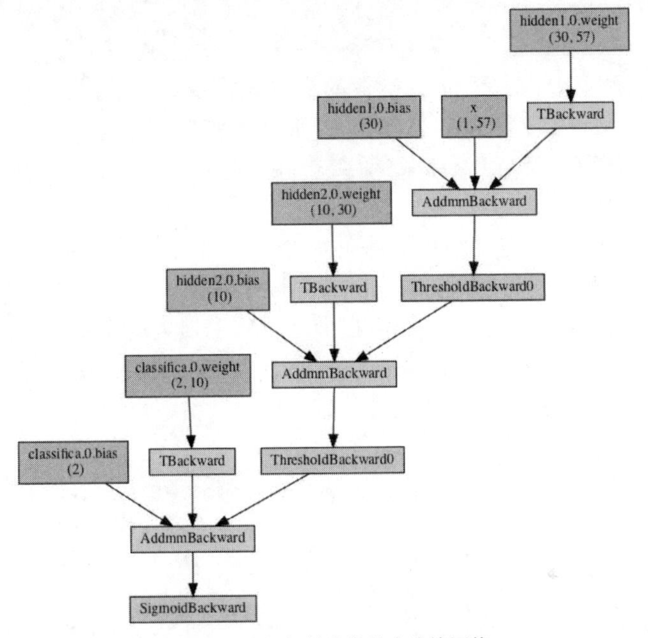

图5-5 垃圾邮件分类的全连接网络

图5-5中展示了MLP网络的每个层需要训练参数的情况。

5.2.3 使用未预处理的数据训练模型

在网络搭建完毕后，首先使用未标准化的训练数据训练模型，然后利用未标准化的测试数据验证模型的泛化能力，分析网络在未标准化的数据集中是否也能很好地拟合数据。首先将未标准化的数据转化为张量，并且将张量处理为数据加载器，可使用如下所示的程序：

```
In[7]:## 将数据转化为张量
      X_train_nots = torch.from_numpy(X_train.astype(np.float32))
      y_train_t = torch.from_numpy(y_train.astype(np.int64))
      X_test_nots = torch.from_numpy(X_test.astype(np.float32))
      y_test_t = torch.from_numpy(y_test.astype(np.int64))
      ## 将训练集转化为张量后，使用 TensorDataset 将 X 和 Y 整理到一起
```

```
    train_data_nots = Data.TensorDataset(X_train_nots,y_train_t)
    ## 定义一个数据加载器，将训练数据集进行批量处理
    train_nots_loader = Data.DataLoader(
        dataset = train_data_nots, ## 使用的数据集
        batch_size=64, ## 批处理样本大小
        shuffle = True,   ## 每次迭代前打乱数据
        num_workers = 1,
    )
```

在上面的程序中，为了模型正常的训练，需要将数据集X转化为32位浮点型的张量，以及将Y转化为64位整型的张量，将数据设置为加载器，将Data.TensorDataset()函数和Data.DataLoader()结合在一起使用。在上述数据加载器中每个batch包含64个样本。

数据准备完毕后，需要使用训练集对全连接神经网络mlpc进行训练和测试。在优化模型时，优化函数使用torch.optim.Adam()，损失函数使用交叉熵损失函数nn.CrossEntropyLoss()。为了观察网络在训练过程中损失的变化情况以及在测试集上预测精度的变化，可以使用HiddenLayer库，将相应数值的变化进行可视化。模型的训练和相关可视化程序如下所示。

```
In[8]:## 定义优化器
    optimizer = torch.optim.Adam(mlpc.parameters(),lr=0.01)
    loss_func = nn.CrossEntropyLoss()    ## 二分类损失函数
    ## 记录训练过程的指标
    history1 = hl.History()
    ## 使用 Canvas 进行可视化
    canvas1 = hl.Canvas()
    print_step = 25
    ## 对模型进行迭代训练，对所有的数据训练 epoch 轮
    for epoch in range(15):
        ## 对训练数据的加载器进行迭代计算
        for step, (b_x, b_y) in enumerate(train_nots_loader):
            ## 计算每个 batch 的损失
            _,_,output = mlpc(b_x)              ## MLP 在训练 batch 上的输出
            train_loss = loss_func(output, b_y) ## 二分类交叉熵损失函数
            optimizer.zero_grad()               ## 每个迭代步的梯度初始化为 0
            train_loss.backward()               ## 损失的后向传播，计算梯度
            optimizer.step()                    ## 使用梯度进行优化
            niter = epoch*len(train_loader)+step+1
            ## 计算每经过 print_step 次迭代后的输出
            if niter % print_step == 0:
```

```
    _,_,output = mlpc(X_test_nots)
    _,pre_lab = torch.max(output,1)
    test_accuracy = accuracy_score(y_test_t,pre_lab)
    ## 为history添加epoch，损失和精度
    history1.log(niter, train_loss=train_loss,
                 test_accuracy=test_accuracy)
    ## 使用两个图像可视化损失函数和精度
    with canvas1:
        canvas1.draw_plot(history1["train_loss"])
        canvas1.draw_plot(history1["test_accuracy"])
```

上面的程序对训练数据集进行了5个epoch的训练，在网络训练过程中，每经过25次迭代就对测试集进行一次预测，并且将迭代次数、训练集上损失函数的取值、模型在测试集上的识别精度都使用history1.log()函数进行保存，再使用canvas1.draw_plot()函数将损失函数大小、预测精度实时可视化出来，得到的模型训练过程如图5-6所示。

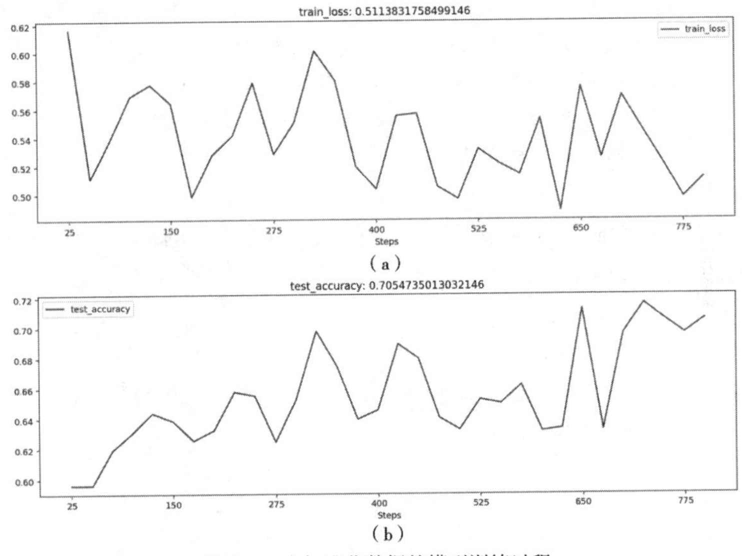

（a）

（b）

图5-6 未标准化数据的模型训练过程

从图5-6中可以看出，损失函数一直在波动，并没有收敛到一个平稳的数值区间，在测试集上的精度也具有较大的波动范围，而且最大精度低于72%。说明使用未标准化的数据集训练的模型并没有训练效果，即MLP分类器没有收敛。

导致这样结果的原因可能较多，例如：

（1）数据没有经过标准化预处理，所以网络没有收敛。

（2）使用的训练数据样本太少，导致网络没有收敛。

（3）搭建的MLP网络使用的神经元太多或者太少，所以网络没有收敛。

5.2.4 使用预处理后的数据训练模型

MLP分类器没有收敛的原因可以有多个，但是最可能的原因是数据没有进行标准化预处理。为了验证猜想的正确性，使用标准化数据集重新对上面的MLP网络进行训练，观察训练集和测试集在网络训练过程中的表现，查看网络是否收敛。

下面使用标准化后的数据进行训练，探索是否会得到收敛的模型。首先对标准化后的数据进行预处理，得到数据加载器。

```
In[9]:## 将数据转化为张量
    X_train_t = torch.from_numpy(X_train_s.astype(np.float32))
    y_train_t = torch.from_numpy(y_train.astype(np.int64))
    X_test_t = torch.from_numpy(X_test_s.astype(np.float32))
    y_test_t = torch.from_numpy(y_test.astype(np.int64))
    ## 将训练集转化为张量后，使用TensorDataset将X和Y整理到一起
    train_data = Data.TensorDataset(X_train_t,y_train_t)
    ## 定义一个数据加载器，将训练数据集进行批量处理
    train_loader = Data.DataLoader(
        dataset = train_data, ## 使用的数据集
        batch_size=64,        ## 批处理样本大小
        shuffle = True,       ## 每次迭代前打乱数据
        num_workers = 1,
    )
```

在训练数据和测试数据准备好后，使用与5.2.3节相似的程序，训练全连接神经网络分类器，程序如下：

```
In[10]:## 定义优化器
    optimizer = torch.optim.Adam(mlpc.parameters(),lr=0.01)
    loss_func = nn.CrossEntropyLoss()      ## 二分类损失函数
    ## 记录训练过程的指标
    history1 = hl.History()
    ## 使用Canvas进行可视化
    canvas1 = hl.Canvas()
    print_step = 25
    ## 对模型进行迭代训练，对所有的数据训练epoch轮
    for epoch in range(15):
        ## 对训练数据的加载器进行迭代计算
        for step, (b_x, b_y) in enumerate(train_loader):
            ## 计算每个batch的损失
            _,_,output = mlpc(b_x)          ## MLP在训练batch上的输出
            train_loss = loss_func(output, b_y) ## 二分类交叉熵损失函数
            optimizer.zero_grad()           ## 每个迭代步的梯度初始化为0
```

```
        train_loss.backward()         ## 损失的后向传播，计算梯度
        optimizer.step()              ## 使用梯度进行优化
        niter = epoch*len(train_loader)+step+1
        ## 计算每经过print_step次迭代后的输出
        if niter % print_step == 0:
            _,_,output = mlpc(X_test_t)
            _,pre_lab = torch.max(output,1)
            test_accuracy = accuracy_score(y_test_t,pre_lab)
            ## 为history添加epoch，损失和精度
            history1.log(niter, train_loss=train_loss,
                         test_accuracy=test_accuracy)
            ## 使用两个图像可视化损失函数和精度
            with canvas1:
                canvas1.draw_plot(history1["train_loss"])
                canvas1.draw_plot(history1["test_accuracy"])
```

在上面的程序中，利用了标准化处理后的数据集对网络进行训练，并且在网络训练过程中，每经过25次迭代就对标准化的测试集进行一次预测。同样将迭代次数、训练集上的损失函数取值、模型在测试集上的识别精度都使用history1.log()函数进行保存，并且使用canvas1.draw_plot()函数将损失函数大小、预测精度实时可视化出来，得到如图5-7所示的模型训练过程。

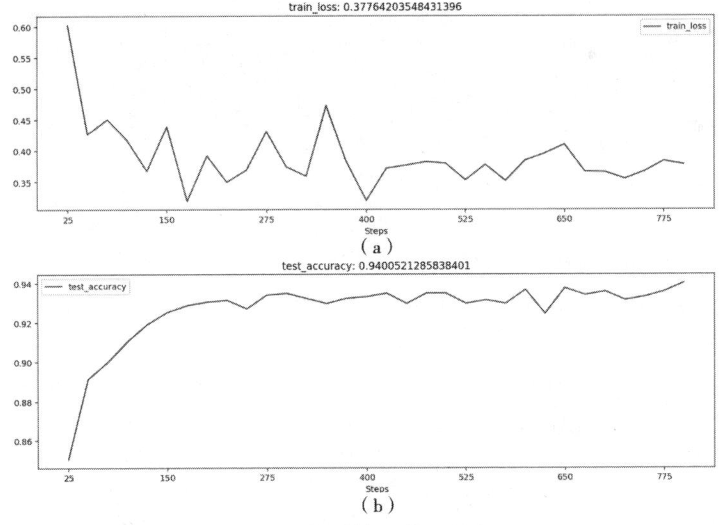

图5-7　标准化数据的模型训练过程

从图5-7中得到了标准化数据训练的分类器，并且损失函数最终收敛到一个平稳的数值区间，在测试集上的精度也得到了收敛，预测精度稳定在90%以上。说明模型在使用标准化数据后得到有效的训练。即数据标准化预处理对MLP网络非常重要。

在获得收敛的模型后，可以在测试集上计算模型的垃圾邮件识别最终精度，程序代码如下所示：

```
In[11]:## 计算模型在测试集上的最终精度
    _,_,output = mlpc(X_test_t)
    _,pre_lab = torch.max(output,1)
    test_accuracy = accuracy_score(y_test_t,pre_lab)
    print("test_accuracy:",test_accuracy)
Out[11]:test_accuracy: 0.9365768896611643
```

在上述程序中首先使用了mlpc()对测试集进行预测，得到每个测试集的输出，然后使用torch.max()计算每个样本预测得到的类别，接着使用accuracy_score()函数计算模型的识别精度。从输出结果中可以发现，训练好的全连接神经网络在测试集上的识别精度为93.65%。

5.2.5 获取中间层的输出并可视化

在全连接神经网络训练好后，为了更好地理解全连接神经网络的计算过程，以获取网络在计算过程中中间隐藏层的输出，可以使用两种方法：

（1）如果在网络的前向过程想要输出隐藏层，可以使用独特的变量进行命名，然后在输出时输出该变量，例如：

```
In[12]:
    def forward(self, x):
        fc1 = self.hidden1(x)
        fc2 = self.hidden2(fc1)
        output = self.classifica(fc2)
        ## 输出为两个隐藏层和输出层的输出
        return fc1,fc2,output
```

在上面的forward()函数中，fc1、fc2分别是第一隐藏层和第二隐藏层的输出，output则为分类层的输出，最后使用return fc1,fc2,output同时将三个变量输出，便于在调用模型时，轻松获得隐藏层的输出。

（2）如果在网络的前向过程只输出了最后一层的输出，并没有输出中间变量，这时想要获取中间层的输出，则使用钩子（hook）技术。钩子技术可以理解为对一个完整的业务流程，使用钩子可以在不修改原始网络代码的情况下，将额外的功能依附于业务流程，并获取想要的输出。

接下来针对上述已经训练好的网络，分别利用两种方法介绍如何从网络中获取中间隐藏层的输出，并对相关输出进行可视化。

1. 使用中间层的输出

在上述定义的全连接网络类中，已经输出了隐藏层的输出，可以直接使用mlpc()作用于测试集时，输出相关内容，程序如下：

```
In[13]:## 计算最终模型在测试集上的第二个隐藏层的输出
      _,test_fc2,_ = mlpc(X_test_t)
      print("test_fc2.shape:",test_fc2.shape)
Out[13]:test_fc2.shape: torch.Size([1151, 10])
```

在上述程序和输出中，可以通过"_,test_fc2,_ = mlpc(X_test_t)"获取mlpc网络，让测试集在第二个隐藏层输出test_fc2。test_fc2的尺寸为[1151,10]，表明有1151个样本，每个样本包含10个特征输出。

下面对10个特征进行降维，然后使用散点图进行可视化，程序如下：

```
In[14]:## 对输出进行降维并可视化
      test_fc2_tsne = TSNE(n_components=2).fit_transform(test_fc2.data.numpy())
      ## 将特征进行可视化
      plt.figure(figsize=(8,6))
      ## 可视化前设置坐标系的取值范围
      plt.xlim([min(test_fc2_tsne[:,0]-1),max(test_fc2_tsne[:,0])+1])
      plt.ylim([min(test_fc2_tsne[:,1]-1),max(test_fc2_tsne[:,1])+1])
      plt.plot(test_fc2_tsne[y_test==0,0],test_fc2_tsne[y_test==0,1],
             "bo",label = "0")
      plt.plot(test_fc2_tsne[y_test==1,0],test_fc2_tsne[y_test==1,1],
             "rd",label = "1")
      plt.legend()
      plt.title("test_fc2_tsne")
      plt.show()
```

上述程序隐形后，可得到如图5-8所示的散点图。

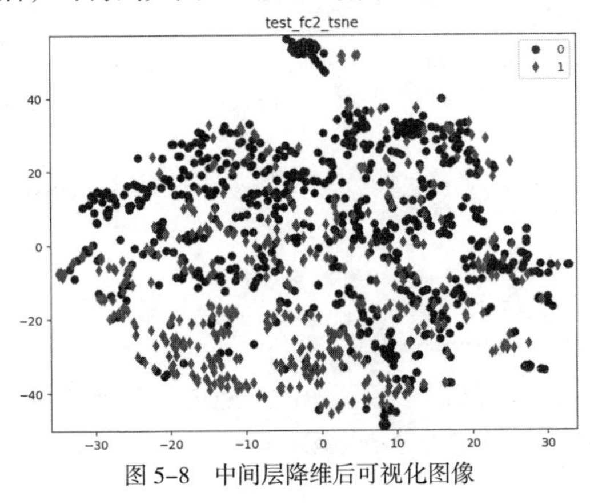

图5-8　中间层降维后可视化图像

在散点图中，两种点分别代表垃圾邮件和正常邮件在空间中的分布情况。

2. 使用钩子获取中间层的输出

下面使用钩子技术获取网络中间层的输出，同样使用钩子获取在分类层的2个特征的输出结果。

首先定义一个辅助函数，以方便获取和保存中间层的输出。

```
In[15]:## 定义一个辅助函数，来获取指定层名称的特征
     activation = {} ## 保存不同层的输出
     def get_activation(name):
         def hook(model, input, output):
             activation[name] = output.detach()
        return hook
```

在定义好get_activation()函数后，获取中间层的输出，以字典的形式保存在activation字典中。获取分类层的输出可以使用如下所示的代码：

```
In[16]:## 全连接网络获取分类层的输出
     mlpc.classifica.register_forward_hook(get_activation("classifica"))
     _,_,_ = mlpc(X_test_t)
     classifica = activation["classifica"].data.numpy()
     print("classifica.shape:",classifica.shape)
Out[16]:classifica.shape: (1151, 2)
```

上述程序先使用mlpc.classifica.register_forward_hook（get_activation("classifica")）操作(该操作主要用于获取classifica层的输出结果)，然后将训练好的网络mlpc作用于测试集X_test_t上，这样在activation字典中，键值classifica对应的结果即为想要获取的中间层特征。从输出中可以发现，其每个样本包含两个特征输出。下面同样使用散点图将其可视化。

```
In[17]:## 将特征进行可视化
     plt.figure(figsize=(8,6))
     ## 可视化每类的散点图
     plt.plot(classifica[y_test==0,0],classifica[y_test==0,1],"bo",label
= "0")
     plt.plot(classifica[y_test==1,0],classifica[y_test==1,1],"rd",label
= "1")
     plt.legend()
     plt.title("classifica")
     plt.show()
```

上述程序运行后，得到如图5-9所示的散点图。在散点图中，两种点分别代表垃圾邮件和正常邮件在空间中的分布情况。

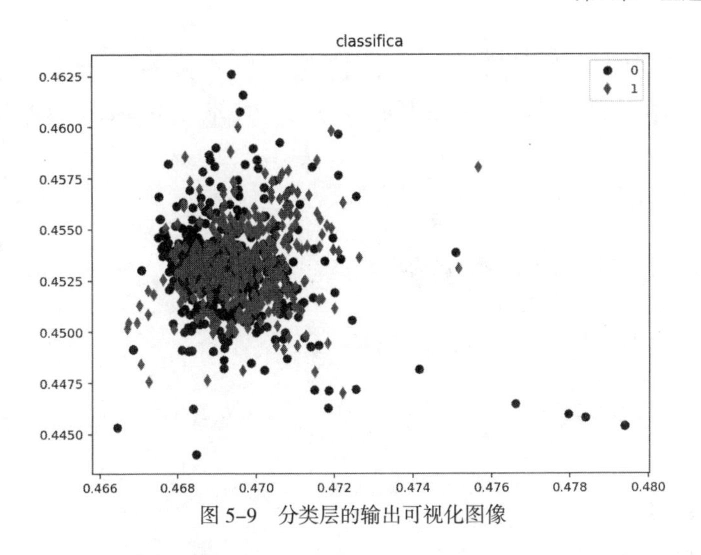

图 5-9 分类层的输出可视化图像

5.3 MLP 回归模型

扫一扫，看视频

在sklearn库中，包含一个fetch_california_housing()函数，该函数可以下载california房屋价格数据。该数据集源自1990年美国人口普查，每行样本是每个人口普查区块组的描述数据，区块组通常拥有600~3000的人口。在数据集中一共包含20640个样本，数据有8个自变量，如收入平均数、房屋年龄、平均房间数量等。因变量为房屋在该区块组的价格中位数。使用该数据集建立一个全连接回归模型，用于预测房屋的价格。

在建立回归模型之前，需要导入相关库和函数。

```
In[1]:## 导入本小节所需要的模块
    import numpy as np
    import pandas as pd
    from sklearn.preprocessing import StandardScaler
    from sklearn.model_selection import train_test_split
    from sklearn.metrics import mean_squared_error,mean_absolute_error
    from sklearn.datasets import fetch_california_housing
    import torch
    import torch.nn as nn
    import torch.nn.functional as F
    from torch.optim import SGD
    import torch.utils.data as Data
    import matplotlib.pyplot as plt
    import seaborn as sns
```

5.3.1 房价数据准备

针对使用全连接回归模型预测房价的问题，首先需要对数据进行预处理和探索，数据的导入可使用下面的程序：

```
In[2]:## 导入数据
    housdata = fetch_california_housing()
    ## 数据切分为训练集和测试集
    X_train, X_test, y_train, y_test = train_test_split(
        housdata.data, housdata.target, test_size=0.3, random_
state=42)
    ## 数据标准化处理
    scale = StandardScaler()
    X_train_s = scale.fit_transform(X_train)
    X_test_s = scale.transform(X_test)
    ## 将训练集数据处理为数据表，方便探索数据情况
    housdatadf = pd.DataFrame(data=X_train_s,columns=housdata.feature_
names)
    housdatadf["target"] = y_train
```

在上面的程序中，首先通过fetch_california_housing()函数导入数据，然后通过train_test_split()函数将数据集的70%作为训练集，30%作为测试集，并通过StandardScaler()函数类对数据进行标准化，最后使用pd.DataFrame()函数将标准化的训练数据集处理为数据表。

数据表housdatadf可以使用相关系数热力图分析数据集中9个变量之间的相关性。

```
In[3]:## 可视化数据的相关系数热力图
    datacor = np.corrcoef(housdatadf.values,rowvar=0)
    datacor = pd.DataFrame(data=datacor,columns=housdatadf.columns,
                    index=housdatadf.columns)
    plt.figure(figsize=(8,6))
    ax = sns.heatmap(datacor,square=True,annot=True,fmt = ".3f",
              linewidths=.5,cmap="YlGnBu",
              cbar_kws={"fraction":0.046, "pad":0.03})
    plt.show()
```

上面的程序通过函数np.corrcoef()计算变量之间的相关系数，然后通过sns.heatmap()可视化相关系数热力图，得到如图5-10所示的图像。

从图像中可以发现和目标函数相关性最大的是MedInc（收入中位数）变量。而且AveRooms和AveBedrms两个变量之间的正相关性较强。

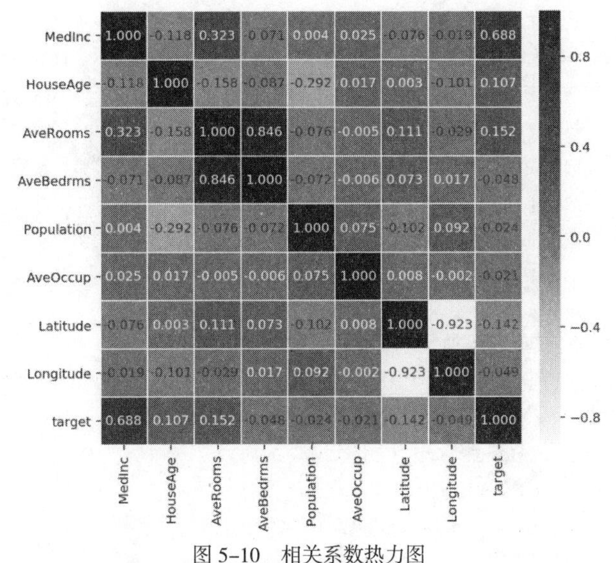

图 5-10　相关系数热力图

在建立全连接神经网络之前，需要将数据集转化为张量，并处理为PyTorch网络使用的数据，即训练集和测试集均转化为张量，且将训练集处理为数据加载器，每个batch包含64个样本，方便数据对网络的训练。程序如下所示：

```
In[4]:## 将数据集转化为张量
    train_xt = torch.from_numpy(X_train_s.astype(np.float32))
    train_yt = torch.from_numpy(y_train.astype(np.float32))
    test_xt = torch.from_numpy(X_test_s.astype(np.float32))
    test_yt = torch.from_numpy(y_test.astype(np.float32))
    ## 将训练数据处理为数据加载器
    train_data = Data.TensorDataset(train_xt,train_yt)
    test_data = Data.TensorDataset(test_xt,test_yt)
    train_loader = Data.DataLoader(dataset = train_data,batch_size=64,
                                   shuffle = True,num_workers = 1)
```

5.3.2　搭建网络预测房价

用准备好的数据通过PyTorch构建一个全连接神经网络的类，搭建MLP回归模型。

```
In[5]:## 搭建全连接神经网络回归网络
    class MLPregression(nn.Module):
        def __init__(self):
            super(MLPregression,self).__init__()
            ## 定义第一个隐藏层
```

```
            self.hidden1 = nn.Linear(in_features = 8,
                                     out_features = 100,bias=True)
            ## 定义第二个隐藏层
            self.hidden2 = nn.Linear(100,100)
            ## 定义第三个隐藏层
            self.hidden3 = nn.Linear(100,50)
            ## 回归预测层
            self.predict = nn.Linear(50,1)

        ## 定义网络的向前传播路径
        def forward(self, x):
            x = F.relu(self.hidden1(x))
            x = F.relu(self.hidden2(x))
            x = F.relu(self.hidden3(x))
            output = self.predict(x)
            ## 输出一个一维向量
            return output[:,0]

    ## 输出网络结构
    mlpreg = MLPregression()
    print(mlpreg)
Out[5]:MLPregression(
      (hidden1): Linear(in_features=8, out_features=100, bias=True)
      (hidden2): Linear(in_features=100, out_features=100, bias=True)
      (hidden3): Linear(in_features=100, out_features=50, bias=True)
      (predict): Linear(in_features=50, out_features=1, bias=True)
    )
```

从上面的程序和输出中可以看出构建的MLP回归网络包括3个隐藏层，隐藏神经元数分别为100个、100个、50个，隐藏层使用了ReLU激活函数，但在网络中的predict层不使用激活函数。

下面使用训练集对网络进行训练。

```
In[6]:## 定义优化器
    optimizer = torch.optim.SGD(mlpreg.parameters(),lr=0.01)
    loss_func = nn.MSELoss()    ## 均方根误差损失函数
    train_loss_all = []
    ## 对模型进行迭代训练，对所有的数据训练 epoch 轮
    for epoch in range(30):
        train_loss = 0
        train_num = 0
```

```
        ## 对训练数据的加载器进行迭代计算
        for step, (b_x, b_y) in enumerate(train_loader):
            output = mlpreg(b_x)                ## MLP 在训练 batch 上的输出
            loss = loss_func(output, b_y)  ## 均方根误差损失函数
            optimizer.zero_grad()               ## 每个迭代步的梯度初始化为 0
            loss.backward()                     ## 损失的后向传播，计算梯度
            optimizer.step()                    ## 使用梯度进行优化
            train_loss += loss.item() * b_x.size(0)
            train_num += b_x.size(0)
        train_loss_all.append(train_loss / train_num)
```

在上面的程序中，优化器使用优化函数SGD，并且网络的损失函数为均方根误差损失函数nn.MSELoss()。在网络训练过程中，对每个epoch输出损失函数的大小，将损失函数的变化情况进行可视化。输出结果表明损失函数已经收敛到一个很小的范围之间。程序如下：

```
In[7]:## 可视化损失函数的变化情况
    plt.figure(figsize=(10,6))
    plt.plot(train_loss_all,"ro-",label = "Train loss")
    plt.legend()
    plt.grid()
    plt.xlabel("epoch")
    plt.ylabel("Loss")
    plt.show()
```

上述可视化程序可得到如图5-11所示的图像。

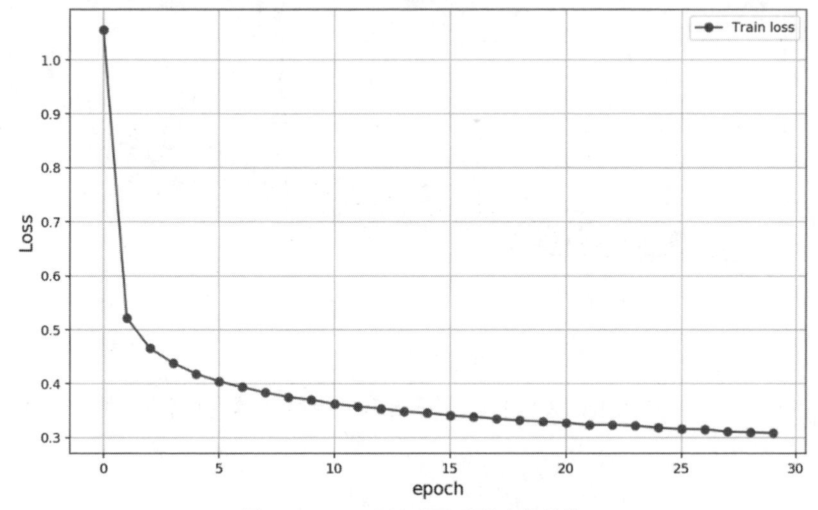

图 5-11　MLP 回归损失函数变化趋势

对网络进行预测，并使用平均绝对值误差来表示预测效果，程序如下所示：

```
In[8]:## 对测试集进行预测
    pre_y = mlpreg(test_xt)
    pre_y = pre_y.data.numpy()
    mae = mean_absolute_error(y_test,pre_y)
Out[8]:print(" 在测试集上的绝对值误差为 :",mae)
    在测试集上的绝对值误差为 : 0.38172787314
```

输出在测试集上的平均绝对值误差为0.3817，表明预测效果比较理想。下面将测试集上的真实值和预测值进行可视化，查看它们之间的差异，程序如下：

```
In[9]:## 可视化在测试集上真实值和预测值的差异
    index = np.argsort(y_test)
    plt.figure(figsize=(12,5))
    plt.plot(np.arange(len(y_test)),y_test[index],"r",label =
"Original Y")
    plt.scatter(np.arange(len(pre_y)),pre_y[index],s = 3,c = "b",label
= "Prediction")
    plt.legend(loc = "upper left")
    plt.grid()
    plt.xlabel("Index")
    plt.ylabel("Y")
    plt.show()
```

上述程序得到如图5-12所示的对比图像。

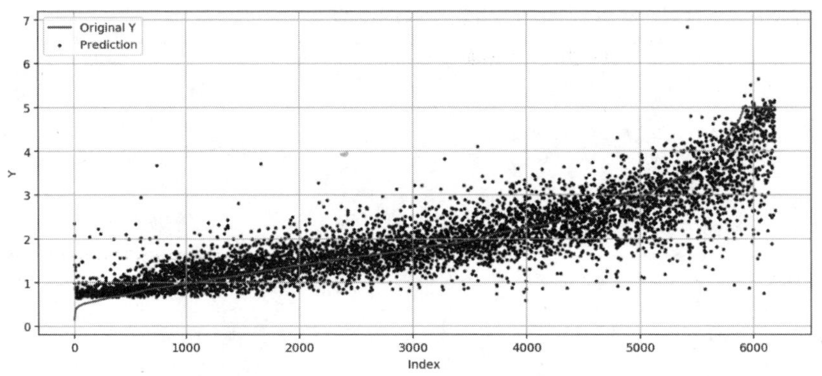

图5-12　测试集上的真实值和预测值

在测试集上，MLP回归模型正确地预测出了原始数据的变化趋势，但部分样本的预测差异较大。

5.4　本章小结

本章主要介绍了如何使用PyTorch搭建全连接神经网络模型并对其进行训练。针对多层全连接神经网络，分别介绍了其在分类和回归方面的应用。分类和回归问题均以实际数据集为例，对网络的训练过程及训练结果进行可视化，帮助读者更全面地理解全连接深度学习网络。

第6章 卷积神经网络

卷积神经网络是一种以图像识别为中心，并且在多个领域得到广泛应用的深度学习方法，如目标检测、图像分割、文本分类等。卷积神经网络于1998年由Yann Lecun提出，在2012年的ImageNet挑战赛中，Alex Krizhevsky凭借深度卷积神经网络AlexNet网络获得远远领先于第二名的成绩，震惊世界。如今卷积神经网络不仅是计算机视觉领域最具有影响力的一类算法，同时在自然语言分类领域也有一定程度的应用。

6.1 卷积神经网络基本单元

在前面的章节中已经介绍了图像的二维卷积，下面主要介绍空洞卷积、转置卷积与应用于NLP（自然语言处理）任务的二维卷积运算过程。

空洞卷积可以认为是基于普通的卷积操作的一种变形，在Multi-Scale Context Aggregation by Dilated Convolutions一文中主要用于图像分割。相对于普通卷积而言，空洞卷积通过在卷积核中添加空洞(0元素)，从而增大感受野，获取更多的信息。感受野(receptive field)可以理解为在卷积神经网络中，决定某一层输出结果中一个元素所对应的输入层的区域大小。通俗的解释就是特征映射(feature map)上的一个点对应输入图上的区域大小。空洞卷积的示意图如图6-1所示。

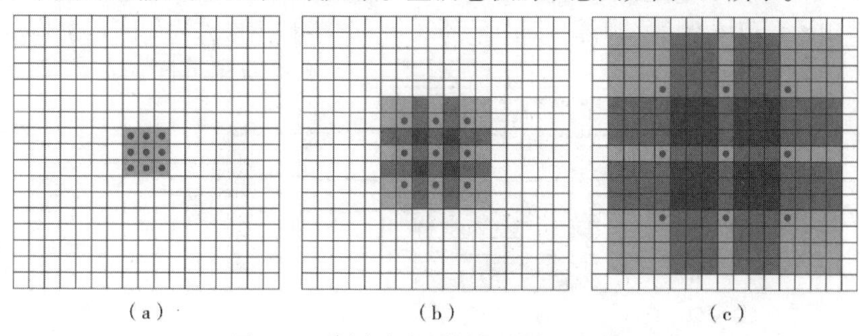

图6-1 不同大小卷积核的空洞卷积示意图

图6-1（a)对应3 × 3的1-空洞卷积运算，卷积核和普通的卷积核一样(没有0元素)。图6-1（b)对应3 × 3的2-空洞卷积运算，实际的卷积核大小还是3 × 3，但是空洞为1，这样卷积核就会扩充为一个7 × 7的图像块，但只有9个红色的点会有权重取值进行卷积操作，也可以理解为卷积核的大小为7 × 7，但只有图中的9个点的权重不为0，其余均为0。实际进行卷积操作的权重只有3 × 3 = 9个，但这个卷积核的感受野已经增大到了7 × 7。图6-1（c)是4-空洞卷积操作，能够作用于15 × 15的感受野区域，即卷积核的大小为15 × 15，但只有图中的9个点的权重不为0，其余都为0（图像来自Multi-Scale Context Aggregation by Dilated Convolutions)。

转置卷积的主要作用是将特征图放大恢复到原来的尺寸，其与原有的卷积操作计算方法上并没有差别，而主要区别是在于，转置卷积是卷积的反向过程，即卷积操作的输入作为转置卷积的输出，卷积操作的输出作为转置卷积的输入。转置卷积可以保证在尺寸上做到卷积的反向过程，但是内容上并不能保证完全做到卷积的反向过程。针对二维转置卷积其工作示意图如图6-2所示。

图6-2展示的是针对一个2 × 3的输出，在使用2 × 2的卷积核时，使用转置卷积，获得3 × 4的特征映射。

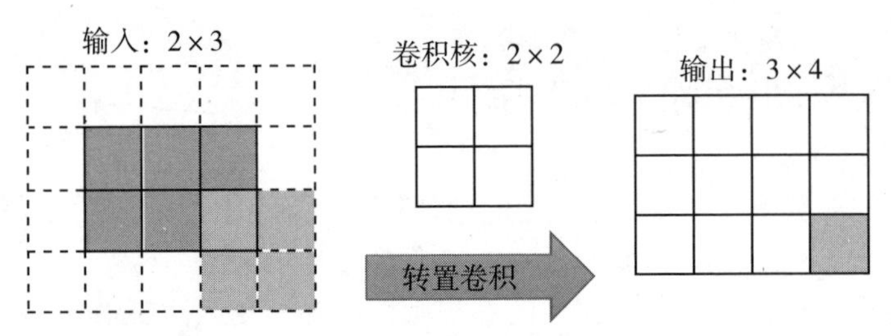

图 6-2　转置卷积示意图

针对自然语言的词嵌入（Embedding）进行二维卷积，是利用卷积神经网络对自然语言进行分类的关键步骤。在NLP中，由于词嵌入层中每一行都表示一个词语，即每个词语都是由一个向量（词向量）表示的，当提取句子中有利于分类的特征时，需要从词语或字符级别提取，也就是说卷积核的宽度应该覆盖完全单个词向量，即二维卷积的卷积核宽度必须等于词向量的维度。其卷积操作方式如图 6-3 所示。

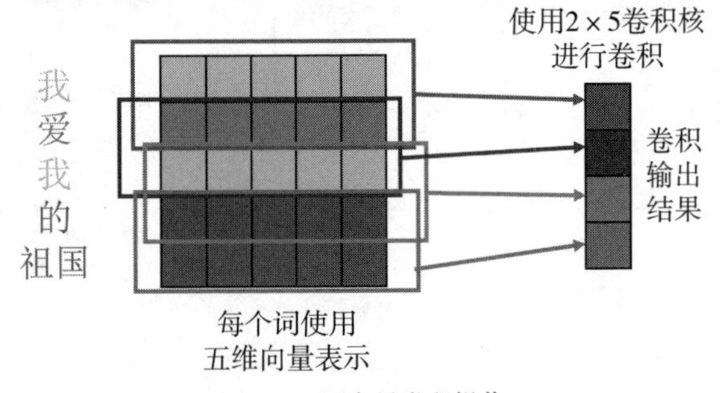

图 6-3　词向量卷积操作

在图 6-3 中，一个句子由多个词语构成，每个词语使用一个 1 × 5 的词向量表示其在空间中的位置，在卷积时需要使用的卷积核的宽度等于词向量维度，这里使用 2 × 5 的卷积核。所以卷积时，卷积核只能竖直方向移动，不能水平方向移动，进行卷积操作后，可得到一个 4 × 1 的列向量。

池化操作的一个重要的目的就是对卷积后得到的特征映射进行降维。常用的有最大值池化和平均值池化，在前面的章节中已经有了详细的介绍。

全连接层通常会放在卷积神经网络的最后几层，在整个卷积神经网络中起到“分类器”的作用。在卷积层和全连接层相连接时，需要将卷积层的所有特征映射展开为一个向量，作为全连接网络的输入层，然后与全连接层进行连接。其连接方式如图 6-4 所示。

图 6-4 中，全连接层之前有 4 个 2 × 2 的特征映射，在特征映射与第一个全连接层连接之前，需要 4 个 2 × 2 的特征映射展开成一个 16 × 1 的列向量，使用该列向量作为输入与全连接层连接即可。

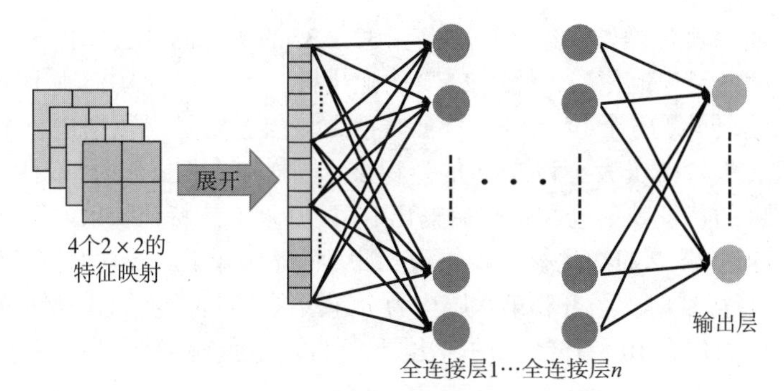

图 6-4 特征映射与全连接层的连接方式

6.2 经典的卷积神经网络

深度学习的思想提出后，卷积神经网络在计算机视觉等领域取得了快速的应用，有很多基于卷积层、池化层及全连接层的深度卷积神经网络被提出。如1998年提出的LeNet-5，2012年出现的AlexNet网络，2014年提出的GoogLeNet网络和VGG系列的网络，这些网络的提出都用于解决图像领域的问题。针对自然语言分类的问题，2014年开始将CNN网络应用于文本分类，提出了TextCNN网络。

下面将对这些经典的卷积神经网络的结构进行介绍，并介绍如何调用已经在PyTorch中预训练好的网络。

6.2.1 LeNet-5 网络

LeNet-5卷积网络是提出最早的一类卷积神经网络，其主要用于处理手写字体的识别，并且取得了显著的应用效果，其网络结构如图6-5所示（图6-5是文章Gradient-Based Learning Applied to Document Recognition中提到的LeNet-5网络结构）。

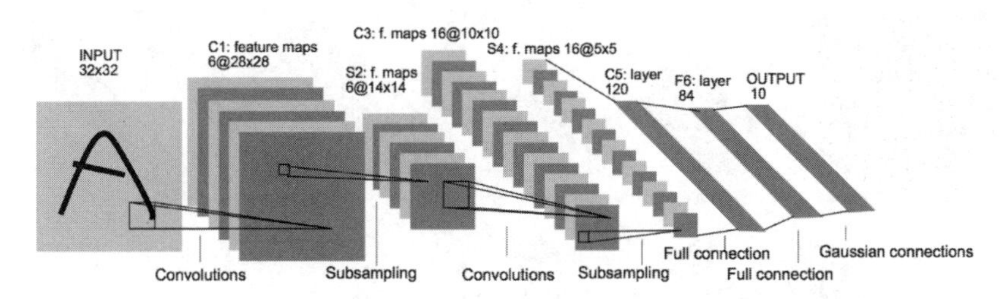

图 6-5 LeNet-5 网络结构

在LeNet-5中，输入的图像为32×32的灰度图像，经过两个卷积层、两个池化层和两个全连接层，最后连接一个输出层。

LeNet-5网络的第一层使用了6个5×5的卷积核对图像进行卷积运算，且在卷积操作时不使用填补操作，这样针对一张32 × 32的灰度图像会输出6个28 × 28的特征映射。第二层为池化层，使用2 × 2的池化核，步长大小为2，从而将6个28 × 28的特征映射转化为6个14 × 14的特征映射，该层主要是对数据进行下采样。第三层为卷积层，有16个大小为5 × 5的卷积核，同样在卷积操作时不使用填补操作，将6个14 × 14的特征映射卷积运算后输出16个10 × 10的特征映射。第四层为池化层，使用大小为2 × 2的池化核，步长为2，从而将16个10 × 10的特征映射转化为16个5 × 5的特征映射。第五和第六层均为全连接层，且神经元的数量分别为120和84。最后一层为包含10个神经元的输出层。可以使用该神经网络对手写数字进行分类。

由于LeNet-5网络结构比较简单，非常容易实现，所以在PyTorch中并没有预训练好的网络可以调用。在下一节中将搭建一个和LeNet-5相似的卷积神经网络，对Fashion-MNIST数据进行分类。

6.2.2 AlexNet 网络

2012年AlexNet卷积神经网络结构被提出，并且以高于第二名10%的准确率在2012届ImageNet图像识别大赛中获得冠军，成功地展示了深度学习算法在计算机视觉领域的威力，使得CNN成为在图像分类上的核心算法模型，引爆了深度神经网络的应用热潮。

AlexNet模型是一个只用8层的卷积神经网络，有5个卷积层、3个全连接层，在每一个卷积层中包含了一个激活函数ReLU（这也是ReLU激活函数的首次应用）以及局部响应归一化（LRN）处理，卷积计算后通过最大值池化层对特征映射进行降维处理。

AlexNet的网络结构在设置之初是通过两个GPU进行训练的，所以其结构中包含两块GPU通信的设计。但是随着计算性能的提升，现在完全可以使用单个GPU进行训练，AlexNet网络结构如图6-6所示。

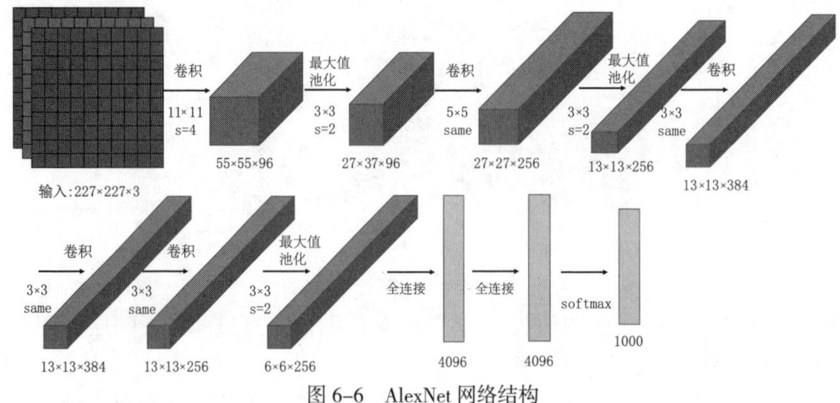

图6-6　AlexNet 网络结构

AlexNet网络中输入为RGB图像，在图中s=4表示卷积核或者池化核的移动步长为4，在AlexNet中卷积层使用的卷积核从11逐渐减小到3，最后三个卷积层使用的卷积核为3×3，而池化层则使用了大小为3×3，步长为2，有重叠的池化，两个全连接层分别包含4096个神经元，最后的输出层使用softmax分类器，包含1000个神经元。

AlexNet网络在torchvision库的models模块中，已经包含了预训练好的模型，可以直接使用下面的程序进行调用：

```
import torchvision.models as models
alexnet = models.alexnet()
```

6.2.3 VGG网络结构

VGG深度学习网络是由牛津大学(Oxford)计算机视觉组(Visual Geometry Group)于2014年提出，并取得了ILSVRC2014比赛分类项目的第二名。在其发表的文章Very Deep Convolutional Networks for Large-Scale Image Recognition中，一共提出了四种不同深度层次的卷积神经网络，分别是11、13、16、19层。这些网络的结构如图6-7所示。

ConvNet Configuration					
A	A-LRN	B	C	D	E
11 weight layers	11 weight layers	13 weight layers	16 weight layers	16 weight layers	19 weight layers
input (224 × 224 RGB image)					
conv3-64	conv3-64 **LRN**	conv3-64 **conv3-64**	conv3-64 conv3-64	conv3-64 conv3-64	conv3-64 conv3-64
maxpool					
conv3-128	conv3-128	conv3-128 **conv3-128**	conv3-128 conv3-128	conv3-128 conv3-128	conv3-128 conv3-128
maxpool					
conv3-256 conv3-256	conv3-256 conv3-256	conv3-256 conv3-256	conv3-256 conv3-256 **conv1-256**	conv3-256 conv3-256 **conv3-256**	conv3-256 conv3-256 conv3-256 **conv3-256**
maxpool					
conv3-512 conv3-512	conv3-512 conv3-512	conv3-512 conv3-512	conv3-512 conv3-512 **conv1-512**	conv3-512 conv3-512 **conv3-512**	conv3-512 conv3-512 conv3-512 **conv3-512**
maxpool					
conv3-512 conv3-512	conv3-512 conv3-512	conv3-512 conv3-512	conv3-512 conv3-512 **conv1-512**	conv3-512 conv3-512 **conv3-512**	conv3-512 conv3-512 conv3-512 **conv3-512**
maxpool					
FC-4096					
FC-4096					
FC-1000					
soft-max					

图6-7　VGG系列网络结构

图6-7中，conv3-64表示使用64个3 × 3的卷积核，maxpool表示使用2 × 2的最大值池化核，FC-4096表示具有4096个神经元的全连接层。

在提到的多种VGG网络结构中，最常用的VGG网络有两种，分别是VGG16（图中的网络结构D）和VGG19（图中的网络结构E）。在多种VGG网络结构中，它们最大的差距就是网络深度的不同。

在VGG网络中，通过使用多个较小卷积核(3 × 3)的卷积层，来代替一个卷积核较大的卷积层。小卷积核是VGG的一个重要特点，VGG的作者认为2个3 × 3的卷积堆叠获得的感受野大小相当于一个5 × 5的卷积；而3个3 × 3卷积的堆叠获取到的感受野相当于一个7 × 7的卷积。使用小卷积核一方面可以减少参数，另一方面相当于进行了更多的非线性映射，可以进一步增加网络的拟合能力。

相比AlexNet使用3 × 3的池化核，在VGG网络中全部采用2 × 2的池化核。并且VGG网络中具有更多的特征映射，网络第一层的通道数为64，后面每层都进行了翻倍，最多到512个通道，随着通道数的增加，使得VGG网络能够从数据中提取更多的信息。并且VGG网络具有更深的层数，得到的特征映射更宽。

常用的VGG16和VGG19网络，在torchvision库中的models模块中，已经包含了预训练好的模型，可以直接使用下面的程序进行调用：

```
import torchvision.models as models
vgg16 = models.vgg16()
vgg19 = models.vgg19()
```

6.2.4 GoogLeNet

GoogLeNet（也可称作Inception）是在2014年由Google DeepMind公司的研究员提出的一种全新的深度学习结构，并取得了ILSVRC2014比赛分类项目的第一名。GoogLeNet共有22层，并且没用全连接层，所以使用了更少的参数，在GoogLeNet前的AlexNet、VGG等结构，均通过增大网络的层数来获得更好的训练结果，但更深的层数同时会带来较多的负面效果，如过拟合、梯度消失、梯度爆炸等问题。

GoogLeNet则在保证算力的情况下增大网络的宽度和深度，尤其是其提出的Inception模块。其结构如图6-8所示。

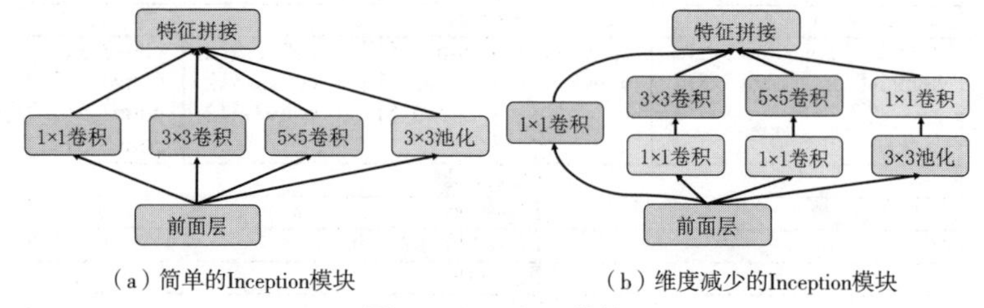

（a）简单的Inception模块　　（b）维度减少的Inception模块

图6-8　Inception 模块

在GoogLeNet中前几层是正常的卷积层，后面则全部用Inception堆叠而成。在文章Going Deeper with Convolutions中给出了两种结构的Inception模块，分别是简单的Inception模块和维度减小的Inception模块。和简单的Inception模块相比，维度减小的Inception模块在3×3卷积的前面、5×5卷积前面和池化层后面添加1×1卷积进行降维，从而使维度变得可控并减少计算量。

在GoogLeNet中不仅提出了Inception模块，还在网络中添加了两个辅助分类器，起到增加低层网络的分类能力、防止梯度消失、增加网络正则化的作用。

在torchvision库的models模块中，已经包含了预训练好的GoogLeNet模型，可以直接使用下面的程序进行调用：

```
import torchvision.models as models
googlenet = models.googlenet()
```

6.2.5 TextCNN

CNN网络通常用于图像数据的处理，那么卷积神经网络能否应用于自然语言分类任务呢？答案是肯定的。下面介绍一种利用卷积神经网络进行自然语言处理的网络结构——TextCNN网络。这类网络常用的结构如图6–9所示。

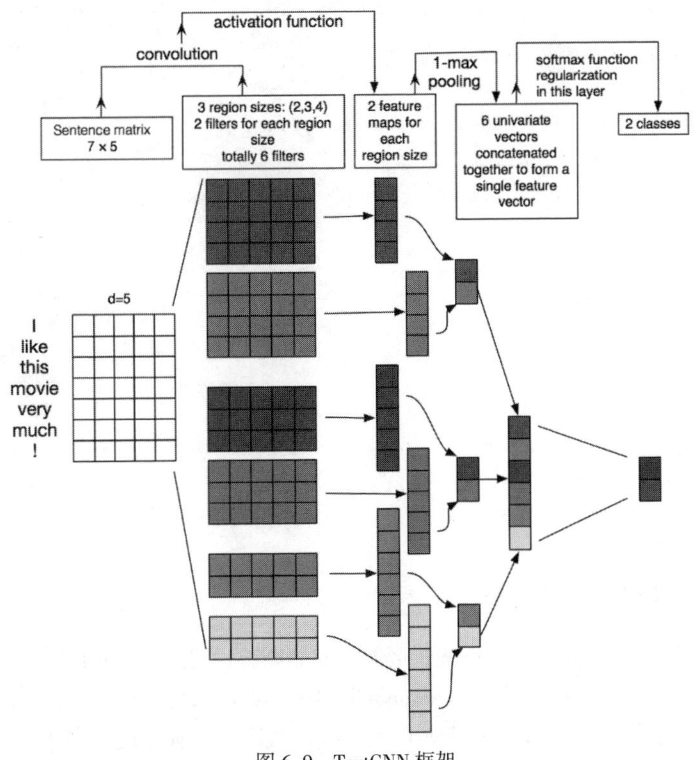

图6–9 TextCNN框架

图6-9是利用CNN进行文本分类的框架，在网络结构中，针对一个句子的词嵌入使用一层卷积层进行文本信息的提取。在卷积操作时，使用高度为2、3、4的卷积核，每个卷积核有2个，共6个卷积核(注意卷积核的宽度等于词向量的维度，如在图示中卷积核为:2个2 × 5，2个3 × 5，2个4 × 5)，6个卷积核对输入的句子进行卷积操作后，会得到6个向量，对此6个向量(卷积后的输出)各取一个最大值进行池化，然后将6个最大值拼接为一个列向量，该列向量即为通过一层卷积操作从句子中提取到的有用信息，并将其和分类器层连接后，即可组成TextCNN的网络结构。图6-9来自文章A Sensitivity Analysis of (and Practitioners' Guide to) Convolutional Neural Networks for Sentence Classification。

6.3 卷积神经网络识别 Fashion-MNIST

扫一扫，看视频

针对使用卷积神经网络进行图像分类的问题，下面将会使用PyTorch搭建一个类似LeNet-5的网络结构，用于Fashion-MNIST数据集的图像分类。针对该问题的分析可以分为数据准备、模型建立以及使用训练集进行训练与使用测试集测试模型的效果。针对卷积网络的建立，将会分别建立常用的卷积神经网络与基于空洞卷积的卷积神经网络。首先导入本小节所需要的库及相关的模块。

```
In[1]: import numpy as np
     import pandas as pd
     from sklearn.metrics import accuracy_score,confusion_
matrix,classification_report
     import matplotlib.pyplot as plt
     import seaborn as sns
     import copy
     import time
     import torch
     import torch.nn as nn
     from torch.optim import Adam
     import torch.utils.data as Data
     from torchvision import transforms
     from torchvision.datasets import FashionMNIST
```

6.3.1 图像数据准备

在模型建立与训练之前，首先准备FashionMNIST数据集，该数据集可以直接使用torchvision库中datasets模块的FashionMNIST()的API函数读取，如果指定的工作文件夹中没有当前数据，可以从网络上自动下载该数据集，数据的准备程序如下所示：

```
In[2]:## 使用 FashionMNIST 数据，准备训练数据集
      train_data  = FashionMNIST(
          root = "./data/FashionMNIST", ## 数据的路径
          train = True,                 ## 只使用训练数据集
          transform  = transforms.ToTensor(),
          download= False
      )
      ## 定义一个数据加载器
      train_loader = Data.DataLoader(
          dataset = train_data, ## 使用的数据集
          batch_size=64,        ## 批处理样本大小
          shuffle = False,      ## 每次迭代前不打乱数据
          num_workers = 2,      ## 使用两个进程
      )
      ## 计算 train_loader 有多少个 batch
      print("train_loader 的 batch 数量为 :",len(train_loader))
Out[2]:train_loader 的 batch 数量为 : 938
```

上面的程序导入了训练数据集，然后使用Data.DataLoader()函数将其定义为数据加载器，每个batch中会包含64个样本，通过len()函数可以计算数据加载器中包含的batch数量，输出显示train_loader中包含938个batch。需要注意的是参数shuffle = False，表示加载器中每个batch使用的样本都是固定的，这样有利于在训练模型时根据迭代的次数将其切分为训练集和验证集。

为了观察数据集中每个图像的内容，可以获取一个batch的图像，然后将其可视化，以观察数据。获取数据并可视化的程序如下所示：

```
In[3]:##   获得一个 batch 的数据
     for step, (b_x, b_y) in enumerate(train_loader):
         if step > 0:
             break
     ## 可视化一个 batch 的图像
     batch_x = b_x.squeeze().numpy()
     batch_y = b_y.numpy()
     class_label = train_data.classes
     class_label[0] = "T-shirt"
     plt.figure(figsize=(12,5))
     for ii in np.arange(len(batch_y)):
         plt.subplot(4,16,ii+1)
         plt.imshow(batch_x[ii,:,:],cmap=plt.cm.gray)
         plt.title(class_label[batch_y[ii]],size = 9)
         plt.axis("off")
```

```
    plt.subplots_adjust(wspace = 0.05)
```

在上面的程序中，使用for循环获取一个btach的数据b_x和b_y，并使用XX.numpy()方法将张量数据XX转化为Numpy数组的形式，通过train_data.classes可以获取10类数据的标签，利用for循环和plt.subplot()、plt.imshow()等绘图函数，可以将64张图像进行可视化，得到的可视化图像如图6-10所示。

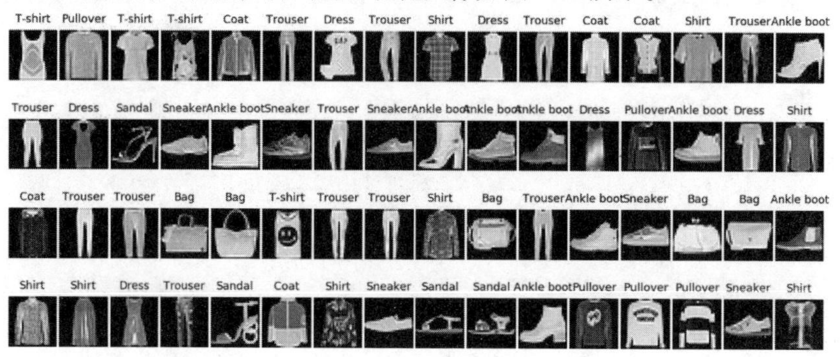

图6-10 FashionMNIST数据中部分图像样本

在对训练集进行处理后，下面对测试数据集进行处理。导入测试数据集后，将所有的样本处理为一个整体，看作一个batch用于测试，可使用如下程序：

```
In[4]:## 对测试集进行处理
    test_data  = FashionMNIST(
        root = "./data/FashionMNIST", ## 数据的路径
        train = False,  ## 不使用训练数据集
        download= False ## 因为数据已经下载过，所以这里不再下载
    )
    ## 为数据添加一个通道纬度，并且取值范围缩放到 0 ~ 1 之间
    test_data_x = test_data.data.type(torch.FloatTensor) / 255.0
    test_data_x = torch.unsqueeze(test_data_x,dim = 1)
    test_data_y = test_data.targets  ## 测试集的标签
    print("test_data_x.shape:",test_data_x.shape)
    print("test_data_y.shape:",test_data_y.shape)
Out[4]:test_data_x.shape: torch.Size([10000, 1, 28, 28])
     test_data_y.shape: torch.Size([10000])
```

上面的程序同样使用FashionMNIST()函数导入测试数据集，并且将其处理为一个整体，从输出结果可发现测试集有10000张28 × 28的图像。

6.3.2 卷积神经网络的搭建

在数据准备完毕后，可以搭建一个卷积神经网络，并且使用训练数据对网络进行训练，使用测试集验证所搭建网络的识别精度。针对搭建的卷积神经网络，可以

使用如图6-11所示的网络结构。

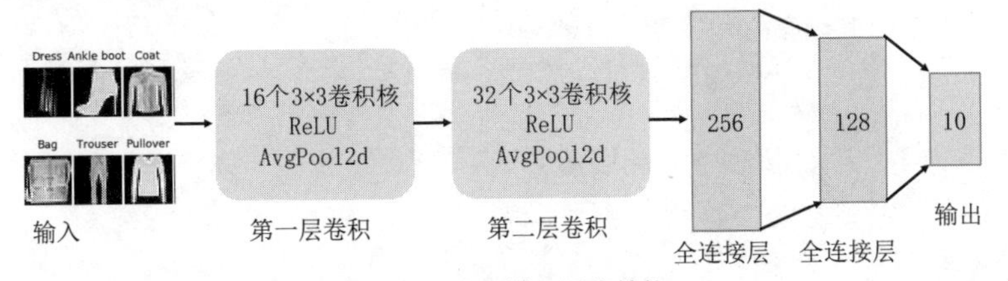

图6-11　卷积神经网络结构

图6-11搭建的卷积神经网络有2个卷积层，分别包含16个和32个3 × 3卷积核，并且卷积后使用ReLU激活函数进行激活，两个池化层均为平均值池化，而两个全连接层分别有256和128个神经元，最后的分类器则包含了10个神经元。

针对上述的网络结构，可以使用下面的程序代码对卷积神经网络进行定义。

```
In[5]:class MyConvNet(nn.Module):
        def __init__(self):
            super(MyConvNet,self).__init__()
            ## 定义第一个卷积层
            self.conv1 = nn.Sequential(
                nn.Conv2d(
                    in_channels = 1,  ## 输入的 feature map
                    out_channels = 16,## 输出的 feature map
                    kernel_size = 3,  ## 卷积核尺寸
                    stride=1,         ## 卷积核步长
                    padding=1,        ## 进行填充
                ), ## 卷积后: (1*28*28) → (16*28*28)
                nn.ReLU(),            ## 激活函数
                nn.AvgPool2d(
                    kernel_size = 2,  ## 平均值池化层，使用 2*2
                    stride=2,         ## 池化步长为 2
                ), ## 池化后: (16*28*28)->(16*14*14)
            )
            ## 定义第二个卷积层
            self.conv2 = nn.Sequential(
                nn.Conv2d(16,32,3,1,0), ## 卷积操作 (16*14*14)->(32*12*12)
                nn.ReLU(),              ## 激活函数
                nn.AvgPool2d(2,2) ## 最大值池化操作 (32*12*12)->(32*6*6)
            )
            self.classifier = nn.Sequential(
                nn.Linear(32*6*6,256),
                nn.ReLU(),
```

```
                nn.Linear(256,128),
                nn.ReLU(),
                nn.Linear(128,10)
            )
        ## 定义网络的前向传播路径
        def forward(self, x):
            x = self.conv1(x)
            x = self.conv2(x)
            x = x.view(x.size(0), -1) ## 展平多维的卷积图层
            output = self.classifier(x)
            return output
## 输出我们的网络结构
myconvnet = MyConvNet()
print(myconvnet)
```

上面程序中的类MyConvNet()通过nn.Sequential()、nn.Conv2d()、nn.ReLU()、nn.AvgPool2d()、nn.Linear()等层，定义了一个拥有两个卷积层和三个全连接层的卷积神经网络分类器，并且在forward()函数中定义了数据在网络中的前向传播过程，然后使用myconvnet = MyConvNet()得到可用于学习的网络myconvnet，其网络结构输出如下所示：

```
Out[5]:MyConvNet(
      (conv1): Sequential(
        (0): Conv2d(1, 16, kernel_size=(3, 3), stride=(1, 1), padding=(1, 1))
        (1): ReLU()
        (2): AvgPool2d(kernel_size=2, stride=2, padding=0)
      )
      (conv2): Sequential(
        (0): Conv2d(16, 32, kernel_size=(3, 3), stride=(1, 1))
        (1): ReLU()
        (2): AvgPool2d(kernel_size=2, stride=2, padding=0)
      )
      (classifier): Sequential(
        (0): Linear(in_features=1152, out_features=256, bias=True)
        (1): ReLU()
        (2): Linear(in_features=256, out_features=128, bias=True)
        (3): ReLU()
        (4): Linear(in_features=128, out_features=10, bias=True)
      )
    )
```

6.3.3　卷积神经网络训练与预测

为了训练定义好的网络结构myconvnet，还需要定义一个train_model()函数，该函数可以用训练数据集来训练myconvnet。训练数据整体包含60000张图像，938个batch，可以使用80%的batch用于模型的训练，20%的batch用于模型的验证，所以在定义train_model()函数时，应该包含模型的训练和验证两个过程。train_model()函数的程序如下所示：

```
In[6]:## 定义网络的训练过程函数
    def train_model(model,traindataloader, train_rate,criterion,
optimizer, num_epochs=25):
        """
        model: 网络模型; traindataloader: 训练数据集，会切分为训练集和验证集
        train_rate: 训练集 batchsize 百分比 ;criterion: 损失函数; optimizer:
优化方法;
        num_epochs: 训练的轮数
          """
        ## 计算训练使用的 batch 数量
        batch_num = len(traindataloader)
        train_batch_num = round(batch_num * train_rate)
        ## 复制模型的参数
        best_model_wts = copy.deepcopy(model.state_dict())
        best_acc = 0.0
        train_loss_all = []
        train_acc_all = []
        val_loss_all = []
        val_acc_all = []
        since = time.time()
        for epoch in range(num_epochs):
            print('Epoch {}/{}'.format(epoch, num_epochs - 1))
            print('-' * 10)
            ## 每个 epoch 有两个训练阶段
            train_loss = 0.0
            train_corrects = 0
            train_num = 0
            val_loss = 0.0
            val_corrects = 0
            val_num = 0
            for step,(b_x,b_y) in enumerate(traindataloader):
                if step < train_batch_num:
```

```
                model.train() ## 设置模型为训练模式
                output = model(b_x)
                pre_lab = torch.argmax(output,1)
                loss = criterion(output, b_y)
                optimizer.zero_grad()
                loss.backward()
                optimizer.step()
                train_loss += loss.item() * b_x.size(0)
                train_corrects += torch.sum(pre_lab == b_y.data)
                train_num += b_x.size(0)
            else:
                model.eval() ## 设置模型为评估模式
                output = model(b_x)
                pre_lab = torch.argmax(output,1)
                loss = criterion(output, b_y)
                val_loss += loss.item() * b_x.size(0)
                val_corrects += torch.sum(pre_lab == b_y.data)
                val_num += b_x.size(0)
        ## 计算一个 epoch 在训练集和验证集上的损失和精度
        train_loss_all.append(train_loss / train_num)
        train_acc_all.append(train_corrects.double().item()/train_num)
        val_loss_all.append(val_loss / val_num)
        val_acc_all.append(val_corrects.double().item()/val_num)
        print('{} Train Loss: {:.4f}  Train Acc: {:.4f}'.format(
            epoch, train_loss_all[-1], train_acc_all[-1]))
        print('{} Val Loss: {:.4f}  val Acc: {:.4f}'.format(
            epoch, val_loss_all[-1], val_acc_all[-1]))
        ## 拷贝模型最高精度下的参数
        if  val_acc_all[-1] > best_acc:
            best_acc = val_acc_all[-1]
            best_model_wts = copy.deepcopy(model.state_dict())
        time_use = time.time() - since
        print("Train and val complete in {:.0f}m {:.0f}s".format(
            time_use // 60, time_use % 60))
    ## 使用最好模型的参数
    model.load_state_dict(best_model_wts)
    train_process = pd.DataFrame(
        data={"epoch":range(num_epochs),
              "train_loss_all":train_loss_all,
              "val_loss_all":val_loss_all,
```

```
                    "train_acc_all":train_acc_all,
                    "val_acc_all":val_acc_all})
    return model,train_process
```

在上面的train_model()函数通过train_batch_num确定用于训练的batch数量，并且在每轮的迭代中，如果step < train_batch_num，则进入训练模式，否则进入验证模式。在模型的训练和验证过程中，分别输出当前的损失函数的大小和对应的识别精度，并将它们保存在列表汇总中，最后组成数据表格train_process输出。为了保存模型最高精度下的训练参数，使用copy.deepcopy()函数将模型最优的参数保存在best_model_wts中，最终将所有的训练结果使用model.load_state_dict(best_model_wts)将最优的参数赋值给最终的模型。

下面使用train_model()函数，对指定的模型和优化器进行训练。

```
In[7]:## 对模型进行训练
    optimizer = torch.optim.Adam(myconvnet.parameters(), lr=0.0003)
    criterion = nn.CrossEntropyLoss()    ## 损失函数
    myconvnet,train_process = train_model(
        myconvnet,train_loader, 0.8,
        criterion, optimizer, num_epochs=25)
```

myconvnet分类器使用了Adam优化器，损失函数为交叉熵函数。train_model()将训练集train_loader的80%用于训练，20%用于测试，共训练25轮，训练过程中的输出如下所示：

```
Out[7]:Epoch 0/24
        ----------
        0 Train Loss: 0.7657  Train Acc: 0.7202
        0 Val Loss: 0.5655  val Acc: 0.7812
        Train and val complete in 0m 13s
        Epoch 1/24
        …
        24 Train Loss: 0.1907  Train Acc: 0.9302
        24 Val Loss: 0.2847  val Acc: 0.9027
        Train and val complete in 7m 0s
```

在模型训练结束后使用折线图将模型训练过程中的精度和损失函数进行可视化，得到的图像如图6-12所示。

```
In[8]:## 可视化模型训练过程中
    plt.figure(figsize=(12,4))
    plt.subplot(1,2,1)
    plt.plot(train_process.epoch,train_process.train_loss_all,
             "ro-",label = "Train loss")
```

```
    plt.plot(train_process.epoch,train_process.val_loss_all,
             "bs-",label = "Val loss")
    plt.legend()
    plt.xlabel("epoch")
    plt.ylabel("Loss")
    plt.subplot(1,2,2)
    plt.plot(train_process.epoch,train_process.train_acc_all,
             "ro-",label = "Train acc")
    plt.plot(train_process.epoch,train_process.val_acc_all,
             "bs-",label = "Val acc")
    plt.xlabel("epoch")
    plt.ylabel("acc")
    plt.legend()
    plt.show()
```

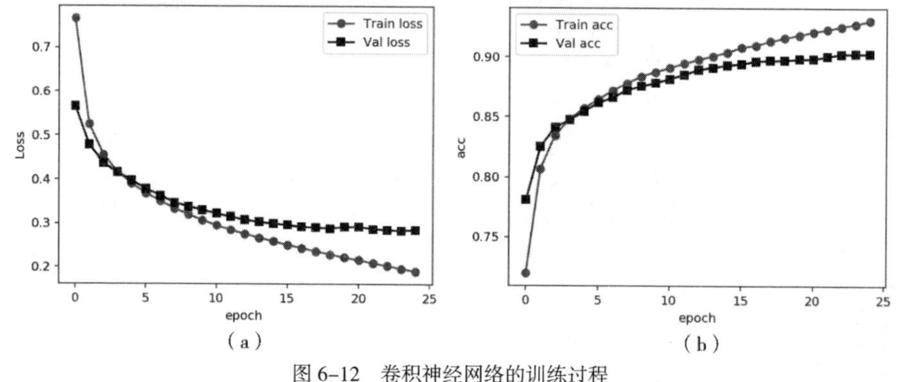

图 6-12　卷积神经网络的训练过程

从图6-12中可以发现模型在训练过程中，损失函数在训练集上迅速减小，在验证集上先减小然后逐渐收敛到一个很小的区间，说明模型已经稳定。在训练集上的精度一直在增大，而在验证集上的精度收敛到一个小区间内。

为了得到计算模型的泛化能力，使用输出的模型在测试集上进行预测。

```
In[9]:## 对测试集进行预测，并可视化预测效果
    myconvnet.eval()
    output = myconvnet(test_data_x)
    pre_lab = torch.argmax(output,1)
    acc = accuracy_score(test_data_y,pre_lab)
    print(" 在测试集上的预测精度为 :",acc)
Out[9]: 在测试集上的预测精度为 : 0.8984
```

从输出结果可以发现，模型在测试集上的预测精度为89.84%。针对测试样本的预测结果，使用混淆矩阵表示，并将其可视化，观察其在每类数据上的预测情况。

```
In[10]:## 计算混淆矩阵并可视化
     conf_mat = confusion_matrix(test_data_y,pre_lab)
     df_cm = pd.DataFrame(conf_mat, index=class_label,
                          columns=class_label)
     heatmap = sns.heatmap(df_cm, annot=True, fmt="d",cmap="YlGnBu")
     heatmap.yaxis.set_ticklabels(heatmap.yaxis.get_ticklabels(),
rotation=0, ha='right')
     heatmap.xaxis.set_ticklabels(heatmap.xaxis.get_ticklabels(),
rotation=45, ha='right')
     plt.ylabel('True label')
     plt.xlabel('Predicted label')
     plt.show()
```

上述代码输出如图6-13所示的混淆矩阵。

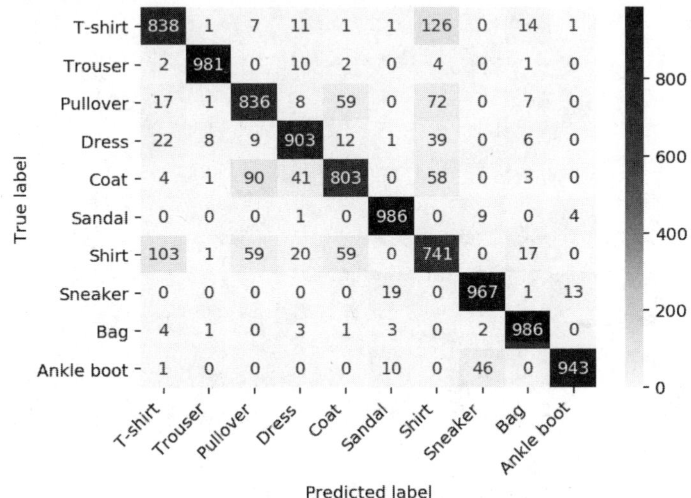

图6-13　在测试集上的混淆矩阵热力图

从图6-13中可以发现，最容易预测发生错误的是T-shirt和Shirt，相互预测出错的样本量超过了100个。

6.3.4　空洞卷积神经网络的搭建

在PyTorch库中使用nn.Conv2d()函数，通过调节参数dilation的取值，进行不同大小卷积核的空洞卷积运算。针对搭建的空洞卷积神经网络，可以使用图6-14所示的网络结构。

图6-14搭建的卷积神经网络含有两个空洞卷积层，两个池化层以及两个全连接层，并且分类器包含10个神经元。该网络结构除了卷积方式的差异之外，与图6-11所示的卷积结构完全相同。

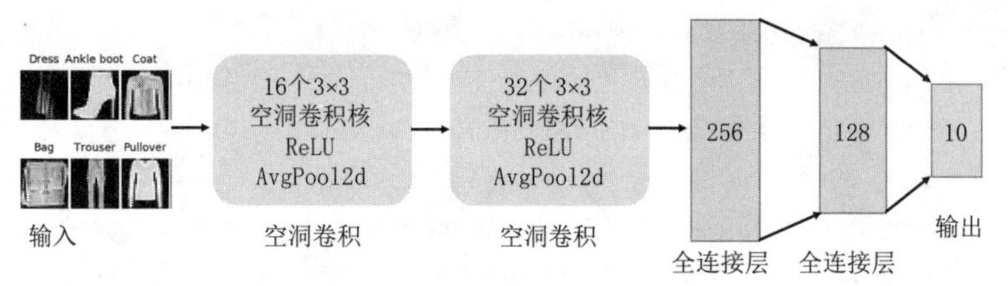

图 6-14　空洞卷积神经网络结构

下面搭建图6-14所表示的空洞卷积，使用的PyTorch程序如下所示：

```
In[11]:
    class MyConvdilaNet(nn.Module):
        def __init__(self):
            super(MyConvdilaNet,self).__init__()
            ## 定义第一个卷积层
            self.conv1 = nn.Sequential(
                ## 卷积后：(1×28×28) → (16×26×26)
                nn.Conv2d(1,16,3,1,1,dilation=2),
                nn.ReLU(),           ## 激活函数
                nn.AvgPool2d(2,2),##(16*26*26)->(16*13*13)
            )
            ## 定义第二个卷积层
            self.conv2 = nn.Sequential(
                nn.Conv2d(16,32,3,1,0,dilation=2),
                ## 卷积操作 (16×13×13) → (32×9×9)
                nn.ReLU(),           ## 激活函数
                nn.AvgPool2d(2,2) ## 最大值池化操作 (32*9*9)->(32*4*4)
            )
            self.classifier = nn.Sequential(
                nn.Linear(32*4*4,256),
                nn.ReLU(),
                nn.Linear(256,128),
                nn.ReLU(),
                nn.Linear(128,10)
            )

        ## 定义网络的向前传播路径
        def forward(self, x):
            x = self.conv1(x)
            x = self.conv2(x)
            x = x.view(x.size(0), -1) ## 展平多维的卷积图层
```

```
        output = self.classifier(x)
        return output

## 输出网络结构
myconvdilanet = MyConvdilaNet()
```

上面的程序在类MyConvdilaNet ()中，同样通过nn.Sequential()、nn.Conv2d()、nn.ReLU()、nn.AvgPool2d()、nn.Linear()等层定义了一个拥有两个空洞卷积层和三个全连接层的卷积神经网络的分类器，其中在空洞卷积中使用参数dilation=2来实现，最后在forward()函数中定义了数据在网络中的前向传播过程，并使用myconvdilanet = MyConvdilaNet()得到可用于学习的网络myconvnet。

6.3.5　空洞卷积神经网络训练与预测

下面使用前面定义好的train_model()函数对网络myconvdilanet进行训练，程序代码如下：

```
In[12]:## 对模型进行训练
      optimizer = torch.optim.Adam(myconvdilanet.parameters(), lr=0.0003)
      criterion = nn.CrossEntropyLoss()    ## 损失函数
      myconvdilanet,train_process = train_model(
          myconvdilanet,train_loader, 0.8,
          criterion, optimizer, num_epochs=25)
Out[12]:Epoch 0/24
        ----------
        0 Train Loss: 0.9002  Train Acc: 0.6720
        0 Val Loss: 0.6335  val Acc: 0.7529
        Train and val complete in 0m 26s
        …
        24 Train Loss: 0.2285  Train Acc: 0.9150
        24 Val Loss: 0.2356  val Acc: 0.9130
        Train and val complete in 18m 34s
```

使用折线图将模型训练过程中的精度和损失函数进行可视化，程序代码如下：

```
In[13]:## 可视化模型训练过程中的精度和损失函数
      plt.figure(figsize=(12,4))
      plt.subplot(1,2,1)
      plt.plot(train_process.epoch,train_process.train_loss_all,
               "ro-",label = "Train lass")
      plt.plot(train_process.epoch,train_process.val_loss_all,
               "bs-",label = "Val lass")
```

```
    plt.legend()
    plt.xlabel("epoch")
    plt.ylabel("Loss")
    plt.subplot(1,2,2)
    plt.plot(train_process.epoch,train_process.train_acc_all,
             "ro-",label = "Train acc")
    plt.plot(train_process.epoch,train_process.val_acc_all,
             "bs-",label = "Val acc")
    plt.xlabel("epoch")
    plt.ylabel("acc")
    plt.legend()
    plt.show()
```

上面程序将每个epoch训练集和验证集上的损失函数和精度分别进行了可视化，得到的图像如图6–15所示。

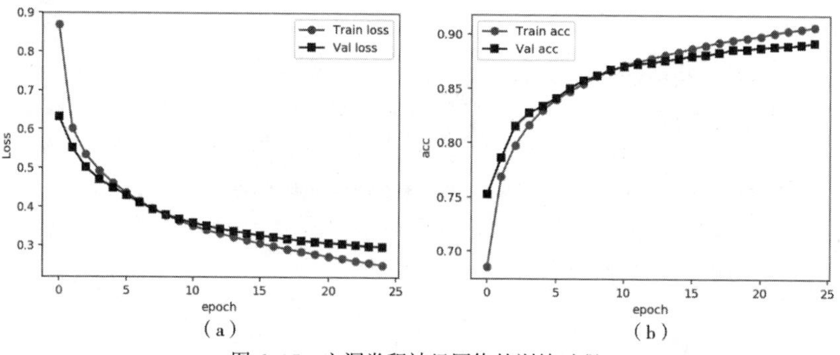

（a）　　（b）

图6–15　空洞卷积神经网络的训练过程

从模型训练过程中可以看出，损失函数在训练集上迅速减小，在验证集上先减小然后逐渐收敛到一个很小的区间，说明模型已经稳定。在训练集上的精度在一直增大，而在验证集上的精度收敛到一个小区间内。

下面使用输出的模型在测试集上进行预测，以计算模型的泛化能力，可使用如下所示的程序：

```
In[14]:## 对测试集进行预测，并可视化预测效果
    myconvdilanet.eval()
    output = myconvdilanet(test_data_x)
    pre_lab = torch.argmax(output,1)
    acc = accuracy_score(test_data_y,pre_lab)
    print(" 在测试集上的预测精度为 :",acc)
Out[14]:在测试集上的预测精度为 : 0.8838
```

从输出中可以发现模型在测试集上的预测精度为88.38%，识别精度略低于卷积神经网络。针对测试样本的预测结果，同样可以使用混淆矩阵表示，并将其可视

化，观察在每类数据上的预测情况，程序如下所示：

```
In[15]:## 计算混淆矩阵并可视化
    conf_mat = confusion_matrix(test_data_y,pre_lab)
    df_cm = pd.DataFrame(conf_mat, index=class_label,
                         columns=class_label)
    heatmap = sns.heatmap(df_cm, annot=True, fmt="d",cmap="YlGnBu")
    heatmap.yaxis.set_ticklabels(heatmap.yaxis.get_ticklabels(),
rotation=0, ha='right')
    heatmap.xaxis.set_ticklabels(heatmap.xaxis.get_ticklabels(),
rotation=45, ha='right')
    plt.ylabel('True label')
    plt.xlabel('Predicted label')
    plt.show()
```

使用上面的程序可得到如图6–16所示的混淆矩阵。

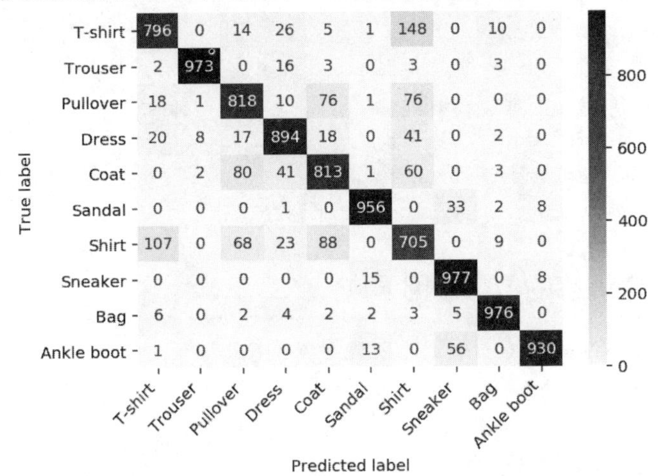

图6–16　空洞卷积网络在测试集上的混淆矩阵热力图

扫一扫，看视频

6.4　对预训练好的卷积网络微调

深度卷积神经网络模型由于其层数多，需要训练的参数多，导致从零开始训练很深的卷积神经网络非常困难，同时训练很深的网络通常需要大量的数据集，这对于设备算力不够的使用者非常不友好。幸运的是PyTorch已经提供了使用ImageNet数据集与预训练好的流行的深度学习网络，我们可以针对自己的需求，对预训练好的网络进行微调，从而快速完成自己的任务。

在本小节将会基于预训练好的VGG16网络，对其网络结构进行微调，使用自己的分类数据集，训练一个图像分类器。使用的数据集来自kaggle数据库中的10类猴子数据集，数据地址为https://www.kaggle.com/slothkong/10-monkey-species。在该数据集中包含训练数据集和验证数据集，其中训练数据集中每类约140张RGB图像，验证数据集中每类约30张图像。针对该数据集使用VGG16的卷积层和池化层的预训练好的权重，提取数据特征，然后定义新的全连接层，用于图像的分类。

首先导入该小节所需要的库和模块。

```
In[1]:import numpy as np
    import pandas as pd
    from sklearn.metrics import accuracy_score,confusion_
matrix,classification_report
    import matplotlib.pyplot as plt
    import seaborn as sns
    import hiddenlayer as hl
    import torch
    import torch.nn as nn
    from torch.optim import SGD,Adam
    import torch.utils.data as Data
    from torchvision import models
    from torchvision import transforms
    from torchvision.datasets import ImageFolder
```

6.4.1 微调预训练的VGG16网络

对于已经预训练好的VGG16网络，需要先导入网络。

```
In[2]:## 导入预训练好的 VGG16 网络
    vgg16 = models.vgg16(pretrained=True)
    ## 获取 VGG16 的特征提取层
    vgg = vgg16.features
    ## 将 VGG16 的特征提取层参数冻结，不对其进行更新
    for param in vgg.parameters():
        param.requires_grad_(False)
```

在上面的程序中，使用models.vgg16(pretrained=True)导入网络，其中参数pretrained=True表示导入的网络是使用ImageNet数据集预训练好的网络（如果第一次使用该程序，需要一定的时间从网络上下载模型）。在得到的VGG16网络中，使用vgg16.features获取VGG16网络的特征提取模块，即前面的卷积核池化层，不包括全连接层。为了提升网络的训练速度，只使用VGG16提取图像的特征，需要将VGG16的特征提取层参数冻结，不更新其权重，通过for循环和param.requires_grad_(False)即可。

VGG16特征提取层预处理结束后，可在VGG16特征提取层之后添加新的全连接层，用于图像分类，程序定义网络结构如下：

```
In[3]:## 使用 VGG16 的特征提取层+新的全连接层组成新的网络
    class MyVggModel(nn.Module):
        def __init__(self):
            super(MyVggModel,self).__init__()
            ## 预训练的 VGG16 的特征提取层
            self.vgg = vgg
            ## 添加新的全连接层
            self.classifier = nn.Sequential(
                nn.Linear(25088,512),
                nn.ReLU(),
                nn.Dropout(p=0.5),
                nn.Linear(512,256),
                nn.ReLU(),
                nn.Dropout(p=0.5),
                nn.Linear(256,10),
                nn.Softmax(dim=1)
            )
        ## 定义网络的前向传播路径
        def forward(self, x):
            x = self.vgg(x)
            x = x.view(x.size(0), -1)
            output = self.classifier(x)
            return output
```

在上面的程序中，定义了一个卷积神经网络类MyVggModel，在该网络中，包含两个大的结构，一个是self.vgg，使用预训练好的VGG16的特征提取，并且其参数的权重已经冻结；另一个是self.classifier，由三个全连接层组成，并且神经元的个数分别为512、256和10。在全连接层中使用ReLU函数作为激活函数，并通过nn.Dropout()层防止模型过拟合。在网络的前向传播函数中，由self.classifier得到输出。

可以通过下面的程序查看网络的详细结构。

```
In[4]:## 输出网络结构
    Myvggc = MyVggModel()
    print(Myvggc)
Out[4]:MyVggModel(
      (vgg): Sequential(
        (0): Conv2d(3, 64, kernel_size=(3, 3), stride=(1, 1),
```

```
padding=(1, 1))
          (1): ReLU(inplace)
          (2): Conv2d(64, 64, kernel_size=(3, 3), stride=(1, 1),
padding=(1, 1))
          (3): ReLU(inplace)
          (4): MaxPool2d(kernel_size=2, stride=2, padding=0,
dilation=1, ceil_mode=False)
          (5): Conv2d(64, 128, kernel_size=(3, 3), stride=(1, 1),
padding=(1, 1))
          (6): ReLU(inplace)
          (7): Conv2d(128, 128, kernel_size=(3, 3), stride=(1, 1),
padding=(1, 1))
          (8): ReLU(inplace)
          (9): MaxPool2d(kernel_size=2, stride=2, padding=0,
dilation=1, ceil_mode=False)
          (10): Conv2d(128, 256, kernel_size=(3, 3), stride=(1, 1),
padding=(1, 1))
          (11): ReLU(inplace)
          (12): Conv2d(256, 256, kernel_size=(3, 3), stride=(1, 1),
padding=(1, 1))
          (13): ReLU(inplace)
          (14): Conv2d(256, 256, kernel_size=(3, 3), stride=(1, 1),
padding=(1, 1))
          (15): ReLU(inplace)
          (16): MaxPool2d(kernel_size=2, stride=2, padding=0,
dilation=1, ceil_mode=False)
          (17): Conv2d(256, 512, kernel_size=(3, 3), stride=(1, 1),
padding=(1, 1))
          (18): ReLU(inplace)
          (19): Conv2d(512, 512, kernel_size=(3, 3), stride=(1, 1),
padding=(1, 1))
          (20): ReLU(inplace)
          (21): Conv2d(512, 512, kernel_size=(3, 3), stride=(1, 1),
padding=(1, 1))
          (22): ReLU(inplace)
          (23): MaxPool2d(kernel_size=2, stride=2, padding=0,
dilation=1, ceil_mode=False)
          (24): Conv2d(512, 512, kernel_size=(3, 3), stride=(1, 1),
padding=(1, 1))
          (25): ReLU(inplace)
```

```
        (26): Conv2d(512, 512, kernel_size=(3, 3), stride=(1, 1),
padding=(1, 1))
        (27): ReLU(inplace)
        (28): Conv2d(512, 512, kernel_size=(3, 3), stride=(1, 1),
padding=(1, 1))
        (29): ReLU(inplace)
        (30): MaxPool2d(kernel_size=2, stride=2, padding=0,
dilation=1, ceil_mode=False)
      )
      (classifier): Sequential(
        (0): Linear(in_features=25088, out_features=512, bias=True)
        (1): ReLU()
        (2): Dropout(p=0.5)
        (3): Linear(in_features=512, out_features=256, bias=True)
        (4): ReLU()
        (5): Dropout(p=0.5)
        (6): Linear(in_features=256, out_features=10, bias=True)
        (7): Softmax()
      )
    )
```

6.4.2 准备新网络需要的数据

在定义好卷积神经网络Myvggc后，下面需要对数据集进行准备。首先定义训练集和验证集的预处理过程，程序如下所示：

```
In[5]:## 使用10类猴子的数据集，对训练集预处理
    train_data_transforms = transforms.Compose([
        transforms.RandomResizedCrop(224),## 随机长宽比裁剪为224×224
        transforms.RandomHorizontalFlip(),## 依概率p=0.5水平翻转
        transforms.ToTensor(), ## 转化为张量并归一化至[0-1]
        ## 图像标准化处理
        transforms.Normalize([0.485, 0.456, 0.406], [0.229, 0.224, 0.225])
    ])
    ## 对验证集的预处理
    val_data_transforms = transforms.Compose([
        transforms.Resize(256),     ## 重置图像分辨率
        transforms.CenterCrop(224),## 依据给定的size从中心裁剪
        transforms.ToTensor(),      ## 转化为张量并归一化至[0-1]
        ## 图像标准化处理
```

```
        transforms.Normalize([0.485, 0.456, 0.406], [0.229, 0.224, 0.225])
    ])
```

上面的程序定义了对训练集的预处理过程train_data_transforms，从而对训练集进行数据增强，对验证集的预处理过程val_data_transforms与train_data_transforms会有一些差异，其不需要对图像进行随机翻转与随机裁剪操作。在对读入的单张图像进行预处理时，通过RandomResizedCrop()对图像进行随机裁剪，使用RandomHorizontalFlip()将图像依概率p=0.5水平翻转，通过Resize()重置图像分辨率，通过CenterCrop()将图像按照给定的尺寸从中心裁剪，通过Normalize()将图像的像素值进行标准化处理等。

因为每类图像都分别保存在一个单独的文件夹中，所以可以使用ImageFolder()函数从文件中读取训练集和验证集，数据读取的程序如下所示：

```
In[6]:## 读取训练集图像
    train_data_dir = "data/chap6/10-monkey-species/training"
    train_data = ImageFolder(train_data_dir, transform=train_data_
transforms)
    train_data_loader = Data.DataLoader(train_data,batch_size=32,
                                        shuffle=True,num_workers=2)
    ## 读取验证集
    val_data_dir = "data/chap6/10-monkey-species/validation"
    val_data = ImageFolder(val_data_dir, transform=val_data_
transforms)
    val_data_loader = Data.DataLoader(val_data,batch_size=32,
                                      shuffle=True,num_workers=2)
    print(" 训练集样本数 :",len(train_data.targets))
    print(" 验证集样本数 :",len(val_data.targets))
Out[6]: 训练集样本数 : 1097
       验证集样本数 : 272
```

上面的程序在读取图像后，分别使用Data.DataLoader()函数，将训练集和测试集处理为数据加载器train_data_loader和val_data_loader，并且每个batch包含32张图像。从输出结果可以发现，训练集有1097个样本，验证集有272个样本。

下面我们获取训练集的一个batch图像，然后将获取的32张图像进行可视化，观察数据中图像的内容。

```
In[7]:##  获得一个 batch 的数据
    for step, (b_x, b_y) in enumerate(train_data_loader):
        if step > 0:
            break
    ## 可视化训练集其中一个 batch 的图像
```

```
    mean = np.array([0.485, 0.456, 0.406])
    std = np.array([0.229, 0.224, 0.225])
    plt.figure(figsize=(12,6))
    for ii in np.arange(len(b_y)):
        plt.subplot(4,8,ii+1)
        image = b_x[ii,:,:,:].numpy().transpose((1, 2, 0))
        image = std * image + mean
        image = np.clip(image, 0, 1)
        plt.imshow(image)
        plt.title(b_y[ii].data.numpy())
        plt.axis("off")
    plt.subplots_adjust(hspace = 0.3)
```

上面的程序在获取了一个batch图像后，在可视化前，需要将图像每个通道的像素值乘以对应的标准差并加上对应的均值，最后得到的可视化图像如图6-17所示。

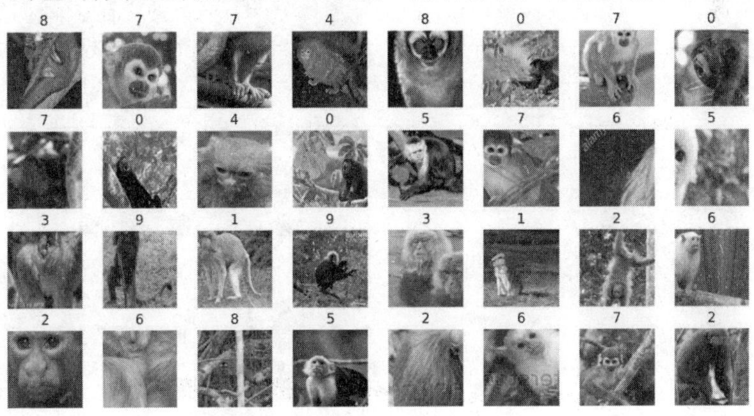

图 6-17　使用数据的部分样本

6.4.3　微调网络的训练和预测

为了验证准备好的网络的泛化能力，使用训练集对网络进行训练，使用验证集验证。模型在训练时使用Adam优化算法，损失函数使用nn.CrossEntropyLoss()交叉熵损失。在训练过程中使用HiddenLayer库可视化网络在训练集和验证集上的表现。

```
In[8]:## 定义优化器
    optimizer = torch.optim.Adam(Myvggc.parameters(), lr=0.003)
    loss_func = nn.CrossEntropyLoss()    ## 损失函数
    ## 记录训练过程的指标
    history1 = hl.History()
    ## 使用 Canvas 进行可视化
    canvas1 = hl.Canvas()
```

```
## 对模型进行迭代训练，对所有的数据训练 epoch 轮
for epoch in range(10):
    train_loss_epoch = 0
    val_loss_epoch = 0
    train_corrects =0
    val_corrects = 0
    ## 对训练数据的加载器进行迭代计算
    Myvggc.train()
    for step, (b_x, b_y) in enumerate(train_data_loader):
        ## 计算每个 batch 的损失
        output = Myvggc(b_x)              ## CNN 在训练 batch 上的输出
        loss = loss_func(output, b_y)  ## 交叉熵损失函数
        pre_lab = torch.argmax(output,1)
        optimizer.zero_grad()             ## 每个迭代步的梯度初始化为 0
        loss.backward()                   ## 损失的后向传播，计算梯度
        optimizer.step()                  ## 使用梯度进行优化
        train_loss_epoch += loss.item() * b_x.size(0)
        train_corrects += torch.sum(pre_lab == b_y.data)
    ## 计算一个 epoch 的损失和精度
    train_loss = train_loss_epoch / len(train_data.targets)
    train_acc = train_corrects.double() / len(train_data.targets)
    ## 计算在验证集上的表现
    Myvggc.eval()
    for step, (val_x, val_y) in enumerate(val_data_loader):
        output = Myvggc(val_x)
        loss = loss_func(output, val_y)
        pre_lab = torch.argmax(output,1)
        val_loss_epoch += loss.item() * val_x.size(0)
        val_corrects += torch.sum(pre_lab == val_y.data)
    ## 计算一个 epoch 的损失和精度
    val_loss = val_loss_epoch / len(val_data.targets)
    val_acc = val_corrects.double() / len(val_data.targets)
    ## 保存每个 epoch 上的输出 loss 和 acc
    history1.log(epoch,train_loss=train_loss,
                 val_loss = val_loss,
                 train_acc = train_acc.item(),
                 val_acc = val_acc.item()
                )
    ## 可视化网络训练的过程
    with canvas1:
```

```
        canvas1.draw_plot([history1["train_loss"],history1["val_loss"]])
        canvas1.draw_plot([history1["train_acc"],history1["val_acc"]])
```

使用上面的程序对模型训练10个epoch，在训练过程中，动态可视化模型的损失函数和识别精度的变化情况如图6-18所示。

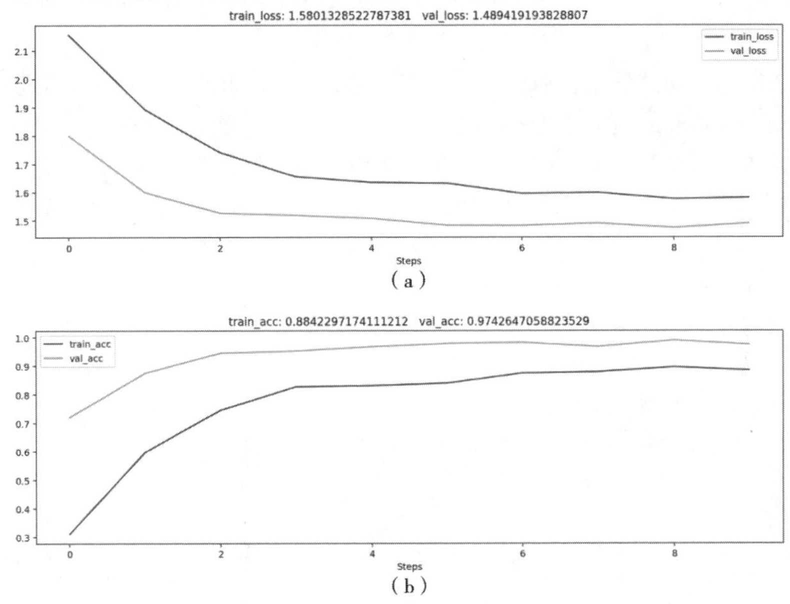

图6-18　VGG16微调模型的训练过程

图6-18（a）是训练集和验证集损失函数的变化情况，图6-18（b）是训练集和验证集识别精度变化情况。网络经过训练后，最终预测结果保持稳定，并且在验证集上的精度高于在训练集上的高度，在验证集上的损失低于在训练集上的损失。

6.5　卷积神经网络进行情感分类

卷积神经网络不仅在计算机视觉领域应用广泛，在自然语言处理领域同样有应用，如TextCNN卷积神经网络模型就是对自然语言进行分类的模型。在本小节将会建立一个和TextCNN网络结构相似的深度学习网络，用于对电影影评数据的情感分类。使用的影评数据来自https://www.kaggle.com/iarunava/imdb-movie-reviews-dataset，即IMDB的电影评论数据。该数据集共有5万条评论，其中25000条是训练数据，25000条是测试数据，数据下载后包括train和test两个数据集，其中数据的形式如图6-19所示。

扫一扫，看视频

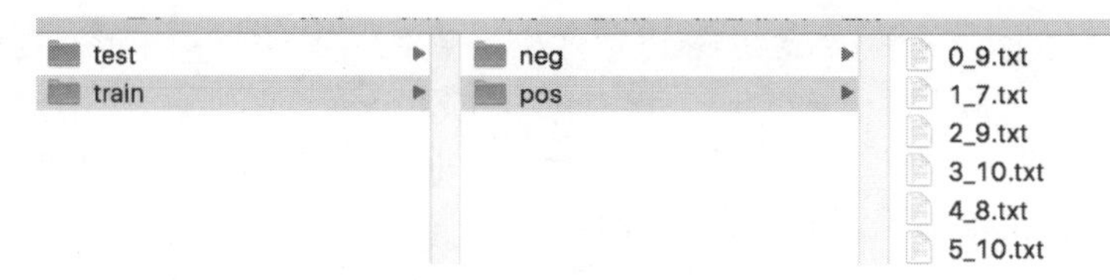

图 6-19　影评数据文件保存形式

训练数据和测试数据分别在不同的文件夹中，train和test文件夹中分别同时包含有pos（正向）和neg（负向）两种评论。在pos和neg文件夹中，每一个.txt文件包含一条评论。由于每个文本文件中的评论都是原始数据，而且长短不一，所以在使用卷积神经网络模型之前，需要对数据进行预处理，将数据整理为PyTorch更容易使用的形式。

首先导入需要的Python库和相关模块。

```
In[1]:## 导入本节所需要的模块
    import numpy as np
    import pandas as pd
    import matplotlib.pyplot as plt
    import os
    import re
    import string
    import nltk
    from nltk.corpus import stopwords
    from nltk.tokenize import word_tokenize
    from nltk.stem import PorterStemmer
    import seaborn as sns
    from wordcloud import WordCloud
    import time
    import copy
    import torch
    from torch import nn
    import torch.nn.functional as F
    import torch.optim as optim
    from torchvision import transforms
    from torchtext import data
    from torchtext.vocab import Vectors, GloVe
```

在上面导入的库和模块中，使用nltk库对文本进行清洗等预处理操作，torchtext库会将清洗后的文本处理为PyTorch可使用的张量数据形式。

6.5.1 文本数据预处理与探索

在文本数据的预处理与探索阶段，主要是为了能够更方便地在深度网络中使用数据，并且在预处理阶段会通过去除停用词等操作，进一步保留文本中的有用信息，排除干扰信息等。

```
In[2]:## 定义读取训练数据和测试数据的函数
    def load_text_data(path):
        ## 获取文件夹的最后一个字段
        text_data = []
        label = []
        for dset in ["pos","neg"]:
            path_dset = os.path.join(path,dset)
            path_list = os.listdir(path_dset)
            ## 读取文件夹下的pos或neg文件
            for fname in path_list:
                if fname.endswith(".txt"):
                    filename = os.path.join(path_dset,fname)
                    with open(filename) as f:
                        text_data.append(f.read())
                if dset == "pos":
                    label.append(1)
                else:
                    label.append(0)
        ## 输出读取的文本和对应的标签
        return np.array(text_data),np.array(label)
    ## 读取训练集和测试集
    train_path = "data/chap6/imdb/train"
    train_text,train_label = load_text_data(train_path)
    test_path = "data/chap6/imdb/test"
    test_text,test_label = load_text_data(test_path)
    print(len(train_text),len(train_label))
    print(len(test_text),len(test_label))
Out[2]:25000 25000
       25000 25000
```

在上面的程序中，首先定义了load_text_data()函数，该函数可以通过指定训练集或测试集的文件夹路径，分别读取路径pos和neg下的所有文本文件，并且将pos文件夹下的文件生成正向标签为1，neg文件夹下的文件生成负向标签为0，最后将读取的文本和标签以Numpy数组的形式输出。

对文本进行预处理的第一步是将所有的英文字母转化为小写、去除数字、去除标点符号、去除多余的空格，代码如下：

```
In[3]:## 对文本数据进行预处理
     def text_preprocess(text_data):
         text_pre = []
         for text1 in text_data:
             ## 去除指定的字符“<br /><br />”
             text1 = re.sub("<br /><br />", " ", text1)
             ## 转化为小写，去除数字，去除标点符号，去除空格
             text1 = text1.lower()
             text1 = re.sub("\d+", "", text1)
             text1 = text1.translate(
                 str.maketrans("","", string.punctuation.
replace("'","")))
             text1 = text1.strip()
             text_pre.append(text1)
         return np.array(text_pre)
     train_text_pre = text_preprocess(train_text)
     test_text_pre = text_preprocess(test_text)
```

函数text_preprocess()是用来预处理文本的，该函数将输入的文本数据集中的每一条文本都使用re.sub()函数去除指定的字符，使用text1.lower()方法将字母转化为小写，使用text1.translate()函数将标点符号剔除，使用text1.strip()来去除多余的空格，之后即可得到初步预处理好的训练集train_text_pre和测试集test_text_pre。

初步的预处理并没有剔除文本中冗余的干扰信息，故需要对数据进一步处理，如去除停用词等。下面定义一个新的函数对文本的停用词等进行剔除，程序如下所示：

```
In[4]:## 文本符号化处理，去除停用词
     def stop_stem_word(datalist,stop_words):
         datalist_pre = []
         for text in datalist:
             text_words = word_tokenize(text)
             ## 去除停用词
             text_words = [word for word in text_words if not word in
stop_words]
             ## 删除带有“'”的词语，如it's
             text_words = [word for word in text_words if len(re.
findall("'",word)) == 0]
             datalist_pre.append(text_words)
         return np.array(datalist_pre)
     ## 文本符号化处理，去除停用词
```

```
    stop_words = stopwords.words("english")
    stop_words = set(stop_words)
    train_text_pre2 = stop_stem_word(train_text_pre,stop_words)
    test_text_pre2 = stop_stem_word(test_text_pre,stop_words)
    print(train_text_pre[10000])
    print("="*10)
    print(train_text_pre2[10000])
```

上面的程序使用stop_stem_word()函数对文本数据去除停用词和带有“’”的词语，如it’s等。停用词可以通过stopwords.words("english")来获得英文的常用停用词，对训练集和测试集进一步预处理后可得到新的数据集train_text_pre2和test_text_pre2。经过处理后文本内容前后如下所示：

```
Out[4]: i really liked tom barman's awtwb you just have to let it
come over you and enjoy it while it lasts and don't expect anything
it's like sitting on a caféterrace with a beer in the summer sun
and watching the people go by it definitely won't keep you pondering
afterwards that's true but that's not a prerequisite for a good film
it's just the experience during the movie that's great i felt there
were a few strands that could have been worked out a little more but
being a lynch fan i don't care that much anymore  and i loved the
style or flair of this movie it's slick but fresh and the soundtrack is
a beauty any musiclover will get his kicks out of awtwb i can assure
you i'll give it  out  musicwise  out of
==========
['really', 'liked', 'tom', 'barman', 'awtwb', 'let', 'come', 'enjoy',
'lasts', 'expect', 'anything', 'like', 'sitting', 'caféterrace',
'beer', 'summer', 'sun', 'watching', 'people', 'go', 'definitely',
'wo', 'keep', 'pondering', 'afterwards', 'true', 'prerequisite',
'good', 'film', 'experience', 'movie', 'great', 'felt', 'strands',
'could', 'worked', 'little', 'lynch', 'fan', 'care', 'much', 'anymore',
'loved', 'style', 'flair', 'movie', 'slick', 'fresh', 'soundtrack',
'beauty', 'musiclover', 'get', 'kicks', 'awtwb', 'assure', 'give',
'musicwise']
```

在上面的输出中，前半部分是没有经过预处理的文本，后半部分是经过预处理的文本。经过预处理后的文本只保留了有用的单词。

将处理后的文本转化为数据表格并保存到本地，便于在使用卷积神经网络时的数据使用，代码如下：

```
In[5]:## 将处理好的文本保存到 CSV 文件中
    texts = [" ".join(words) for words in train_text_pre2]
```

```
    traindatasave = pd.DataFrame({"text":texts,
                                  "label":train_label})
    texts = [" ".join(words) for words in test_text_pre2]
    testdatasave = pd.DataFrame({"text":texts,
                                  "label": test_label})
    traindatasave.to_csv("data/chap6/imdb_train.csv",index=False)
    testdatasave.to_csv("data/chap6/imdb_test.csv",index=False)
```

上面的程序将切分好的文本保存为数据表中的text变量，其中文本词语之间使用空格连接，文本对应的情感标签保存为label变量。

为了对文本的内容进行相关的探索性分析，可以先计算出每个影评使用的词语长度，并使用直方图可视化出其分布情况。

```
In[6]:## 将预处理好的文本数据转化为数据表
    traindata = pd.DataFrame({"train_text":train_text, "train_
word":train_text_pre2,
                              "train_label":train_label})
    ## 计算每个影评使用词的数量
    train_word_num = [len(text) for text in train_text_pre2]
    traindata["train_word_num"] = train_word_num
    ## 可视化影评词语长度的分布
    plt.figure(figsize=(8,5))
    _ = plt.hist(train_word_num,bins=100)
    plt.xlabel("word number")
    plt.ylabel("Freq")
    plt.show()
```

上述代码中pd.DataFrame()函数构建了一个数据表，并计算每个评论的用词数量，将数量保存为数据表中的train_word_num向量，接着使用直方图可视化文本长度的分布，可得到如图6-20所示的图像。

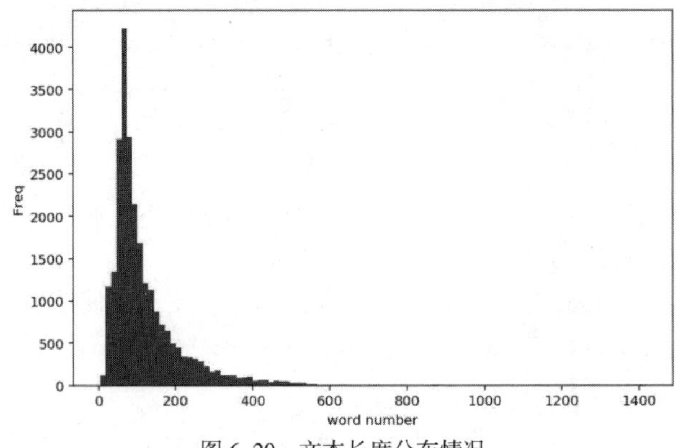

图6-20　文本长度分布情况

从图6-20中发现大部分评论用词数量小于400个词语。

下面针对训练集中正向和负向的评论，使用词云可视化它们之间的用词差异。在可视化前，会将每类影评连接为一个长文本，然后通过wordcod.generate_from_text(text)方法进行可视化，可得到如图6-21所示的图像。

```
In[7]:## 使用词云可视化两种情感的词频差异
      plt.figure(figsize=(16,10))
      for ii in np.unique(train_label):
          ## 准备每种情感的所有词语
          text = np.array(traindata.train_word[traindata.train_label == ii])
          text = " ".join(np.concatenate(text))
          plt.subplot(1,2,ii+1)
          ## 生成词云
          wordcod = WordCloud(margin=5,width=1800, height=1000,
                              max_words=500, min_font_size=5,
                              background_color='white',
                              max_font_size=250)
          wordcod.generate_from_text(text)
          plt.imshow(wordcod)
          plt.axis("off")
          if ii == 1:
              plt.title("Positive")
          else:
              plt.title("Negative")
          plt.subplots_adjust(wspace=0.05)
      plt.show()
```

（a）　　　　（b）

图6-21　影评词云图

6.5.2　TextCNN网络的建立和预测

对处理好的数据进行分类时，需要一个文本分类器，文本分类经常会使用循环神经网络，但是下面会使用卷积神经网络进行文本分类，建立一个与图6-9（TextCNN框架）相似的深度学习模型。网络的建立和预测步骤可以分为数据准备、建立网络、网络训练和预测。

1. 数据准备

前面的数据预处理过程中已经将训练集和测试集保存为csv文件，通过torchtext库将文件导入Python中，并处理为TextCNN网络能接收处理的形式。在数据准备过程中，首先使用torchtext库导入数据。

```
In[8]:## 使用 torchtext 库进行数据准备，定义文件中对文本和标签所要做的操作
    ## 定义文本切分方法，因为前面已经做过处理，所以直接使用空格切分即可
    mytokenize = lambda x: x.split()
    TEXT = data.Field(sequential=True, tokenize=mytokenize,
                      include_lengths=True, use_vocab=True,
                      batch_first=True, fix_length=200)
    LABEL = data.Field(sequential=False, use_vocab=False,
                       pad_token=None, unk_token=None)
    ## 对所要读取的数据集的列进行处理
    train_test_fields = [
        ("label", LABEL), ## 对标签的操作
        ("text", TEXT)    ## 对文本的操作
    ]
    ## 读取数据
    traindata,testdata = data.TabularDataset.splits(
        path="./data/chap6", format="csv",
        train="imdb_train.csv", fields=train_test_fields,
        test = "imdb_test.csv", skip_header=True
    )
    len(traindata),len(testdata)
Out[8]: (25000, 25000)
```

上面的程序使用data.Field()函数分别定义了文本内容和类别标签，进行处理的实例为TEXT和LABEL，然后将Field实例和数据中的变量名称相对应，组成列表train_test_fields，在读取数据时通过data.TabularDataset.splits()函数直接从指定的文件中读取训练数据和测试数据，其中使用参数fields=train_test_fields来确定数据的处理过程。例如，针对文本保持文本长度为200，使用自定义的函数mytokenize将文本转化为由多个单个词组成的向量。traindata和testdata的长度均为25000，可以表明数据已经成功读取和进行了相应的处理操作。

读取的数据可以使用.examples方法获取数据集中的样本，如获取traindata中的第一个样本可使用下面的程序：

```
In[9]:ex0 = traindata.examples[0]
    print(ex0.label)
    print(ex0.text)
```

上述程序的输出结果如下所示：

```
Out[9]:1
['bromwell', 'high', 'cartoon', 'comedy', 'ran', 'time', 'programs',
'school', 'life', 'teachers', 'years', 'teaching', 'profession',
'lead', 'believe', 'bromwell', 'high', 'satire', 'much', 'closer',
'reality', 'teachers', 'scramble', 'survive', 'financially',
'insightful', 'students', 'see', 'right', 'pathetic', 'teachers',
'pomp', 'pettiness', 'whole', 'situation', 'remind', 'schools',
'knew', 'students', 'saw', 'episode', 'student', 'repeatedly',
'tried', 'burn', 'school', 'immediately', 'recalled', 'high',
'classic', 'line', 'inspector', 'sack', 'one', 'teachers', 'student',
'welcome', 'bromwell', 'high', 'expect', 'many', 'adults', 'age',
'think', 'bromwell', 'high', 'far', 'fetched', 'pity']
```

在模型建立之前，训练数据集traindata可以使用split方法将数据集进行切分。将traindata中70%作为训练集，30%作为测试集。切分程序如下所示：

```
In[10]:## 训练集切分为训练集和测试集
     train_data, val_data = traindata.split(split_ratio=0.7)
     len(train_data),len(val_data)
Out[10]: (17500, 7500)
```

输出结果中有17500个样本作为训练集，7500个样本作为测试集。

在训练集、验证集、测试集都准备好后，下面使用训练数据集构建词表，并导入预训练好的词向量。预训练好的词向量可以通过网络下载，在提供的程序和数据中，也提供了glove.6B.100d.txt词向量文件，该词向量文件中，每个词语会使用一个100维的向量表示。

```
In[11]:## 加载预训练的词向量和构建词汇表
     vec = Vectors("glove.6B.100d.txt", "./data")
     ## 将训练集转化为词向量，使用训练集构建单词表，导入预先训练的词嵌入
     TEXT.build_vocab(train_data,max_size=20000,vectors = vec)
     LABEL.build_vocab(train_data)
     ## 训练集中的前 10 个高频词
     print(TEXT.vocab.freqs.most_common(n=10))
     print(" 词典的词数 :",len(TEXT.vocab.itos))
     print(" 前 10 个单词 :\n",TEXT.vocab.itos[0:10])
     ## 类别标签的数量和类别
     print(" 类别标签情况 :",LABEL.vocab.freqs)
```

上面的程序使用Vectors()函数导入已经预训练好的词向量，使用TEXT.build_vocab()方法通过训练数据集train_data构建此词典，并且只使用词频较大的前20000个词作为词典，参数vectors = vec表示每个词语使用已经预训练好的词向量进行初始化。并且输出了词典的前10个词语和相应的词频，输出的结果如下所示：

```
Out[11]: [('movie', 30195), ('film', 27564), ('one', 18230), ('like',
13660), ('good', 10193), ('would', 9356), ('even', 8669), ('time',
8476), ('story', 8223), ('really', 8119)]
     词典的词数： 20002
     前 10 个单词：
      ['<unk>', '<pad>', 'movie', 'film', 'one', 'like', 'good',
'would', 'even', 'time']
     类别标签情况： Counter({'1': 8762, '0': 8738})
```

从输出结果中可以发现词典的数量一共有20002个，这是因为包括了'<unk>'和'<pad>'两个词，分别表示不在词典中的词和填充词。

在自然语言处理问题中，词向量非常重要，使用词向量时，可以通过网络训练随机初始化的词向量，也可以针对不同类型的文本数据，使用已经预训练好的词向量。多数情况下，词向量的好坏会直接影响训练后模型的预测结果，对于没有GPU资源的用户，训练词向量是一个很消耗时间的过程，训练好的词向量还不一定达到预期。所以很多时候，可以优先使用已经预训练好的词向量，如英文文本可以使用GloVe训练得到的词向量或使用FastText训练的词向量等。

词典及其词向量处理好后，接下来需要将三个数据集预处理为数据加载器，用于训练和测试时的批处理，程序如下所示：

```
In[12]:## 定义一个加载器，将类似长度的示例一起批处理
     BATCH_SIZE = 32
     train_iter = data.BucketIterator(train_data,batch_size = BATCH_SIZE)
     val_iter = data.BucketIterator(val_data,batch_size = BATCH_SIZE)
     test_iter = data.BucketIterator(testdata,batch_size = BATCH_SIZE)
     ##  获得一个 batch 的数据，对数据内容进行介绍
     for step, batch in enumerate(train_iter):
         if step > 0:
             break
     ## 针对一个 batch 的数据，可以使用 batch.label 获得数据的类别标签
     print("数据的类别标签：\n",batch.label)
     ## batch.text[0] 是文本对应的标签向量
     print("数据的尺寸：",batch.text[0].shape)
     ## batch.text[1] 对应每个 batch 使用的原始数据中的索引
     print("数据样本数：",len(batch.text[1]))
Out[12]:数据的类别标签：
```

```
    tensor([1, 1, 1, 1, 1, 0, 1, 0, 0, 1, 1, 1, 1, 1, 1, 1, 1, 0, 0,
1, 0, 0, 0, 1, 0, 0, 1, 0, 0, 1, 0, 1])
    数据的尺寸：torch.Size([32, 200])
    数据样本数：32
```

将文本数据处理为数据加载器时，可以使用data.BucketIterator()函数，该函数可以将长度相似的文本处理为同一个批次。训练集中一个batch的数据包含batch.label数据的标签和batch.text文本的内容。

2. 建立网络

对准备好的数据搭建卷积神经网络模型进行文本分类，该网络可以通过一个CNN_Text()函数类完成。

```
In[13]:
    class CNN_Text(nn.Module):
        def __init__(self,vocab_size, embedding_dim, n_filters, filter_
sizes, output_dim,
                     dropout, pad_idx):
            super().__init__()
            """
            vocab_size: 词典大小；embedding_dim: 词向量维度；
            n_filters: 卷积核的个数，filter_sizes: 卷积核的尺寸；
            output_dim: 输出的维度； dropout: dropout 的比率；pad_idx: 填
充的索引
            """
            ## 对文本进行词嵌入操作
            self.embedding = nn.Embedding(vocab_size, embedding_dim,
padding_idx = pad_idx)
            ## 卷积操作
            self.convs = nn.ModuleList([
                nn.Conv2d(in_channels = 1, out_channels = n_filters,
                          kernel_size = (fs, embedding_dim)) for fs in
filter_sizes
                                        ])
            ## 全连接层和 Dropout 层
            self.fc = nn.Linear(len(filter_sizes) * n_filters, output_dim)
            self.dropout = nn.Dropout(dropout)
        def forward(self, text):
            #text = [batch size, sent len]
            embedded = self.embedding(text)
            #embedded = [batch size, sent len, emb dim]
```

```
        embedded = embedded.unsqueeze(1)
        #embedded = [batch size, 1, sent len, emb dim]
        conved = [F.relu(conv(embedded)).squeeze(3) for conv in
self.convs]
        #conved_n = [batch size, n_filters, sent len - filter_
sizes[n] + 1]
        pooled = [F.max_pool1d(conv, conv.shape[2]).squeeze(2) for
conv in conved]
        #pooled_n = [batch size, n_filters]
        cat = self.dropout(torch.cat(pooled, dim = 1))
        #cat = [batch size, n_filters * len(filter_sizes)]
        return self.fc(cat)
```

在该网络中需要输入7个参数，nn.Embedding()层对输入的文本进行词嵌入编码，通过nn.ModuleList()和nn.Conv2d()定义卷积层。在卷积层中，根据filter_sizes的大小分别进行卷积，并对卷积获得的特征进行拼接。参数n_filters指定每种尺寸的卷积核使用的数量，全连接层用于分类。在网络的前向传播过程中，使用ReLU激活函数，对卷积后的结果使用F.max_pool1d()进行最大值池化。

下面初始化网络。

```
In[14]:INPUT_DIM = len(TEXT.vocab) ## 词典的数量
    EMBEDDING_DIM = 100           ## 词向量的维度
    N_FILTERS = 100               ## 每个卷积核的个数
    FILTER_SIZES = [3,4,5]        ## 卷积核的高度
    OUTPUT_DIM = 1
    DROPOUT = 0.5
    PAD_IDX = TEXT.vocab.stoi[TEXT.pad_token] ## 填充词的索引
    model = CNN_Text(INPUT_DIM, EMBEDDING_DIM, N_FILTERS, FILTER_
SIZES, OUTPUT_DIM, DROPOUT, PAD_IDX)
    model
Out[14]:CNN_Text(
      (embedding): Embedding(20002, 100, padding_idx=1)
      (convs): ModuleList(
        (0): Conv2d(1, 100, kernel_size=(3, 100), stride=(1, 1))
        (1): Conv2d(1, 100, kernel_size=(4, 100), stride=(1, 1))
        (2): Conv2d(1, 100, kernel_size=(5, 100), stride=(1, 1))
      )
      (fc): Linear(in_features=300, out_features=1, bias=True)
      (dropout): Dropout(p=0.5)
    )
```

从model的输出中可知，网络已经定义完毕，接下来使用训练集进行训练。

3. 网络训练和预测

在网络预训练之前，可以导入已经预训练好的词向量初始化嵌入层embedding的权重，程序如下：

```
In[15]:## 将导入的词向量作为 embedding.weight 的初始值
     pretrained_embeddings = TEXT.vocab.vectors
     model.embedding.weight.data.copy_(pretrained_embeddings)
     ## 将无法识别的词 '<unk>', '<pad>' 的向量初始化为 0
     UNK_IDX = TEXT.vocab.stoi[TEXT.unk_token]
     model.embedding.weight.data[UNK_IDX] = torch.zeros(EMBEDDING_DIM)
     model.embedding.weight.data[PAD_IDX] = torch.zeros(EMBEDDING_DIM)
```

针对二分类问题，可以使用nn.BCEWithLogitsLoss()二分类交叉熵作为损失函数。下面定义网络优化器和损失函数。

```
In[16]:## Adam 优化，二分类交叉熵作为损失函数
     optimizer = optim.Adam(model.parameters())
     criterion = nn.BCEWithLogitsLoss()
```

为了方便对训练集和验证集进行训练，分别对训练集和验证集各定义一个训练函数，程序如下：

```
In[17]: ## 定义一个对数据集训练一轮的函数
      def train_epoch(model, iterator, optimizer, criterion):
          epoch_loss = 0;epoch_acc = 0
          train_corrects = 0;train_num = 0
          model.train()
          for batch in iterator:
              optimizer.zero_grad()
              pre = model(batch.text[0]).squeeze(1)
              loss = criterion(pre, batch.label.type(torch.
FloatTensor))
              pre_lab = torch.round(torch.sigmoid(pre))
              train_corrects += torch.sum(pre_lab.long() == batch.
label)
              train_num += len(batch.label) ## 样本数量
              loss.backward()
              optimizer.step()
              epoch_loss += loss.item()
          ## 所有样本的平均损失和精度
          epoch_loss = epoch_loss / train_num
```

```
        epoch_acc = train_corrects.double().item() / train_num
        return epoch_loss, epoch_acc
    ## 定义一个对数据集验证一轮的函数
    def evaluate(model, iterator, criterion):
        epoch_loss = 0;epoch_acc = 0
        train_corrects = 0;train_num = 0
        model.eval()
        with torch.no_grad(): ## 禁止梯度计算
            for batch in iterator:
                pre = model(batch.text[0]).squeeze(1)
                loss = criterion(pre, batch.label.type(torch.
FloatTensor))
                pre_lab = torch.round(torch.sigmoid(pre))
                train_corrects += torch.sum(pre_lab.long() == batch.
label)
                train_num += len(batch.label) ## 样本数量
                epoch_loss += loss.item()
            ## 所有样本的平均损失和精度
            epoch_loss = epoch_loss / train_num
            epoch_acc = train_corrects.double().item() / train_num
        return epoch_loss, epoch_acc
```

上面的程序中train_epoch()函数是对训练集的训练函数，evaluate()函数是计算验证集预测精度和损失的函数，两个函数均会输出计算一轮后的损失函数和预测精度，在定义好两个函数后，下面就可以对训练集进行训练，并使用验证集进行监督，以防止网络过拟合。

```
In[18]: ## 使用训练集训练模型，使用验证集测试模型
      EPOCHS = 10
      best_val_loss = float("inf")
      best_acc  = float(0)
      for epoch in range(EPOCHS):
          start_time = time.time()
          train_loss, train_acc = train_epoch(model, train_iter,
optimizer, criterion)
          val_loss, val_acc = evaluate(model, val_iter, criterion)
          end_time = time.time()
          print("Epoch:" ,epoch+1 ,"|" ,"Epoch Time: ",end_time -
start_time, "s")
          print("Train Loss:", train_loss, "|" ,"Train Acc: ",train_acc)
          print("Val. Loss: ",val_loss, "|",  "Val. Acc: ",val_acc)
```

```
            ## 保存效果较好的模型
            if (val_loss < best_val_loss) & (val_acc > best_acc):
                best_model_wts = copy.deepcopy(model.state_dict())
                best_val_loss = val_loss
                best_acc = val_acc
        ## 将最好模型的参数重新赋值给 model
        model.load_state_dict(best_model_wts)
```

在上述的程序中，每经过一个epoch的训练后，会通过判断验证集的损失和精度是否为当前最优的结果，将网络model的权重进行保存，所以best_model_wts会保存在验证集上精度最高损失最小情况下的model权重，待所有的epoch训练结束后，通过model.load_state_dict(best_model_wts)操作，将最好的模型参数重新赋值给model。网络的训练过程如下所示：

```
Out[18]:Epoch: 1 | Epoch Time:  73.2090470790863 s
      Train Loss: 0.014242183188029698 | Train Acc:  0.7763428571428571
      Val. Loss:  0.010306071727474453 | Val. Acc:  0.8613333333333333
      ...
      Epoch: 10 | Epoch Time:  81.6749849319458 s
      Train Loss: 0.00018022303304335635 | Train Acc:
0.9984571428571428
      Val. Loss:  0.022243973833074172 | Val. Acc:  0.8701333333333333
```

网络训练结束后，通过evaluate()函数计算训练好的模型在测试集上的预测效果，程序如下所示：

```
In[19]: ## 使用 evaluate 函数对测试集进行预测
      test_loss, test_acc = evaluate(model, test_iter, criterion)
      print(" 在测试集上的预测精度为 :", test_acc)
Out[20]: 在测试集上的预测精度为 : 0.8634
```

从输出结果可知，训练好的卷积神经网络用于文本分类时，在测试集上的识别精度为86.34%。

6.6　使用预训练好的卷积网络

扫一扫，看视频

本小节将会介绍如何利用已经预训练好的卷积神经网络模型，对一张图像进行预测，并且通过可视化的方法，查看模型是如何得到其预测结果的。

首先导入本节所需要的库和模块。

```
In[1]:## 导入本节所需要的模块
```

```
import numpy as np
import pandas as pd
import matplotlib.pyplot as plt
import requests
import cv2
import torch
from torch import nn
import torch.nn.functional as F
from torchvision import models
from torchvision import transforms
from PIL import Image
```

下面使用已经预训练好的卷积神经网络模型完成三个任务。

(1)获取VGG16针对一张图像的中间特征输出，并将其可视化。在很多应用中，已经预训练的深度学习网络可以作为数据的特征提取器，在网络中，不同层的特征映射，对图形是在不同尺度上的特征提取。

(2)输出预训练好的VGG16网络对图像进行预测结果，已经预训练好的深度学习网络可以直接用来预测输入的图像的类别。

(3)可视化图像的类激活热力图。类激活图(Class Activation Map，CAM)可视化，它是指对生成的图像生成类激活热力图。类激活热力图是与特定类别相关的二维分数网格(以热力图的形式)可视化的图像，对任何输入图像的每个位置都要计算该位置对预测类别的重要程度，然后将这种重要程度使用热力图进行可视化。计算方法是给定一张输入图像，对一个卷积层的输出特征，通过计算类别对应于每个通道的梯度，使用梯度将输出特征的每个通道进行加权。

6.6.1 获取中间特征进行可视化

看一个实例，利用已经预训练好的VGG16卷积神经网络对一张图像获取一些特定层的输出，并将这些输出可视化，并观察VGG16对图像的特征提取情况，首先导入预训练好的VGG16。

```
In[2]:## 导入预训练好的 VGG16 网络
    vgg16 = models.vgg16(pretrained=True)
```

模型导入后，从文件中读取一张图像，用于演示如何从图像中获取特定的特征映射，图像的读取和可视化程序如下所示：

```
In[3]:## 读取一张图片，并对其进行可视化
    im = Image.open("data/chap6/ 大象 .jpg")
    imarray = np.asarray(im) / 255.0
    plt.figure()
```

```
    plt.imshow(imarray)
    plt.show()
```

通过PIL库读取图像，并转化为Numpy数组后，使用matplotlib库进行可视化，得到的图像如图6–22所示，其为从ImageNet数据集中抽取的一张图像。

图6–22 用于演示的图像可视化结果

图像输入VGG16模型之前，需要对该图像进行预处理，将其处理为网络可接受的输入，可使用下面的程序进行处理：

```
In[4]:## 将一张图像处理为 VGG16 网络可以处理的形式
    data_transforms = transforms.Compose([
        transforms.Resize((224,224)),## 重置图像分辨率
        transforms.ToTensor(),       ## 转化为张量并归一化至 [0-1]
        transforms.Normalize([0.485, 0.456, 0.406], [0.229, 0.224,
0.225])
    ])
    input_im = data_transforms(im).unsqueeze(0)
    print("input_im.shape:",input_im.shape)
Out[4]:input_im.shape: torch.Size([1, 3, 224, 224])
```

上面的程序通过transforms的相关方法，将RGB图像转化为224 × 224的大小，并进行标准化。从图像输出尺寸为[1, 3, 224, 224]可知，已经将其处理为一个四维张量，表示一个batch包含一张224 × 224的RGB图像。

在获取图像的中间特征之前，先定义一个辅助函数get_activation，该函数可以更方便地获取、保存所需要的中间特征输出。

```
In[5]:## 定义一个辅助函数，来获取指定层名称的特征
    activation = {} ## 保存不同层的输出
    def get_activation(name):
        def hook(model, input, output):
            activation[name] = output.detach()
```

```
        return hook
```

针对上述图像，获取网络中第四层，即经过第一次最大值池化后的特征映射，可使用下面的程序：

```
In[6]:## 获取中间的卷积后的图像特征
    vgg16.eval()
    ##  获取网络中第四层，经过第一次最大值池化后的特征映射
    vgg16.features[4].register_forward_hook(get_activation("maxpool1"))
    _ = vgg16(input_im)
    maxpool1 = activation["maxpool1"]
    print(" 获取特征的尺寸为 :",maxpool1.shape)
Out[6]: 获取特征的尺寸为 : torch.Size([1, 64, 112, 112])
```

上面的程序通过钩子技术，即vgg16.features[4].register_forward_hook()，获取vgg16.features下的第四层向前输出结果，并将结果保存在字典activation下maxpool1所对应的结果。从输出中可知一张图像获取了64个112 × 112的特征映射，将特征映射可视化的程序如下所示，可得到如图6–23所示的图像。

```
In[7]:## 对中间层进行可视化，可视化 64 个特征映射
    plt.figure(figsize=(11,6))
    for ii in range(maxpool1.shape[1]):
        ## 可视化每张手写体
        plt.subplot(6,11,ii+1)
        plt.imshow(maxpool1.data.numpy()[0,ii,:,:],cmap="gray")
        plt.axis("off")
    plt.subplots_adjust(wspace=0.1, hspace=0.1)
    plt.show()
```

图 6–23　第四层的特征映射

从图6-23所示的结果发现，很多特征映射都能分辨出原始图形所包含的内容，反映了网络中的较浅层能够获取图像的较大粒度的特征。

接下来将获取更深层次的特征映射，获取vgg16.features[21]层的输出程序如下：

```
In[8]:## 获取更深层次的卷积后的图像特征
    vgg16.eval()
    vgg16.features[21].register_forward_hook(get_activation("layer21_conv"))
    _ = vgg16(input_im)
    layer21_conv = activation["layer21_conv"]
    print(" 获取特征的尺寸为 :",layer21_conv.shape)
Out[8]: 获取特征的尺寸为 : torch.Size([1, 512, 28, 28])
```

从上面程序的输出结果中可以发现共得到了512张28 × 28的特征映射。下面将前72个特征映射进行可视化查看，得到如图6-24所示的图像。

```
In[9]:## 对中间层进行可视化，只可视化前 72 个特征映射
    plt.figure(figsize=(12,6))
    for ii in range(72):
        ## 可视化每张手写体
        plt.subplot(6,12,ii+1)
        plt.imshow(layer21_conv.data.numpy()[0,ii,:,:],cmap="gray")
        plt.axis("off")
    plt.subplots_adjust(wspace=0.1, hspace=0.1)
    plt.show()
```

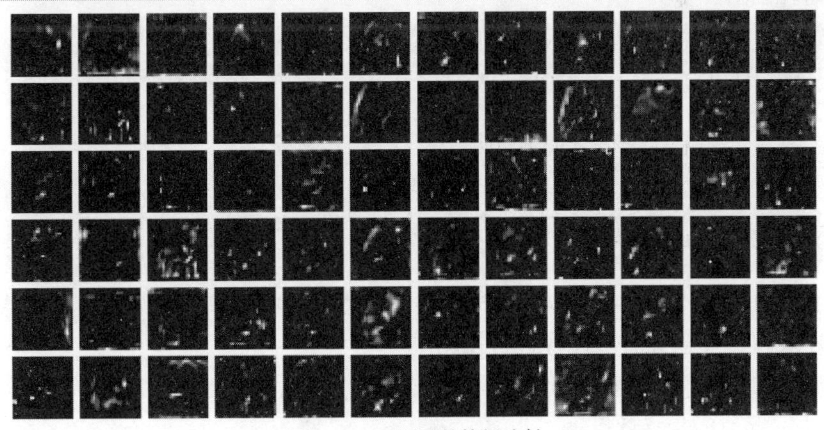

图6-24　更深层的特征映射

从图6-24中可以发现更深层次的映射已经不能分辨出图像的具体内容，说明更深的特征映射能从图像中提取更细粒度的特征。

6.6.2 预训练的VGG16预测图像

针对已经预训练好的卷积神经网络，导入模型后，可以直接使用该模型对图像数据进行预测，输出图像所对应的类别。图6-25所对应的网站中包含着ImageNet图像用于图像分类的1000个类别标签，这也是PyTorch中预训练模型所对应的类别标签。下面将使用预训练好的VGG16网络，对图6-22（大象图像）进行预测。在进行预测之前，首先需要读取VGG16模型对应的1000个标签，并将其预处理。

图 6-25 ImageNet 图像用于图像分类的 1000 个类别标签

图6-25是针对ImageNet数据中，用于图像分类的1000个类别标签数据所在网页的内容截图。

```
In[10]:## 获取 VGG16 模型训练时对应的 1000 个类别标签
    LABELS_URL = "https://s3.amazonaws.com/outcome-blog/imagenet/
labels.json"
    ## 从网页链接中获取类别标签
    response = requests.get(LABELS_URL)
    labels = {int(key): value for key, value in response.json().
items()}
```

上面的程序从网页中读取了数据的类别标签，并将标签整理为字典的形式。接下来导入VGG16模型并对图像进行预测。

```
In[11]:## 使用 VGG16 网络预测图像的种类
    vgg16.eval()
    im_pre = vgg16(input_im)
    ## 计算预测 top-5 的可能性
    softmax = nn.Softmax(dim=1)
    im_pre_prob = softmax(im_pre)
    prob,prelab = torch.topk(im_pre_prob,5)
```

```
        prob = prob.data.numpy().flatten()
        prelab = prelab.numpy().flatten()
        for ii,lab in enumerate(prelab):
            print("index: ", lab ," label: ",labels[lab]," ||",prob[ii])
```

上面的程序输出了预测可能性最大的前5个类别，得到的结果如下所示：

```
Out[11]:index:  101  label:  tusker  || 0.48892713
        index:  385  label:  Indian elephant, Elephas maximus  ||
0.35237467
        index:  386  label:  African elephant, Loxodonta africana  ||
0.15866028
        index:  346  label:  water buffalo, water ox, Asiatic buffalo,
Bubalus bubalis  || 2.2302525e-05
        index:  345  label:  ox  || 3.4414245e-06
```

在预测结果中，预测概率最大的是第101类tusker（长牙动物），可能性为48.89%，第二类则是印度象，可能性为35.23%。

6.6.3　可视化图像的类激活热力图

针对一幅图像使用已经预训练好的深度学习网络，为了便于观察图像中哪些位置的内容对分类结果影响较大，可以输出图像的类激活热力图。计算图像类激活热力图数据，可以使用卷积神经网络中最后一层网络输出和其对应的梯度，但需要先定义一个新的网络，并且输出网络的卷积核梯度。

```
In[12]: ## 定义一个能够获得最后的卷积层输出和梯度的新网络
        class MyVgg16(nn.Module):
            def __init__(self):
                super(MyVgg16, self).__init__()
                ## 使用预训练好的 VGG16 模型
                self.vgg = models.vgg16(pretrained=True)
                ## 切分 VGG16 模型，便于获取卷积层的输出
                self.features_conv = self.vgg.features[:30]
                ## 使用原始的最大值池化层
                self.max_pool = self.vgg.features[30]
                self.avgpool = self.vgg.avgpool
                ## 使用 VGG16 的分类层
                self.classifier = self.vgg.classifier
                ## 生成梯度占位符
                self.gradients = None
            ## 获取梯度的钩子函数
            def activations_hook(self, grad):
```

```
            self.gradients = grad

        def forward(self, x):
            x = self.features_conv(x)
            ## 注册钩子
            h = x.register_hook(self.activations_hook)
            ## 对卷积后的输出使用最大值池化
            x = self.max_pool(x)
            x = self.avgpool(x)
            x = x.view((1, -1))
            x = self.classifier(x)
            return x
        ## 获取梯度的方法
        def get_activations_gradient(self):
            return self.gradients

        ## 获取卷积层输出的方法
        def get_activations(self, x):
            return self.features_conv(x)
```

上面的程序定义了一个新的函数类MyVgg16，其使用预训练好的VGG16网络为基础，用于获取图像在全连接层前的特征映射和对应的梯度信息。在MyVgg16中定义activations_hook()函数来辅助获取图像在对应层的梯度信息，并定义get_activations_gradient()方法来获取梯度。在forward()函数中，使用x.register_hook()注册一个钩子，保存最后一层的特征映射的梯度信息，并使用get_activations()方法获取特征映射的输出。

接下来使用定义好的函数类MyVgg16初始化一个新的卷积神经网络vggcam，并对前面预处理好的图像进行预测。

```
In[13]: ## 初始化网络
        vggcam = MyVgg16()
        ## 设置网络的模式
        vggcam.eval()
        ## 计算网络对图像的预测值
        im_pre = vggcam(input_im)
        ## 计算预测 top-5 的可能性
        softmax = nn.Softmax(dim=1)
        im_pre_prob = softmax(im_pre)
        prob,prelab = torch.topk(im_pre_prob,5)
        prob = prob.data.numpy().flatten()
```

```
        prelab = prelab.numpy().flatten()
        for ii,lab in enumerate(prelab):
            print("index: ", lab ," label: ",labels[lab]," ||",prob[ii])

Out[13]:index:  101  label:  tusker  || 0.48892713
        index:  385  label:  Indian elephant, Elephas maximus  || 0.35237467
        index:  386  label:  African elephant, Loxodonta africana  ||
0.15866028
        index:  346  label:  water buffalo, water ox, Asiatic buffalo,
Bubalus bubalis  || 2.2302525e-05
        index:  345  label:  ox  || 3.4414245e-06
```

这里预测结果和前面的一样，可能性最大的是第101个编号。下面开始计算需要的特征映射与梯度信息。

```
In[14]: ## 获取相对于模型参数的输出梯度
        im_pre[:, prelab[0]].backward()
        ## 获取模型的梯度
        gradients = vggcam.get_activations_gradient()
        ## 计算梯度相应通道的均值
        mean_gradients = torch.mean(gradients, dim=[0, 2, 3])
        ## 获取图像在相应卷积层输出的卷积特征
        activations = vggcam.get_activations(input_im).detach()
        ## 每个通道乘以相应的梯度均值
        for i in range(len(mean_gradients)):
            activations[:, i, :, :] *= mean_gradients[i]
        ## 计算所有通道的均值输出得到热力图
        heatmap = torch.mean(activations, dim=1).squeeze()
        ## 使用 relu 函数作用于热力图
        heatmap = F.relu(heatmap)
        ## 对热力图进行标准化
        heatmap /= torch.max(heatmap)
        heatmap = heatmap.numpy()
        ## 可视化热力图
        plt.matshow(heatmap)
```

上面的程序在使用vggcam.get_activations_gradient()方法获取梯度信息gradients后，将每个通道的梯度信息计算均值，针对512张特征映射得到了512个值，然后将特征映射的每个通道乘以相应的梯度均值，在经过ReLU函数运算后即可得到类激活热力图的取值heatmap，将heatmap的取值处理到0~1之间，即可对其进行可视化，得到如图6-26所示的类激活热力图。

直接观察图像的类激活热力图，并不能很好地反应原始图像中哪些地方的内容对图像的分类结果影响更大。所以针对获得的类激活热力图可以将其和原始图像融合，更方便观察图像中对分类结果影响更大的图像内容。

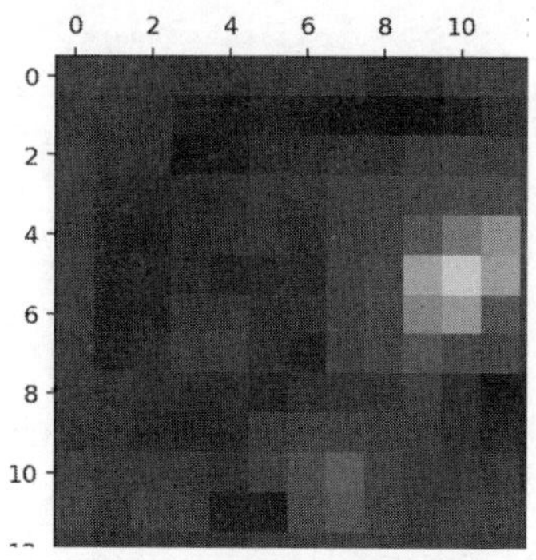

图 6–26　图像的类激活热力图

```
In[15]: ## 将 CAM 热力图融合到原始图像上
        img = cv2.imread("data/chap6/ 大象 .jpg")
        heatmap = cv2.resize(heatmap, (img.shape[1], img.shape[0]))
        heatmap = np.uint8(255 * heatmap)
        heatmap = cv2.applyColorMap(heatmap, cv2.COLORMAP_JET)
        Grad_cam_img = heatmap * 0.4 + img
        Grad_cam_img = Grad_cam_img / Grad_cam_img.max()
        ## 可视化图像
        b,g,r = cv2.split(Grad_cam_img)
        Grad_cam_img = cv2.merge([r,g,b])
        plt.figure()
        plt.imshow(Grad_cam_img)
        plt.show()
```

使用上面的程序将类激活热力图和原始图像融合后，可得到如图6–27所示的图像。

图 6–27　类激活热力图和原始图像融合

图6-27显示了预测结果响应的主要位置，图像中大象头部和牙齿处的内容对预测的结果影响更大。

针对其他图像，也可以使用相同的方式来可视化类激活热力图，如图6-28所示的可视化结果是针对一幅老虎图像得到的类激活热力图，图像来自ImageNet数据集。

图6-28 老虎图像的类激活热力图

6.7 本章小结

本章主要介绍了深度学习中卷积神经网络及其应用。针对卷积神经网络不仅在图像处理、计算机视觉领域有很好的效果，在自然语言处理领域也有相关的应用。本章首先介绍了常用的卷积操作，如空洞卷积、转置卷积以及对文本操作的卷积，然后介绍了常用的卷积神经网络，如对图像进行分类的LeNet-5、AlexNet、VGG网络、GoogLeNet等，并且介绍了TextCNN对文本进行卷积分类的网络。

第7章 循环神经网络

循环神经网络(Recurrent Neural Network，RNN)与卷积神经网络一样，都是深度学习中的重要部分。

循环神经网络可以看作一类具有短期记忆能力的神经网络。在循环神经网络中，神经元不但可以接收其他神经元的信息，也可以接收自身的信息，形成具有环路的网络结构，正因为能够接收自身神经元信息的特点，让循环神经网络具有更强的记忆能力。

卷积神经网络和全连接网络的数据表示能力已经非常强了，为什么还需要RNN呢？这是因为现实世界中面临的问题更加复杂，而且很多数据的输入顺序对结果有重要影响。如文本数据，其是字母和文字的组合，先后顺序具有非常重要的意义。语音数据、视频数据，这些数据如果打乱了原始的时间顺序，就会无法正确表示原始的信息。针对这种情况，与其他神经网络相比，循环神经网络因其具有记忆能力，所以更加有效。循环神经网络已经被广泛应用在语音识别、语言模型以及自然语言生成、文本情感分类等任务上。

7.1 常见的循环神经网络结构

针对有序数据，如文本、语音等，使用循环神经网络进行分析相关问题的核心思想是，网络中不同时间的输入之间会存在顺序关系，每个输入和它之前或者之后的输入存在关联，希望通过循环神经网络在时序上找到样本之间的序列相关性。

最常见、最基本的循环神经网络有RNN、LSTM（长短期记忆）和GRU等，其中GRU可看作LSTM的简化版本，在PyTorch中提供了这三种循环神经网络结构，可直接调用其函数类。下面将会使用示意图分别介绍三种常用循环网络的结构和特点。

7.1.1 RNN

RNN循环神经网络用torch.nn.RNN()来构建。图7-1所示为RNN的简单网络示意图。图中展示了RNN中基础的链接结构，针对t时刻的隐状态h_t，可以由下面的公式进行计算：

$$h_t = \sigma(W_{ih}x_t + b_{ih} + W_{hh}h_{t-1} + b_{hh})$$

式中，h_t是t时刻的隐藏状态；x_t是t时刻的输入；h_{t-1}是$t-1$时刻的隐藏状态；W_{ih}是输入到隐藏层的权重；W_{hh}是隐藏层到隐藏层的权重；b_{ih}是输入到隐藏层的偏置；b_{hh}是隐藏层到隐藏层的偏置；σ表示激活函数，在PyTorch中可以使用Tanh或者ReLU激活函数。

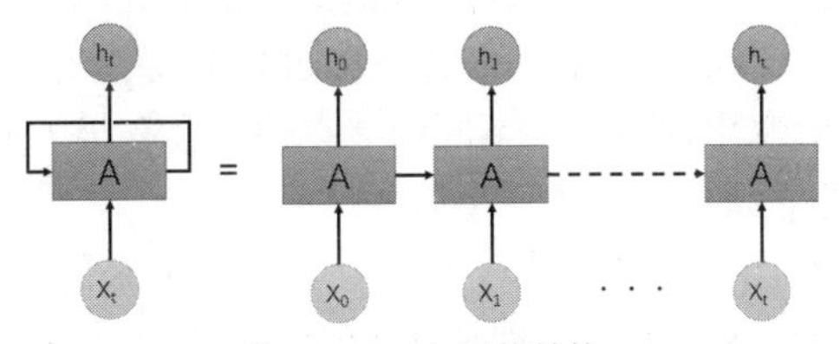

图 7-1 RNN 网络结构

虽然在对序列数据进行建模时，RNN对信息有一定的记忆能力，但是单纯的RNN会随着递归次数的增加，出现权重指数级爆炸或消失的问题，从而难以捕捉长时间的关联，并且导致RNN训练时收敛困难，而LSTM网络则通过引入门的机制，使网络具有更强的记忆能力，弥补了RNN网络的一些缺点。

7.1.2 LSTM

LSTM（Long Short-Term Memory）网络又叫作长短期记忆网络，是一种特殊的RNN，主要用于解决长序列训练过程中的梯度消失和梯度爆炸问题，相比普通的RNN网络，LSTM能够在更长的序列中获得更好的分析效果。其简单的网络结构如图7-2所示。

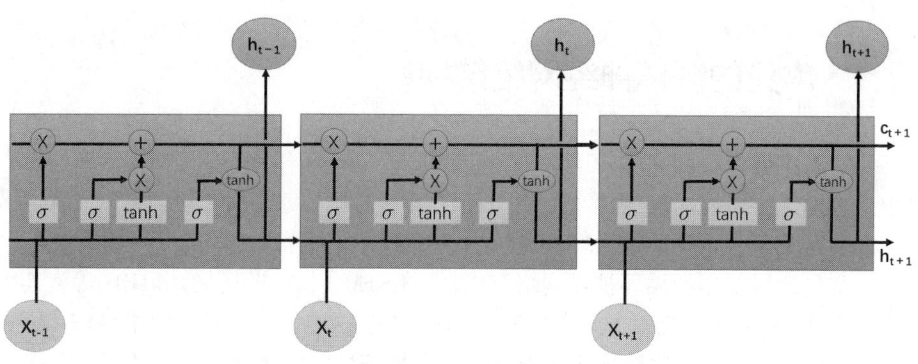

图 7-2　LSTM 网络结构

在LSTM网络中，每个LSTM单元针对输入进行下面函数的计算：

$$i_t = \sigma\left(W_{ii}x_t + b_{ii} + W_{hi}h_{t-1} + b_{hi}\right)$$
$$f_t = \sigma\left(W_{if}x_t + b_{if} + W_{hf}h_{t-1} + b_{hf}\right)$$
$$g_t = \tanh\left(W_{ig}x_t + b_{ig} + W_{hg}h_{t-1} + b_{hg}\right)$$
$$o_t = \sigma\left(W_{io}x_t + b_{i0} + W_{ho}h_{t-1} + b_{ho}\right)$$
$$c_t = f_t \times c_{t-1} + i_t \times g_t$$
$$h_t = o_t \times \tanh\left(c_t\right)$$

式中，h_t是t时刻的隐藏状态（hidden state）；c_t是t时刻的元组状态（cell state）；x_t是t时刻的输入；h_{t-1}是$t-1$时刻的隐藏状态，初始时刻的隐藏状态为0；i_t, f_t, g_t, o_t分别是输入门、遗忘门、选择门和输出门；σ表示sigmoid激活函数。在每个单元的传递过程中，通常c_t是上一个状态传过来的c_{t-1}加上一些数值，其改变的速度较慢，而h_t的取值变化则较大，不同的节点往往会有很大的区别。

LSTM在信息处理方面主要分为三个阶段：

（1）遗忘阶段。这个阶段主要是对上一个节点传进来的输入进行选择性忘记，会“忘记不重要的，记住重要的”。即通过f_t的值来控制上一状态c_{t-1}中哪些需要记住，哪些需要遗忘。

（2）选择记忆阶段。这个阶段将输入X_t有选择性地进行“记忆”。哪些重要则着重记录，哪些不重要则少记录。当前单元的输入内容是计算得到的i_t，可以通过g_t对其进行有选择地输出。

（3）输出阶段。这个阶段将决定哪些会被当成当前状态的输出。主要通过o_t进行控制，并且要对c_t使用tanh激活函数进行缩放。

LSTM网络输出y_t通常可以通过h_t变化得到。

7.1.3　GRU

虽然LSTM通过门控状态来控制传输状态，记住需要长时间记忆的，忘记不重要的信息，而不像普通的RNN那样只能够有一种记忆叠加，这对很多需要“长期记忆”的任务来说效果显著，但是也因多个门控状态的引入，导致需要训练更多的参数，使得训练难度大大增加。针对这种情况，循环门控单元(Gate Recurrent Unit，GRU)网络被提出，GRU通过将遗忘门和输入门组合在一起，从而减少了门的数量，并且做了一些其他的改变，在保证记忆能力的同时，提升了网络的训练效率。在网络中每个GRU单元的示意图如图7-3所示。

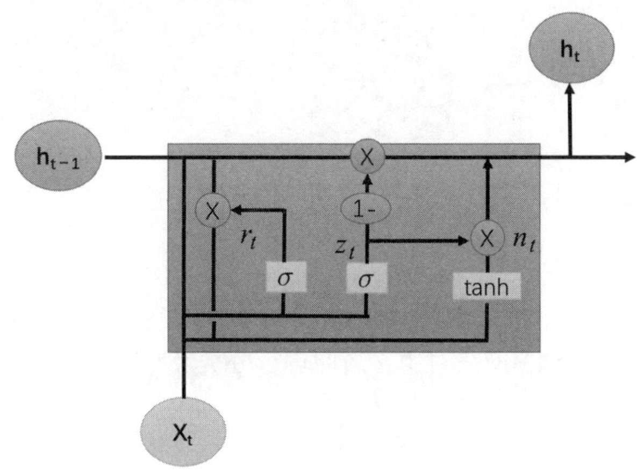

图 7-3　GRU 网络结构

在该网络中，每个GRU单元针对输入进行下面函数的计算：

$$r_t=\sigma\left(W_{ir}x_t+b_{ir}+W_{hr}h_{t-1}+b_{hr}\right)$$
$$z_t=\sigma\left(W_{iz}x_t+b_{iz}+W_{hz}h_{t-1}+b_{hz}\right)$$
$$n_t=\tanh\left(W_{in}x_t+b_{in}+r_t\times\left(W_{hn}h_{t-1}+b_{hn}\right)\right)$$
$$h_t=\left(1-z_t\right)\times n_t+z_t\times h_{t-1}$$

式中，h_t是t时刻的隐藏状态(hidden state)；x_t是t时刻的输入；h_{t-1}是$t-1$时刻的隐藏状态，初始时刻的隐藏状态为0；r_t,z_t,n_t分别是重置门、更新门和计算候选隐藏层；σ表示sigmoid激活函数。在每个单元的传递过程中，r_t用来控制需要保留之前的记忆。如果r_t为0，则$n_t=\tanh\left(W_{in}x_t+b_{in}\right)$只包含当前输入状态的信息，而$z_t$则控制前一时刻的隐藏层忘记的信息量。

循环神经网络根据循环单元的输入和输出数量之间的对应关系，可以将其分为多种应用方式。图7-4给出了循环神经网络常用的应用方式。图中显示了5种循环神经网络的输入输出对应情况。其中，一对多的网络结构可以用于图像描述，即根据输入的一张图像，自动使用文字描述图像的内容；多对一的网络结构可用于文本分类，即根据一段描述文字，自动对文本内容归类；多对多的网络结构可用于语言翻译，即针对输入的一种语言，自动翻译为另一种语言。

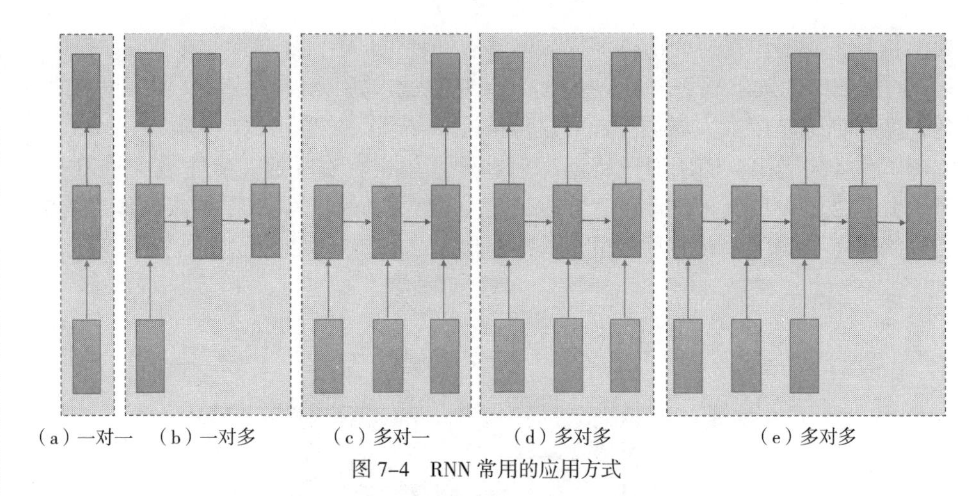

图 7-4　RNN 常用的应用方式

在下面的小节中，将会根据实际的数据集，针对不同类型的问题使用PyTorch搭建循环神经网络模型，展示网络的训练和测试过程，主要内容为通过RNN网络对手写字体分类，利用LSTM网络对中文新闻进行分类及利用GRU网络进行情感分类等示例。

7.2 RNN 手写字体分类

循环神经网络RNN不仅可以用来处理序列数据，还可以用来处理图像数据，这是因为一张图像可以看作一组由很长的像素点组成的序列。本小节将会使用RNN对MNIST数据集建立分类器，首先导入需要的库和相关模块。

```
In[1]:## 导入本节所需要的模块
    import numpy as np
    import pandas as pd
    import matplotlib.pyplot as plt
    import time
    import copy
    import torch
    from torch import nn
    import torch.nn.functional as F
    import torch.optim as optim
    import torchvision
    import torch.utils.data as Data
    from torchvision import transforms
    import hiddenlayer as hl
```

7.2.1 数据准备

在导入数据进行数据准备工作时，可以直接从torchvision库的datasets模块导入MNIST手写字体的训练数据集和测试数据集，然后使用Data.DataLoader()函数将两个数据集定义为数据加载器，其中每个batch包含64张图像，最后得到训练集数据加载器train_loader，与测试集数据加载器test_loader，程序如下：

```
In[2]:## 准备训练数据集 MNIST
    train_data  = torchvision.datasets.MNIST(
        root = "./data/MNIST", train = True, transform  = transforms.
ToTensor(),
        download= False
    )
    ## 定义一个数据加载器
    train_loader = Data.DataLoader(
        dataset = train_data, batch_size=64, shuffle = True, num_workers = 2
    )
    ## 准备需要使用的测试数据集
    test_data  = torchvision.datasets.MNIST(
        root = "./data/MNIST", train = False, transform  = transforms.
ToTensor(),
        download= False
    )
    ## 定义一个数据加载器
    test_loader = Data.DataLoader(
        dataset = test_data, batch_size=64, shuffle = True, num_workers = 2
    )
```

在导入的数据集中，训练集包含60000张28 × 28的灰度图像，测试集包含10000张28 × 28的灰度图像。

7.2.2 搭建 RNN 分类器

搭建一个RNN分类器首先需要定义一个RNNimc类，如下程序所示：

```
In[3]:class RNNimc(nn.Module):
        def __init__(self, input_dim, hidden_dim, layer_dim, output_dim):
            """
            input_dim: 输入数据的维度（图片每行的数据像素点）
            hidden_dim: RNN 神经元个数
            layer_dim: RNN 的层数
            output_dim: 隐藏层输出的维度（分类的数量）
```

```
        """
        super(RNNimc, self).__init__()
        self.hidden_dim = hidden_dim ## RNN 神经元个数
        self.layer_dim = layer_dim   ## RNN 的层数
        ## RNN
        self.rnn = nn.RNN(input_dim, hidden_dim, layer_dim,
                          batch_first=True, nonlinearity='relu')
        ## 连接全连接层
        self.fc1 = nn.Linear(hidden_dim, output_dim)
    def forward(self, x):
        ## x:[batch, time_step, input_dim]
        ## 本例中 time_step =图像所有像素数量 / input_dim
        ## out:[batch, time_step, output_size]
        ## h_n:[layer_dim, batch, hidden_dim]
        out, h_n = self.rnn(x, None) ## None 表示 h0 会使用全 0 进行初始化
        ## 选取最后一个时间点的 out 输出
        out = self.fc1(out[:, -1, :])
        return out
```

上面程序定义了RNNimc类，在调用时需要输入4个参数，参数input_dim表示输入数据的维度，针对图像分类器，其值是图片中每行的数据像素点量，针对手写字体数据其值等于28；参数hidden_dim表示构建RNN网络层中包含神经元的个数；参数layer_dim表示在RNN网络层中有多少层RNN神经元；参数output_dim则表示在使用全连接层进行分类时输出的维度，可以使用数据的类别数表示，MNIST数据集表示为10。

在RNNimc类调用nn.RNN()函数时，参数batch_first=True表示使用的数据集中batch在数据的第一个维度，参数nonlinearity='relu'表示RNN层使用的激活函数为ReLU函数。从RNNimc类的forward()函数中，发现网络的self.rnn()层的输入有两个参数，第一个参数为需要分析的数据x，第二个参数则为初始的隐藏层输出，这里使用None代替，表示使用全0进行初始化。而输出则包含两个参数，其中out表示RNN最后一层的输出特征，h_n表示隐藏层的输出。在将RNN层和全连接分类层连接时，将全连接层网络作用于最后一个时间点的out输出。

定义好RNNimc类之后，则定义相应的参数取值，再调用该函数类得到网络结构，程序如下所示：

```
In[4]:## 模型的调用
    input_dim=28    ## 图片每行的像素数量
    hidden_dim=128 ## RNN 神经元个数
    layer_dim = 1   ## RNN 的层数
    output_dim=10   ## 隐藏层输出的维度（10 类图像）
```

```
    MyRNNimc = RNNimc(input_dim, hidden_dim, layer_dim, output_dim)
    print(MyRNNimc)
```

上面的程序可得到如下所示的输出：

```
Out[4]:RNNimc(
      (rnn): RNN(28, 128, batch_first=True)
      (fc1): Linear(in_features=128, out_features=10, bias=True)
     )
```

在定义的MyRNNimc网络中，包含两个层级，一个是包含128个RNN神经元的RNN层，另一个是输入128个神经元，输出10个神经元的全连接层。针对网络结构将使用HiddenLayer库将其可视化，程序如下所示，并得到如图7-5所示的图像。

```
In[5]:## 可视化卷积神经网络，输入：[batch, time_step, input_dim]
    hl_graph = hl.build_graph(MyRNNimc, torch.zeros([1, 28, 28]))
    hl_graph.theme = hl.graph.THEMES["blue"].copy()
    hl_graph
```

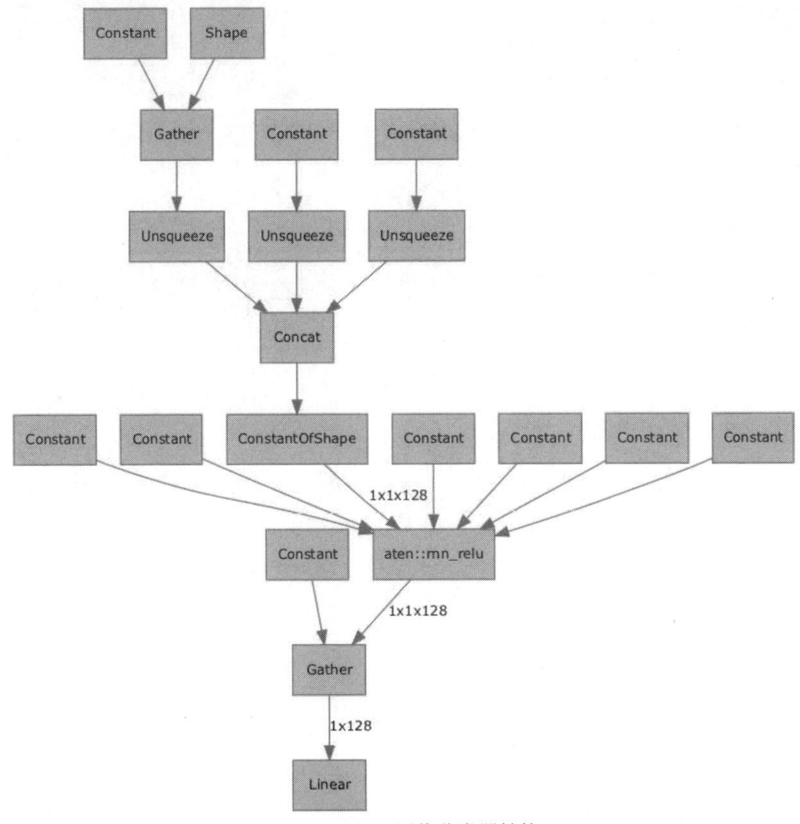

图7-5 RNN图像分类器结构

7.2.3 RNN分类器的训练与预测

对定义好的网络模型使用训练集进行训练，需要定义优化器和损失函数，优化器使用torch.optim.RMSprop()定义，损失函数则使用交叉熵损失nn.CrossEntropyLoss()函数定义，并且使用训练集对网络训练30个epoch。

```
In[6]:## 对模型进行训练
    optimizer = torch.optim.RMSprop(MyRNNimc.parameters(), lr=0.0003)
    criterion = nn.CrossEntropyLoss()    ## 损失函数
    train_loss_all = []
    train_acc_all = []
    test_loss_all = []
    test_acc_all = []
    num_epochs = 30
    for epoch in range(num_epochs):
        print('Epoch {}/{}'.format(epoch, num_epochs - 1))
        MyRNNimc.train() ## 设置模型为训练模式
        corrects = 0
        train_num  = 0
        for step,(b_x, b_y) in enumerate(train_loader):
            ## input :[batch, time_step, input_dim]
            xdata = b_x.view(-1, 28, 28)
            output = MyRNNimc(xdata)
            pre_lab = torch.argmax(output,1)
            loss = criterion(output, b_y)
            optimizer.zero_grad()
            loss.backward()
            optimizer.step()
            loss += loss.item() * b_x.size(0)
            corrects += torch.sum(pre_lab == b_y.data)
            train_num += b_x.size(0)
        ## 计算经过一个 epoch 的训练后在训练集上的损失和精度
        train_loss_all.append(loss / train_num)
        train_acc_all.append(corrects.double().item()/train_num)
        print('{} Train Loss: {:.4f}  Train Acc: {:.4f}'.format(
            epoch, train_loss_all[-1], train_acc_all[-1]))
        ## 设置模型为验证模式
        MyRNNimc.eval()
        corrects = 0
        test_num  = 0
```

```
    for step,(b_x, b_y) in enumerate(test_loader):
        ## input :[batch, time_step, input_dim]
        xdata = b_x.view(-1, 28, 28)
        output = MyRNNimc(xdata)
        pre_lab = torch.argmax(output,1)
        loss = criterion(output, b_y)
        loss += loss.item() * b_x.size(0)
        corrects += torch.sum(pre_lab == b_y.data)
        test_num += b_x.size(0)
    ## 计算经过一个 epoch 的训练后在测试集上的损失和精度
    test_loss_all.append(loss / test_num)
    test_acc_all.append(corrects.double().item()/test_num)
    print('{} Test Loss: {:.4f}  Test Acc: {:.4f}'.format(
        epoch, test_loss_all[-1], test_acc_all[-1]))
```

在上面的程序中，每使用训练集对网络进行一轮训练，都会使用测试集来测试当前网络的分类效果，针对训练集和测试集的每个epoch损失和预测精度，都保存在train_loss_all、train_acc_all、test_loss_all、test_acc_all四个列表中。在每个epoch中使用MyRNNimc.train()将网络切换为训练模式，使用MyRNNimc.eval()将网络切换为验证模式。针对网络的输入x，需要从图像数据集 [batch, channel, height, width]转化为[batch, time_step, input_dim]，即从[64, 1, 28, 28]转化为[64, 28, 28]。网络在训练过程中的输出如下所示：

```
Out[6]:Epoch 0/29
       0 Train Loss: 0.0004  Train Acc: 0.6712
       0 Test Loss: 0.0009  Test Acc: 0.7761
       …
       Epoch 29/29
       29 Train Loss: 0.0000  Train Acc: 0.9859
       29 Test Loss: 0.0000  Test Acc: 0.9802
```

在网络训练完毕后，将网络在训练集和测试集上的损失及预测精度使用折线图可视化，得到的图像如图7–6所示。

```
In[7]:## 可视化模型训练过程
    plt.figure(figsize=(14,5))
    plt.subplot(1,2,1)
    plt.plot(train_loss_all,"ro-",label = "Train loss")
    plt.plot(test_loss_all,"bs-",label = "Val loss")
    plt.legend()
    plt.xlabel("epoch")
    plt.ylabel("Loss")
```

```
    plt.subplot(1,2,2)
    plt.plot(train_acc_all,"ro-",label = "Train acc")
    plt.plot(test_acc_all,"bs-",label = "Val acc")
    plt.xlabel("epoch")
    plt.ylabel("acc")
    plt.legend()
    plt.show()
```

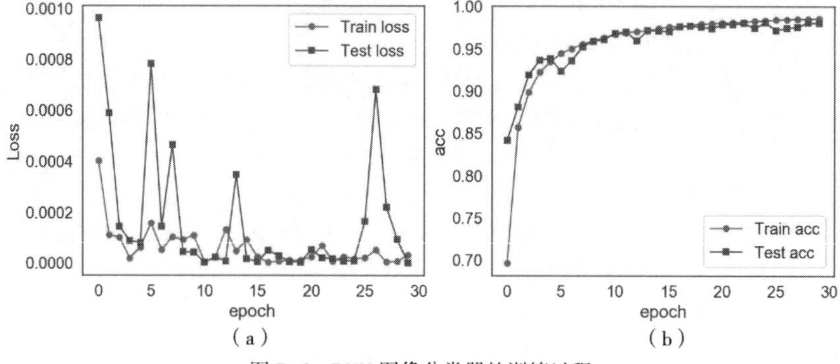

图 7-6　RNN 图像分类器的训练过程

图7-6（a）所示为每个epoch在训练集和测试集上的损失函数的变化情况，图7-6（b）所示则为每个epoch在训练集和测试集上的预测精度的变化情况，精度最终稳定在0.98附近。可见使用RNN网络也能很好地对手写字体图像数据进行预测。

7.3　LSTM 进行中文新闻分类

扫一扫，看视频

在本小节将会使用LSTM网络针对中文文本数据集，建立一个分类器，对中文新闻数据进行分类。该新闻数据集是THUCNews的一个子集，一共包含10类文本数据，每个类别数据有6500条文本，该数据已切分为训练集cnews.train.txt（5000 × 10）、验证集cnews.val.txt（500 × 10）以及测试集cnews.test.txt（1000 × 10）三个部分。在使用LSTM网络对其进行文本分类之前，需要对文本数据进行预处理，首先导入该节需要使用的库和模块。

```
In[1]:## 导入本节所需要的模块
    import numpy as np
    import pandas as pd
    import matplotlib.pyplot as plt
    import seaborn as sns
    ## 输出图显示中文
    from matplotlib.font_manager import FontProperties
    fonts = FontProperties(fname = "/Library/Fonts/ 华文细黑 .ttf")
```

```
import re
import string
import copy
import time
from sklearn.metrics import accuracy_score,confusion_matrix
import torch
from torch import nn
import torch.nn.functional as F
import torch.optim as optim
import torch.utils.data as Data
import jieba
from torchtext import data
from torchtext.vocab import Vectors
```

在上面导入的库中，re、string用于处理文本数据，jieba库则用于中文文本分词操作，torchtext库可将数据表中的数据整理为PyTorch网络可用的数据张量。为了在可视化时使用matplotlib库正确显示中文，通过FontProperties()来设置使用的字体。

7.3.1 中文数据读取与预处理

中文文本数据的预处理需要对文本数据进行切分、去停用词等操作。下面先读取三个数据集。

```
In[2]:## 读取训练、验证和测试数据集
    train_df = pd.read_csv("data/chap7/cnews/cnews.train.txt",sep="\t",
                           header=None,names = ["label","text"])
    val_df = pd.read_csv("data/chap7/cnews/cnews.val.txt",sep="\t",
                           header=None,names = ["label","text"])
    test_df = pd.read_csv("data/chap7/cnews/cnews.test.txt",sep="\t",
                           header=None,names = ["label","text"])
    stop_words = pd.read_csv("data/chap7/cnews/中文停用词库.txt",
                             header=None,names = ["text"])
```

上面的程序使用pd.read_csv()函数在读取训练、验证和测试数据集的同时，还读取了一个中文停用词数据集。该数据集在分词后用于去除多余的停用词，提升网络的预测效果。对数据读取后，需要对原始数据进行预处理和清洗操作，处理为模型需要的格式。

```
In[3]:## 对中文文本数据进行预处理，去除一些不需要的字符、分词、停用词等操作
    def chinese_pre(text_data):
        ## 字母转化为小写，去除数字
        text_data = text_data.lower()
```

```
        text_data = re.sub("\d+", "", text_data)
        ## 分词，使用精确模式
        text_data = list(jieba.cut(text_data,cut_all=False))
        ## 去停用词和多余空格
        text_data = [word.strip() for word in text_data if word not in
stop_words.text.values]
        ## 处理后的词语使用空格连接为字符串
        text_data = " ".join(text_data)
        return text_data
```

chinese_pre()函数用来对文本数据进行预处理。在该函数中分别进行了下面几个操作：

（1）使用text_data.lower()方法将文本中的所有英文字母转化为小写。

（2）使用re.sub()函数将文本中所有的数字替换为空格。

（3）使用jieba.cut()函数对中文文本进行分词操作，将句子转化为词语。

（4）通过列表表达式和word.strip()操作，去除文本分词后的停用词和多余的空格。

（5）使用空格将分词后保留的词语连接为一个字符串。

在定义了chinese_pre()函数后，可以使用数据表的apply方法调用该函数对三个数据集进行预处理，程序如下：

```
In[4]:## 对数据进行分词
    train_df["cutword"] = train_df.text.apply(chinese_pre)
    val_df["cutword"] = val_df.text.apply(chinese_pre)
    test_df["cutword"] = test_df.text.apply(chinese_pre)
    train_df.cutword.head()
Out[4]:0    马晓旭 意外 受伤 国奥 警惕  无奈 大雨 格外 青睐 殷家 记者 ...
       1    商瑞华 首战 复仇 心切  中国 玫瑰 美国 方式 攻克 瑞典 多曼来 ...
       2    冠军 球队 迎新 欢乐 派对  黄旭 获大奖 张军 pk 新浪 体育讯 ...
       3    辽足 签约 危机 注册 难关  高层 威逼利诱 合同 笑里藏刀 新浪 ...
       4    揭秘 谢亚龙 带走 总局 电话 骗局  复制 南杨 轨迹 体坛周报 ...
       Name: cutword, dtype: object
```

上面的程序对三个数据集预处理后，输出了训练集分词后的前几行结果，原来的句子已经分隔为了一个个词语。在对文本内容进行预处理后，将10类文本数据使用0 ~ 9的数值进行表示，对文本的类别标签进行重新编码，程序如下：

```
In[5]:labelMap = {"体育": 0,"娱乐": 1,"家居": 2,"房产": 3,"教育": 4,
                  "时尚": 5,"时政": 6,"游戏": 7,"科技": 8,"财经": 9}
    train_df["labelcode"] =train_df["label"].map(labelMap)
    val_df["labelcode"] =val_df["label"].map(labelMap)
    test_df["labelcode"] =test_df["label"].map(labelMap)
```

程序使用了pandas库中的map方法，将数据集中的label变量分别对应到0 ~ 9，生成新的变量labelcode。接下来需要将预处理后的文本cutword与重新编码的类别标签labelcode数据进行保存，代码如下：

```
In[6]:train_df[["labelcode","cutword"]].to_csv("data/chap7/cnews_
train2.csv",index=False)
    val_df[["labelcode","cutword"]].to_csv("data/chap7/cnews_val2.
csv",index=False)
    test_df[["labelcode","cutword"]].to_csv("data/chap7/cnews_test2.
csv",index=False)
```

上面的程序使用了数据框to_csv方法，将三个数据集的指定变量保存为csv文件。将数据保存为csv格式是为了方便利用torchtext库对文本数据进行预处理，以及方便使用PyTorch建立LSTM网络对数据集的调用。

7.3.2 网络训练数据的导入与探索

在数据预处理并保存后，使用torchtext库准备深度文本分类网络需要的数据，可使用下面所示的程序：

```
In[7]:## 使用 torchtext 库进行数据准备
    mytokenize = lambda x: x.split()## 定义文本切分方法，使用空格切分
    TEXT = data.Field(sequential=True, tokenize=mytokenize,
                      include_lengths=True, use_vocab=True,
                      batch_first=True, fix_length=400)
    LABEL = data.Field(sequential=False, use_vocab=False,
                       pad_token=None, unk_token=None)
    ## 对所要读取的数据集的列进行处理
    text_data_fields = [
        ("labelcode", LABEL), ## 对标签的操作
        ("cutword", TEXT)     ## 对文本的操作
    ]
    ## 读取数据
    traindata,valdata,testdata = data.TabularDataset.splits(
        path="data/chap7", format="csv",
        train="cnews_train2.csv", fields=text_data_fields,
        validation="cnews_val2.csv",
        test = "cnews_test2.csv", skip_header=True
    )
    len(traindata),len(valdata),len(testdata)
Out[7]: (50000, 5000, 10000)
```

上面的程序使用data.Field()函数分别定义了针对文本内容和类别标签的实例TEXT和LABEL，然后将Field实例和数据中的变量名称相对应，组成列表text_data_fields，在读取数据时通过data.TabularDataset.splits()函数直接在指定的文件中读取训练数据cnews_train2.csv、验证数据cnews_val2.csv和测试数据cnews_test2.csv，其中数据的准备过程使用参数fields=text_data_fields来确定数据的处理过程。如数据集中的变量cutword，文本保持长度为400，使用自定义函数mytokenize对文本使用空格将其分为一个个词语，并转化为由多个词组成的向量。traindata、valdata和testdata的长度分别为50000、5000、10000，表明数据已经成功读取。

在数据读取并且使用相应实例预处理后，可以使用TEXT.build_vocab()函数训练数据集建立单词表，参数max_size=20000表示词表中只使用出现频率较高的前20000个词语，参数vectors = None表示不使用预训练好的词向量。

```
In[8]:## 使用训练集构建单词表，没有预训练好的词向量
    TEXT.build_vocab(traindata,max_size=20000,vectors = None)
    LABEL.build_vocab(traindata)
    ## 可视化训练集中的前 50 个高频词
    word_fre = TEXT.vocab.freqs.most_common(n=50)
    word_fre = pd.DataFrame(data=word_fre,columns=["word","fre"])
    word_fre.plot(x="word", y="fre", kind="bar",legend=False,figsi
ze=(12,7))
    plt.xticks(rotation = 90,fontproperties = fonts,size = 10)
    plt.show()
```

上面的程序在使用训练集构建词表的同时，使用TEXT.vocab.freqs.most_common(n=50)方法获取词表中出现频率最高的50个词语，然后将这些词语使用条形图进行可视化，可得到如图7-7所示的图像。

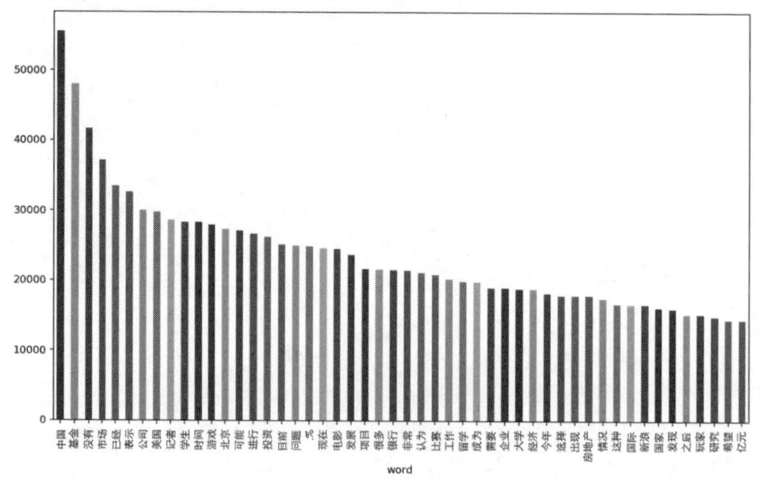

图7-7　语料中的高频词语

在建立词表之后，针对读取的三个数据集，使用data.BucketIterator()函数将它们分别处理为数据加载器，每次输入使用64个样本用于训练，程序如下所示：

```
In[9]:## 定义一个加载器，将类似长度的示例一起批处理
    BATCH_SIZE = 64
    train_iter = data.BucketIterator(traindata,batch_size = BATCH_
SIZE)
    val_iter = data.BucketIterator(valdata,batch_size = BATCH_SIZE)
    test_iter = data.BucketIterator(testdata,batch_size = BATCH_SIZE)
```

7.3.3　搭建LSTM网络

在数据准备操作完成后，接下来搭建一个LSTM网络分类器，用于对文本数据分类，可以使用下面的程序构建一个LSTMNet类。

```
In[10]:
      class LSTMNet(nn.Module):
          def __init__(self, vocab_size,embedding_dim, hidden_dim,
layer_dim, output_dim):
              """
              vocab_size:词典长度
              embedding_dim:词向量的维度
              hidden_dim: LSTM神经元个数
              layer_dim: LSTM的层数
              output_dim:隐藏层输出的维度（分类的数量）
              """
              super(LSTMNet, self).__init__()
              self.hidden_dim = hidden_dim ## LSTM神经元个数
              self.layer_dim = layer_dim   ## LSTM的层数
              ## 对文本进行词向量处理
              self.embedding = nn.Embedding(vocab_size, embedding_dim)
              ## LSTM + 全连接层
              self.lstm=nn.LSTM(embedding_dim,hidden_dim, layer_
dim,batch_first=True)
              self.fc1 = nn.Linear(hidden_dim, output_dim)
          def forward(self, x):
              embeds = self.embedding(x)
              ## r_out shape (batch, time_step, output_size)
              ## h_n shape (n_layers, batch, hidden_size)
              ## h_c shape (n_layers, batch, hidden_size)
              r_out,(h_n,h_c) =self.lstm(embeds,None)
```

```
        ##None 表示 hidden state 会零初始化
        ## 选取最后一个时间点的 out 输出
        out = self.fc1(r_out[:, -1, :])
        return out
```

在上面构建的LSTMNet类中，创建LSTM网络分类器时需要输入词典长度、词向量维度、LSTM神经元个数、LSTM的层数、数据的类别数等参数。上面的程序中nn.Embedding()层对输入的文本进行词向量处理，nn.LSTM()层用于定义网络中的LSTM层的神经元数量和层数等，参数batch_first=True表示在输入数据中，batch在第一个维度，nn.Linear()则定义一个全连接层用于分类。在LSTMNet类的前向过程forward中，针对输入的文本数据x，会先经过self.embedding(x)操作，然后进入self.lstm()操作，而对self.lstm()操作会输入两个参数，第一个参数为self.embedding(x)操作输出的embeds，第二个参数为隐藏层的初始值，使用None表示全部使用零初始化。self.lstm()有三个输出，在使用全连接层处理LSTM的输出时可以使用r_out[:, –1, :]来获得。

下面针对已经处理好的数据，输入合适的参数，定义LSTM网络中文文本分类器即可，代码如下：

```
In[11]: vocab_size = len(TEXT.vocab)
     embedding_dim = 100
     hidden_dim = 128
     layer_dim = 1
     output_dim = 10
     lstmmodel = LSTMNet(vocab_size, embedding_dim, hidden_dim,
layer_dim, output_dim)
     lstmmodel
```

上面程序针对网络使用词典的数量通过len(TEXT.vocab)获得，并且词向量的维度为100，LSTM层隐藏神经元的数量为128，为1层的LSTM网络，分类器的输出包含10个神经元，对应文本数据10类，可得到如下所示的网络结构：

```
Out[11]: LSTMNet(
       (embedding): Embedding(20002, 100)
       (lstm): LSTM(100, 128, batch_first=True)
       (fc1): Linear(in_features=128, out_features=10, bias=True)
     )
```

7.3.4 LSTM 网络的训练

网络定义好之后，还需定义一个对网络进行训练的函数train_model2()。该网络通过输入网络模型、训练数据、验证数据、损失函数、优化器以及迭代的epoch数量等参数，能够自动对网络进行训练。train_model2()函数代码如下所示：

```
In[12]: ## 定义网络的训练过程函数
        def train_model2(model,traindataloader, valdataloader,criterion,
                         optimizer,num_epochs=25,):
            """
            model: 网络模型; traindataloader: 训练数据集;
            valdataloader: 验证数据集 ;criterion: 损失函数; optimizer: 优化
方法;
            num_epochs: 训练的轮数
            """
            train_loss_all = []
            train_acc_all = []
            val_loss_all = []
            val_acc_all = []
            since = time.time()
            for epoch in range(num_epochs):
                print('-' * 10)
                print('Epoch {}/{}'.format(epoch, num_epochs - 1))
                ## 每个 epoch 有两个阶段: 训练阶段和验证阶段
                train_loss = 0.0
                train_corrects = 0
                train_num = 0
                val_loss = 0.0
                val_corrects = 0
                val_num = 0
                model.train() ## 设置模型为训练模式
                for step,batch in enumerate(traindataloader):
                    textdata,target = batch.cutword[0],batch.labelcode.
view(-1)
                    out = model(textdata)
                    pre_lab = torch.argmax(out,1) ## 预测的标签
                    loss = criterion(out, target) ## 计算损失函数值
                    optimizer.zero_grad()
                    loss.backward()
                    optimizer.step()
                    train_loss += loss.item() * len(target)
                    train_corrects += torch.sum(pre_lab == target.data)
                    train_num += len(target)
                ## 计算一个 epoch 在训练集上的损失和精度
```

```
            train_loss_all.append(train_loss / train_num)
            train_acc_all.append(train_corrects.double().item()/train_num)
            print('{} Train Loss: {:.4f}  Train Acc: {:.4f}'.format(
                epoch, train_loss_all[-1], train_acc_all[-1]))

            ## 计算一个 epoch 在验证集上的损失和精度
            model.eval() ## 设置模型为评估模式
            for step,batch in enumerate(valdataloader):
                textdata,target = batch.cutword[0],batch.labelcode.
view(-1)
                out = model(textdata)
                pre_lab = torch.argmax(out,1)
                loss = criterion(out, target)
                val_loss += loss.item() * len(target)
                val_corrects += torch.sum(pre_lab == target.data)
                val_num += len(target)
            ## 计算一个 epoch 在训练集上的损失和精度
            val_loss_all.append(val_loss / val_num)
            val_acc_all.append(val_corrects.double().item()/val_num)
            print('{} Val Loss: {:.4f}  Val Acc: {:.4f}'.format(
                epoch, val_loss_all[-1], val_acc_all[-1]))
        train_process = pd.DataFrame(
            data={"epoch":range(num_epochs),
                  "train_loss_all":train_loss_all,
                  "train_acc_all":train_acc_all,
                  "val_loss_all":val_loss_all,
                  "val_acc_all":val_acc_all})
        return model,train_process
```

上述函数会输出训练好的网络和网络的训练过程，输出model表示已经训练好的网络，train_process则包含训练过程中每个epoch对应的网络在训练集上的损失和识别精度，以及在验证集上的损失和识别精度。

接下来定义网络的优化器和损失函数，然后使用train_model2()对训练集和验证集进行网络训练，在训练完毕后，为了更好地观察网络的训练过程，再将训练集、测试集上的损失大小和精度的变化情况进行可视化，如图7-8所示。

```
In[13]: ## 定义优化器
    optimizer = torch.optim.Adam(lstmmodel.parameters(), lr=0.0003)
    loss_func = nn.CrossEntropyLoss()    ## 损失函数
    ## 对模型进行迭代训练，对所有的数据训练 20 轮
    lstmmodel,train_process = train_model2(
```

```
        lstmmodel,train_iter,val_iter,loss_func,optimizer,num_
epochs=20)
    ## 可视化模型训练过程中
    plt.figure(figsize=(18,6))
    plt.subplot(1,2,1)
    plt.plot(train_process.epoch,train_process.train_loss_all,
             "r.-",label = "Train loss")
    plt.plot(train_process.epoch,train_process.val_loss_all,
             "bs-",label = "Val loss")
    plt.legend()
    plt.xlabel("Epoch number",size = 13)
    plt.ylabel("Loss value",size = 13)
    plt.subplot(1,2,2)
    plt.plot(train_process.epoch,train_process.train_acc_all,
             "r.-",label = "Train acc")
    plt.plot(train_process.epoch,train_process.val_acc_all,
             "bs-",label = "Val acc")
    plt.xlabel("Epoch number",size = 13)
    plt.ylabel("Acc",size = 13)
    plt.legend()
    plt.show()
```

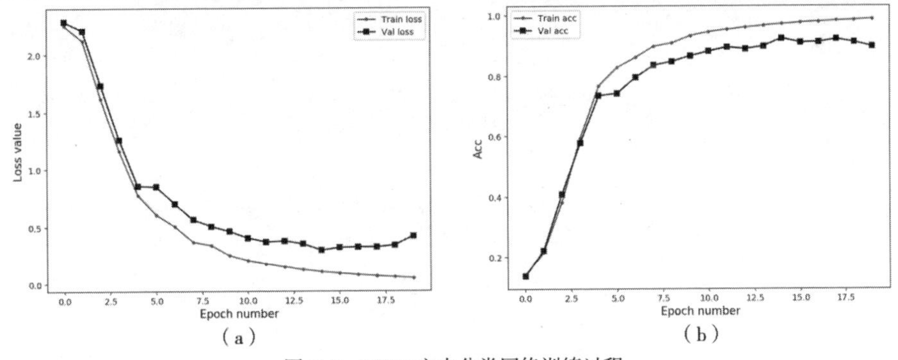

（a）　　　　　　　　　　　　（b）

图7-8　LSTM文本分类网络训练过程

从图7-8中可以发现，损失函数在训练集和验证集上都在减少，并且最后保持在一个平稳的数值，而且验证集上最后几个epoch，损失函数有些轻微的提升，说明网络继续训练会有过拟合的趋势，好在网络已经训练结束。针对在训练集和验证集上的预测精度，均是先迅速上升，然后保持在一个稳定的范围内，说明网络已经训练充分。

7.3.5 LSTM 网络预测

网络训练结束后，可以使用测试集来评价网络的分类精度，将训练好的网络作用于测试集，程序如下所示：

```
In[14]: ## 对测试集进行预测并计算精度
        lstmmodel.eval() ## 设置模型为训练模式评估模式
        test_y_all = torch.LongTensor()
        pre_lab_all = torch.LongTensor()
        for step,batch in enumerate(test_iter):
            textdata,target = batch.cutword[0],batch.labelcode.view(-1)
            out = lstmmodel(textdata)
            pre_lab = torch.argmax(out,1)
            test_y_all = torch.cat((test_y_all,target))    ## 测试集的标签
            pre_lab_all = torch.cat((pre_lab_all,pre_lab))## 测试集的预测
标签
        acc = accuracy_score(test_y_all,pre_lab_all)
        print("在测试集上的预测精度为：",acc)
        ## 计算混淆矩阵并可视化
        class_label = ["体育","娱乐","家居","房产","教育",
                       "时尚","时政","游戏","科技","财经"]
        conf_mat = confusion_matrix(test_y_all,pre_lab_all)
        df_cm = pd.DataFrame(conf_mat, index=class_label, columns=class_
label)
        heatmap = sns.heatmap(df_cm, annot=True, fmt="d",cmap="YlGnBu")
        heatmap.yaxis.set_ticklabels(heatmap.yaxis.get_ticklabels(),
rotation=0,
                                     ha='right',fontproperties = fonts)
        heatmap.xaxis.set_ticklabels(heatmap.xaxis.get_ticklabels(),
rotation=45,
                                     ha='right',fontproperties = fonts)
        plt.ylabel('True label')
        plt.xlabel('Predicted label')
        plt.show()
```

上面的程序通过accuracy_score()函数计算在测试集上的预测精度，并输出预测精度，还使用confusion_matrix()函数计算了预测值和真实值之间的混淆矩阵，使用热力图将混淆矩阵可视化。热力图如图 7–9 所示。

```
Out[14]: 在测试集上的预测精度为： 0.9322
```

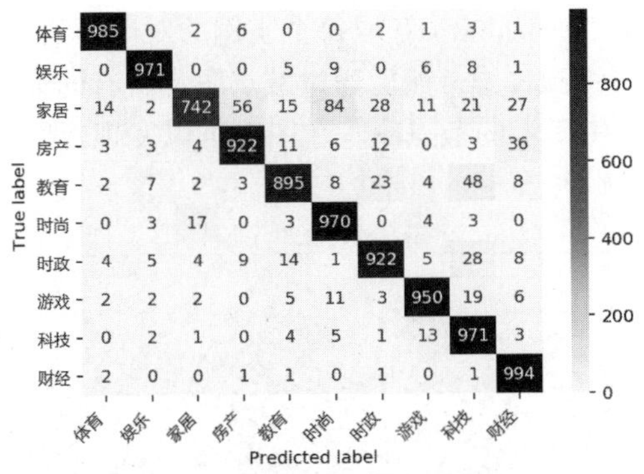

图 7–9　在测试集上的混淆矩阵热力图

从输出结果可以发现，模型在测试集上的预测精度为93.22%。通过混淆矩阵热力图可以更方便地分析LSTM网络的预测情况，家居和时尚两类数据之间更容易预测错误，而且针对家居类型的文本识别精度并不是很高。

7.3.6　可视化词向量的分布

在LSTM文本分类器中包含一个词嵌入层，在训练结束后词嵌入层会针对每个词语训练得到一个词向量，词向量在空间中的分布情况也反映出了在该语料库中，词语之间的联系。下面针对已经训练好的LSTM网络获取词表中词语的词向量表示，通过TSNE降维方法对词向量的表示进行降维，并在二维空间中可视化词向量在空间中的分布。首先导入已经训练好的LSTM网络，程序如下：

```
In[15]: from sklearn.manifold import TSNE
        ## 导入保存的模型
        lstmmodel = torch.load("data/chap7/lstmmodel.pkl")
        ## 获取词向量
        word2vec  = lstmmodel.embedding.weight
        ## 词向量对应的词
        words = TEXT.vocab.itos
        ## 使用 tsne 对词向量降维并可视化所有词的分布
        tsne = TSNE(n_components=2,random_state=123)
        word2vec_tsne = tsne.fit_transform(word2vec.data.numpy())
        ## 使用散点图可视化分布情况
        plt.figure(figsize = (10,8))
        plt.scatter(word2vec_tsne[:,0],word2vec_tsne[:,1],s=4)
        plt.title(" 所有词向量的分布情况 ",fontproperties = fonts,size = 15)
        plt.show()
```

在上面的程序中，通过lstmmodel.embedding.weight方法获取lstmmodel的词嵌

入层权重，并通过TEXT.vocab.itos获取每个实例的对应词语，针对高维的词向量，利用TSNE算法将其降维到二维，然后通过散点图将所有的词语在空间分布进行可视化，可得到如图7-10所示的散点图。在图中可以发现，所有的词语在空间中的分布呈现逐渐分散的圆形。

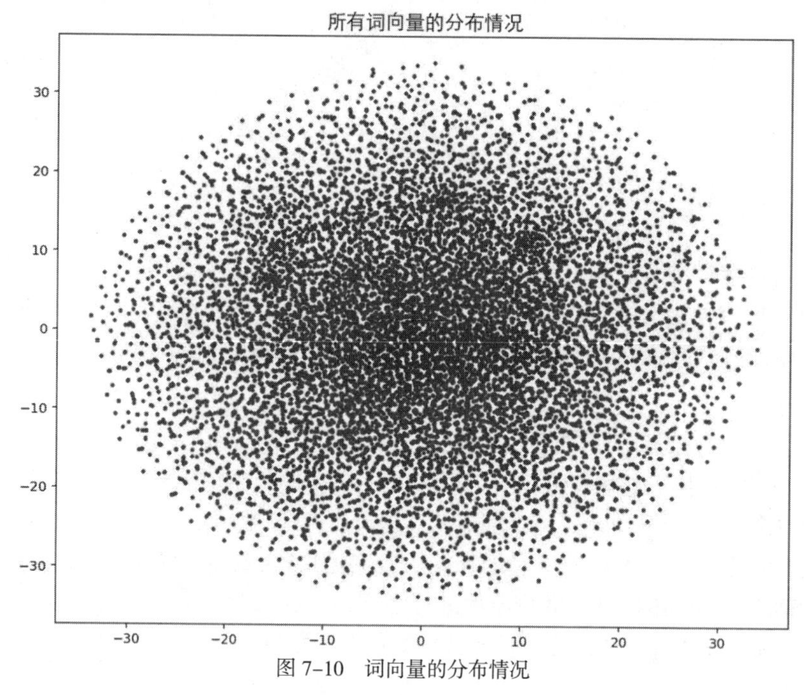

图7-10　词向量的分布情况

下面挑出一些感兴趣的高频词语进行可视化，观察这些词语之间的关系，程序如下，可得到如图7-11所示的图像。

```
In[16]: ## 可视化部分感兴趣词的分布情况
        vis_word = ["中国","市场","公司","美国","记者","学生","游戏","北京",
                    "投资","电影","银行","工作","留学","大学","经济","产品",
                    "设计","方面","玩家","学校","学习","房价","专家","楼市"]
        ## 计算词语在词向量中的索引
        vis_word_index = [words.index(ii) for ii in vis_word]
        plt.figure(figsize = (10,8))
        for ii,index in enumerate(vis_word_index):
            plt.scatter(word2vec_tsne[index,0],word2vec_tsne[index,1])
            plt.text(word2vec_tsne[index,0],word2vec_tsne[index,1],vis_
word[ii],
                     fontproperties = fonts)
        plt.title("词向量的分布情况",fontproperties = fonts,size = 15)
        plt.show()
```

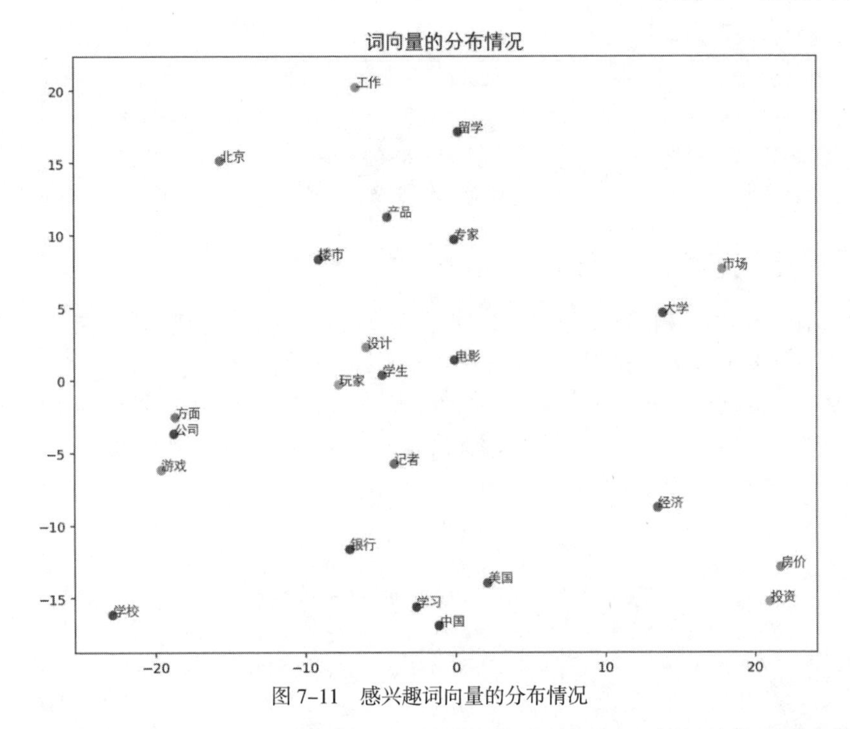

图 7-11 感兴趣词向量的分布情况

从图7-11中可以发现，在实际生活中联系较大的词语，它们的位置距离很近，如房价和投资距离很近；学生和玩家、设计、电影距离较近；游戏、公司和方面等距离较近。

扫一扫，看视频

7.4 GRU 网络进行情感分类

在本小节将会使用GRU网络建立一个分类器，用于对IMDB的电影评论数据分类，该数据集imdb_train.csv和imdb_test.csv在6.5节已经进行了介绍和预处理。使用LSTM网络对其进行文本分类之前，需要使用torchtext库将文本数据导入并进行预处理。首先导入本节需要使用的库和模块。

```
In[1]:## 导入本节所需要的模块
    import numpy as np
    import pandas as pd
    import matplotlib.pyplot as plt
    from sklearn.metrics import accuracy_score
    import time
    import copy
    import torch
    from torch import nn
```

```
import torch.nn.functional as F
import torch.optim as optim
from torchvision import transforms
from torchtext import data
from torchtext.vocab import Vectors
```

7.4.1 文本数据准备

在对文本数据读取和预处理时，同样使用torchtext库来完成。首先定义文件中对文本和标签所要做的操作，即先定义data.Field()实例来处理文本，对文本内容使用空格切分为词语，并且每个文本只保留前面的200个单词，数据读取程序如下：

```
In[2]:## 定义文本切分方法，直接使用空格切分即可
    mytokenize = lambda x: x.split()
    TEXT = data.Field(sequential=True, tokenize=mytokenize,
                      include_lengths=True, use_vocab=True,
                      batch_first=True, fix_length=200)
    LABEL = data.Field(sequential=False, use_vocab=False,
                       pad_token=None, unk_token=None)
    ## 对所要读取的数据集的列进行处理
    train_test_fields = [
        ("label", LABEL), ## 对标签的操作
        ("text", TEXT)    ## 对文本的操作
    ]
    ## 读取数据
    traindata,testdata = data.TabularDataset.splits(
        path="./data/chap6", format="csv",
        train="imdb_train.csv", fields=train_test_fields,
        test = "imdb_test.csv", skip_header=True
    )
```

上面的程序在定义好TEXT和LABEL实例后，使用data.TabularDataset.splits()函数来读取文本数据，并对数据中每个变量根据实例定义的方式进行数据预处理。

在文件读取之后，可以使用已经预训练好的词向量来构建词汇表。词汇表需要使用训练集来构建，然后针对训练数据和测试数据使用data.BucketIterator()将它们处理为数据加载器，每个batch包含32个文本数据，程序如下所示：

```
In[3]:## Vectors 导入预训练好的词向量文件
    vec = Vectors("glove.6B.100d.txt", "./data")
    ## 使用训练集构建单词表，导入预先训练的词嵌入
    TEXT.build_vocab(traindata,max_size=20000,vectors = vec)
```

```
    LABEL.build_vocab(traindata)
    ## 训练集、验证集和测试集定义为加载器
    BATCH_SIZE = 32
    train_iter = data.BucketIterator(traindata,batch_size = BATCH_SIZE)
    test_iter = data.BucketIterator(testdata,batch_size = BATCH_SIZE)
```

执行程序将得到训练数据和测试数据所对应的数据加载器train_iter和test_iter。

7.4.2 搭建 GRU 网络

构建GRU文本分类网络，将使用PyTorch中的nn模块，需先定义一个GRUNet类。

```
In[4]:
    class GRUNet(nn.Module):
        def __init__(self, vocab_size,embedding_dim, hidden_dim, layer_dim,
output_dim):
            """
            vocab_size:词典长度
            embedding_dim:词向量的维度
            hidden_dim: GRU 神经元个数
            layer_dim: GRU 的层数
            output_dim:隐藏层输出的维度（分类的数量）
            """
            super(GRUNet, self).__init__()
            self.hidden_dim = hidden_dim ## GRU 神经元个数
            self.layer_dim = layer_dim   ## GRU 的层数
            ## 对文本进行词向量处理
            self.embedding = nn.Embedding(vocab_size, embedding_dim)
            ## GRU + 全连接层
            self.gru = nn.GRU(embedding_dim, hidden_dim, layer_dim,
                              batch_first=True)
            self.fc1 = nn.Sequential(
                nn.Linear(hidden_dim, hidden_dim),
                torch.nn.Dropout(0.5),
                torch.nn.ReLU(),
                nn.Linear(hidden_dim, output_dim)
            )
        def forward(self, x):
            embeds = self.embedding(x)
            ## r_out shape (batch, time_step, output_size)
            ## h_n shape (n_layers, batch, hidden_size)
```

```
            r_out, h_n = self.gru(embeds, None)   ##None 表示初始的
hidden state 为 0
            ## 选取最后一个时间点的 out 输出
            out = self.fc1(r_out[:, -1, :])
            return out
```

上述程序中定义的GRUNet类和7.3节定义的LSTM网络分类器非常相似，在GRU网络中，通过nn.GRU()定义对文本的循环处理层，然后通过全连接层进行分类，其中torch.nn.Dropout(0.5)层用来减轻网络过拟合。

nn.GRU()层的使用和nn.LSTM()层的使用的不同之处是GRU单元简化了相应的计算，所以GRU层只有两个输出。

下面输入网络中需要的相关参数，对网络进行初始化。

```
In[5]:## 初始化网络
    vocab_size = len(TEXT.vocab)
    embedding_dim = vec.dim ##  词向量的维度
    hidden_dim = 128
    layer_dim = 1
    output_dim = 2
    grumodel = GRUNet(vocab_size, embedding_dim, hidden_dim, layer_dim,
output_dim)
    grumodel
Out[5]:GRUNet(
        (embedding): Embedding(20002, 100)
        (gru): GRU(100, 128, batch_first=True)
        (fc1): Sequential(
          (0): Linear(in_features=128, out_features=128, bias=True)
          (1): Dropout(p=0.5)
          (2): ReLU()
          (3): Linear(in_features=128, out_features=2, bias=True)
        )
      )
```

在上面的程序中，通过len(TEXT.vocab)计算可以得到词典中词语的数量，词向量的维度通过vec.dim定义。全连接层神经元的数量hidden_dim = 128，表示包含128个神经元，output_dim = 2表示该网络用于解决二分类问题。

7.4.3 GRU网络的训练与预测

为了加快网络的训练速度，使用已经预训练好的词向量初始化词嵌入层的参数，可以使用下面的程序来完成。

```
In[6]:## 将导入的词向量作为 embedding.weight 的初始值
    grumodel.embedding.weight.data.copy_(TEXT.vocab.vectors)
    ## 将无法识别的词 '<unk>', '<pad>' 的向量初始化为 0
    UNK_IDX = TEXT.vocab.stoi[TEXT.unk_token]
    PAD_IDX = TEXT.vocab.stoi[TEXT.pad_token]
    grumodel.embedding.weight.data[UNK_IDX] = torch.zeros(vec.dim)
    grumodel.embedding.weight.data[PAD_IDX] = torch.zeros(vec.dim)
```

为了方便训练，定义一个训练网络的函数，该函数可以通过输入训练数据加载器、测试数据加载器、使用的网络等，对网络进行训练和测试，并保存相应的输出，用于分析网络的训练过程，可以使用如下所示的程序：

```
In[7]:## 定义网络的训练过程函数
    def train_model(model,traindataloader, testdataloader,criterion,
                    optimizer,num_epochs=25):
        """
        model: 网络模型；traindataloader: 训练数据集 ;testdataloader: 测试
数据集 ;
        criterion: 损失函数 ;optimizer: 优化方法 ;
        num_epochs: 训练的轮数
        """
        train_loss_all = []
        train_acc_all = []
        test_loss_all = []
        test_acc_all = []
        learn_rate = []
        since = time.time()
        ## 设置等间隔调整学习率，每隔 step_size 个 epoch，学习率缩小到原来
的 1/10
        scheduler = optim.lr_scheduler.StepLR(optimizer, step_size=5,
gamma=0.1)
        for epoch in range(num_epochs):
            learn_rate.append(scheduler.get_lr()[0])
            print('-' * 10)
            print('Epoch {}/{},Lr:{}'.format(epoch, num_epochs -
1,learn_rate[-1]))
            ## 每个 epoch 有两个阶段：训练阶段和验证阶段
            train_loss = 0.0
            train_corrects = 0
            train_num = 0
            test_loss = 0.0
```

```
        test_corrects = 0
        test_num = 0
        model.train() ## 设置模型为训练模式
        for step,batch in enumerate(traindataloader):
            textdata,target = batch.text[0],batch.label
            out = model(textdata)
            pre_lab = torch.argmax(out,1) ## 预测的标签
            loss = criterion(out, target) ## 计算损失函数值
            optimizer.zero_grad()
            loss.backward()
            optimizer.step()
            train_loss += loss.item() * len(target)
            train_corrects += torch.sum(pre_lab == target.data)
            train_num += len(target)
        ## 计算一个 epoch 在训练集上的损失和精度
        train_loss_all.append(train_loss / train_num)
        train_acc_all.append(train_corrects.double().item()/train_num)
        print('{} Train Loss: {:.4f}  Train Acc: {:.4f}'.format(
            epoch, train_loss_all[-1], train_acc_all[-1]))
        scheduler.step()  ## 更新学习率
        ## 计算一个 epoch 在验证集上的损失和精度
        model.eval() ## 设置模型为评估模式
        for step,batch in enumerate(testdataloader):
            textdata,target = batch.text[0],batch.label
            out = model(textdata)
            pre_lab = torch.argmax(out,1)
            loss = criterion(out, target)
            test_loss += loss.item() * len(target)
            test_corrects += torch.sum(pre_lab == target.data)
            test_num += len(target)
        ## 计算一个 epoch 在训练集上的损失和精度
        test_loss_all.append(test_loss / test_num)
        test_acc_all.append(test_corrects.double().item()/test_num)
        print('{} Test Loss: {:.4f}  Test Acc: {:.4f}'.format(
            epoch, test_loss_all[-1], test_acc_all[-1]))

    train_process = pd.DataFrame(
        data={"epoch":range(num_epochs),
              "train_loss_all":train_loss_all,
              "train_acc_all":train_acc_all,
```

```
                    "test_loss_all":test_loss_all,
                    "test_acc_all":test_acc_all,
                    "learn_rate":learn_rate})
    return model,train_process
```

上述定义的train_model()函数中，在使用数据集训练网络时，有以下几个特点：

(1)在训练过程中，将训练集的训练阶段和测试集的测试阶段结合在了一起，在每个epoch计算之后，输出训练集上的损失函数的大小和预测精度，以及测试集上的损失函数大小和预测精度，方便后续的可视化，以监督网络的训练情况。

(2)在网络的训练过程中，利用optim.lr_scheduler.StepLR()类来调整网络在训练过程中每个epoch的学习率，即每经过5个epoch，学习率缩小为原来的1/10。

下面使用optim.RMSprop()类定义一个优化器optimizer，并且使用交叉熵作为损失函数，使用train_model()函数对GRU网络grumodel进行训练和测试，程序如下：

```
In[8]:## 定义优化器
    optimizer = optim.RMSprop(grumodel.parameters(), lr=0.003)
    loss_func = nn.CrossEntropyLoss()  ## 交叉熵作为损失函数
    ## 对模型进行迭代训练，对所有的数据训练 10 轮
    grumodel,train_process = train_model(
        grumodel,train_iter,test_iter,loss_func,optimizer,num_epochs=10)
Out[8]:----------
      Epoch 0/9,Lr:0.003
      0 Train Loss: 0.4883  Train Acc: 0.7222
      0 Test Loss: 0.2907  Test Acc: 0.8829
      …
      Epoch 9/9,Lr:0.00030000000000000003
      9 Train Loss: 0.0000  Train Acc: 1.0000
      9 Test Loss: 2.6959  Test Acc: 0.8476
```

网络进行训练后，会输出训练好的grumodel模型，以及在训练过程中相关评价指标的大小train_process数据表。下面将通过train_process可视化网络中的训练过程，得到如图7-12所示的损失函数和预测精度的变化情况。

```
In[9]:## 可视化模型训练过程
    plt.figure(figsize=(18,6))
    plt.subplot(1,2,1)
    plt.plot(train_process.epoch,train_process.train_loss_all,
             "r.-",label = "Train loss")
    plt.plot(train_process.epoch,train_process.test_loss_all,
             "bs-",label = "Test loss")
    plt.legend()
    plt.xlabel("Epoch number",size = 13)
```

```
    plt.ylabel("Loss value",size = 13)
    plt.subplot(1,2,2)
    plt.plot(train_process.epoch,train_process.train_acc_all,
             "r.-",label = "Train acc")
    plt.plot(train_process.epoch,train_process.test_acc_all,
             "bs-",label = "Test acc")
    plt.xlabel("Epoch number",size = 13)
    plt.ylabel("Acc",size = 13)
    plt.legend()
    plt.show()
```

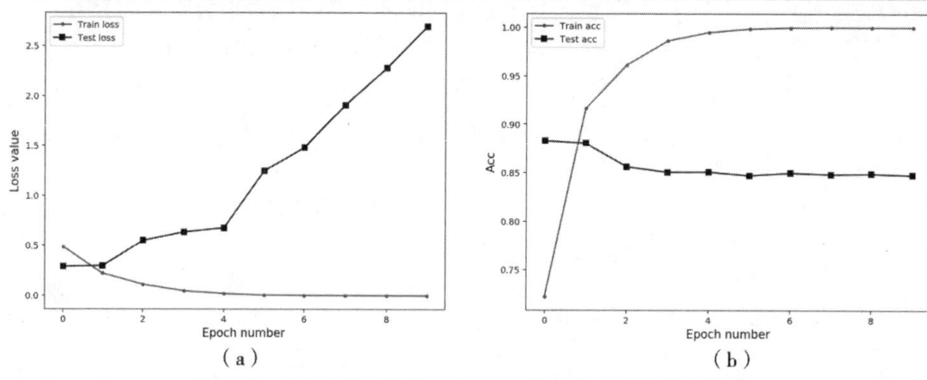

（a）　　　　（b）

图 7–12　GRU 网络的训练和测试中损失函数和精度变化情况

从图7–12中可以发现，在不到10个epoch的训练后网络就已经能够提前收敛了，可能因为数据量样本不够多，所以网络最后会过拟合。针对这种情况，将网络训练2 ~ 3个epoch即可。

下面输出最终的网络在测试集上的预测精度。

```
In[10]: ## 对测试集进行预测并计算精度
    grumodel.eval() ## 设置模型为评估模式
    test_y_all = torch.LongTensor()
    pre_lab_all = torch.LongTensor()
    for step,batch in enumerate(test_iter):
        textdata,target = batch.text[0],batch.label.view(-1)
        out = grumodel(textdata)
        pre_lab = torch.argmax(out,1)
        test_y_all = torch.cat((test_y_all,target))    ## 测试集的标签
        pre_lab_all = torch.cat((pre_lab_all,pre_lab))## 测试集的预测
标签
    acc = accuracy_score(test_y_all,pre_lab_all)
    print(" 在测试集上的预测精度为 :",acc)
```

```
Out[10]:在测试集上的预测精度为: 0.8476
```

通过上述输出可知，使用GRU网络训练得到的模型，在测试集上的预测精度为84.76%，这个精度并不是很高，并且网络已经过拟合，所以该结果可以进一步改进。

7.5　本章小结

本章主要介绍了循环神经网络在深度学习中的应用。首先介绍了常用的循环神经网络的结构，如RNN网络、LSTM网络、GRU网络，然后对各种循环网络在实际数据场景中的应用进行了介绍。通过PyTorch搭建了用于图像分类的RNN循环网络，并就中文文本分类问题介绍了如何使用PyTorch搭建LSTM网络及预测，以及如何使用GRU网络对英文文本进行情感分类。

第 8 章　自编码模型

自编码网络模型，也称自动编码器（AutoEncoder），是一种基于无监督学习的数据维度压缩和特征表示方法，目的是对一组数据学习出一种表示。1986年Rumelhart提出自编码模型用于高维复杂数据的降维。由于自动编码器通常应用于无监督学习，所以不需要对训练样本进行标记。自动编码器在图像重构、聚类、降维、自然语言翻译等方面应用广泛。

本章首先对自编码模型进行介绍，并使用PyTorch构建自编码模型，用于分析实际的数据集。如利用自编码模型对手写字体数据集降维和重构，使用降维后的数据特征，通过SVM分类器进行分类；利用自编码的思想通过卷积操作，构建图像去噪器用于图像降噪。

8.1　自编码模型简介

自编码器是深度学习的研究热点之一，在很多领域都有应用。其应用主要有两个方面，第一是对数据降维，或者降维后对数据进行可视化；第二是对数据进行去噪，尤其是图像数据去噪。

最初的自编码器是一个三层网络结构，即输入层、中间隐藏层和输出层，其中输入层和输出层的神经元个数相同，且中间隐藏层的神经元个数会较少，从而达到降维的目的。其网络结构如图8–1所示。

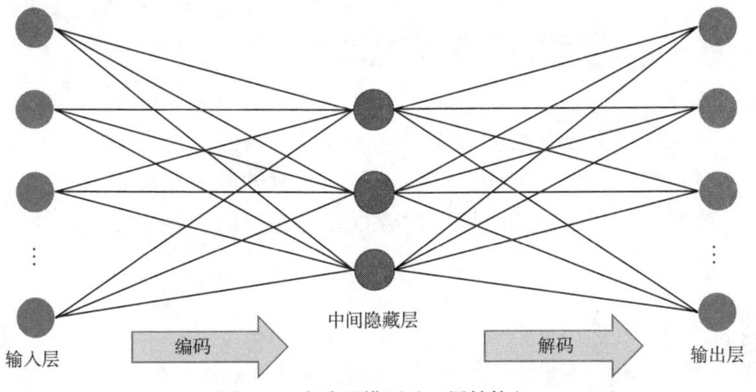

图8–1　自编码模型（三层结构）

深度自编码器是将自编码器堆积起来，可以包含多个中间隐藏层。由于其可以有更多的中间隐藏层，所以对数据的表示和编码能力更强，而且在实际应用中也更加常用。其网络结构如图8–2所示。

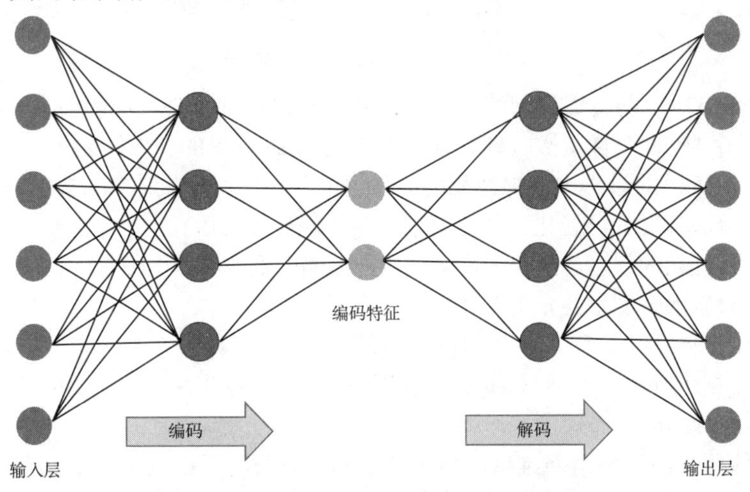

图8–2　深度自编码模型（具有多个中间隐藏层）

稀疏自编码器，是在原有自编码器的基础上，对隐层单元施加稀疏性约束，这样会得到对输入数据更加紧凑的表示，在网络中仅有小部分神经元会被激活。常用的稀疏约束是使用l_1范数约束，目的是让不重要的神经元的权重为0。

卷积自编码器是使用卷积层搭建获得的自编码网络。当输入数据为图像时，由于卷积操作可以从图像数据中获取更丰富的信息，所以使用卷积层作为自编码器隐藏层，通常可以对图像数据进行更好的表示。在实际应用中，用于处理图像的自动编码器的隐藏层几乎都是基于卷积的自动编码器。在卷积自编码器的编码器部分，通常可以通过池化层负责对数据进行下采样，卷积层负责对数据进行表示，而解码器则通常使用可以对特征映射进行上采样的操作来完成。

8.2 基于线性层的自编码模型

扫一扫，看视频

本节主要介绍类似于全连接神经网络的自编码模型，即网络中编码层和解码层都使用线性层包含不同数量的神经元来表示。针对手写字体数据集，利用自编码模型对数据降维和重构。基于线性层的自编码模型结构如图8–3所示。

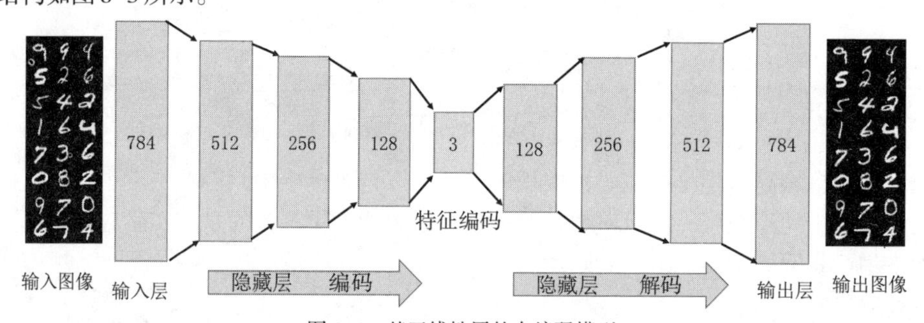

图8–3 基于线性层的自编码模型

在图8–3所示的自编码网络中，输入层和输出层都有784个神经元，对应着一张手写图片的784个像素数，即在使用图像时将28 × 28的图像转化为1 × 784的向量。在进行编码的过程中，神经元的数量逐渐从512个减少到3个，主要是便于降维后数据分布情况的可视化，并分析手写字体经过编码后在空间中的分布规律。在解码器中神经元的数量逐渐增加，会从特征编码中重构原始图像。

针对自编码模型主要介绍三个相关的应用。

（1）使用自编码模型对手写字体图像进行重构。

（2）可视化测试样本通过网络得到的特征编码，将其在三维空间中进行数据可视化，观察数据的分布规律。

（3）使用自编码网络降维后的数据特征和SVM分类器结合，将手写字体数据建立分类器，并将分类结果和使用PCA降维后建立的SVM分类器进行对比。

在进行分析之前，先导入需要的库和模块。

```
In[1]:## 导入本节所需要的模块
    import numpy as np
    import pandas as pd
    import matplotlib.pyplot as plt
    from mpl_toolkits.mplot3d import Axes3D
    import hiddenlayer as hl
    from sklearn.manifold import TSNE
    from sklearn.svm import SVC
    from sklearn.decomposition import PCA
    from sklearn.metrics import classification_report,accuracy_score
    import torch
    from torch import nn
    import torch.nn.functional as F
    import torch.utils.data as Data
    import torch.optim as optim
    from torchvision import transforms
    from torchvision.datasets import MNIST
    from torchvision.utils import make_grid
```

在上述库和模块中，Axes3D用于三维数据的可视化，SVC用于建立支持向量机分类器，PCA则是对数据进行主成分分析以获取数据的主成分。

8.2.1 自编码网络数据准备

通过torchvision库中的MNIST()函数导入训练和测试所需要的数据集——手写字体数据集，并对数据进行预处理，程序如下：

```
In[2]:## 使用手写体数据，准备训练数据集
    train_data  = MNIST(
        root = "./data/MNIST", ## 数据的路径
        train = True,          ## 只使用训练数据集
        transform  = transforms.ToTensor(),
        download= False
    )
    ## 将图像数据转化为向量数据
    train_data_x = train_data.data.type(torch.FloatTensor) / 255.0
    train_data_x = train_data_x.reshape(train_data_x.shape[0],-1)
    train_data_y = train_data.targets
    ## 定义一个数据加载器
    train_loader = Data.DataLoader(
```

```
        dataset = train_data_x, ## 使用的数据集
        batch_size=64,          ## 批处理样本大小
        shuffle = True,         ## 每次迭代前打乱数据
        num_workers = 2,        ## 使用两个进程
    )
    ## 对测试数据集进行导入
    test_data = MNIST(
        root = "./data/MNIST", ## 数据的路径
        train = False,         ## 只使用训练数据集
        transform  = transforms.ToTensor(),
        download= False
    )
    ## 为测试数据添加一个通道纬度，获取测试数据的 X 和 Y
    test_data_x = test_data.data.type(torch.FloatTensor) / 255.0
    test_data_x = test_data_x.reshape(test_data_x.shape[0],-1)
    test_data_y = test_data.targets
    print(" 训练数据集 :",train_data_x.shape)
    print(" 测试数据集 :",test_data_x.shape)
```

上述程序导入训练数据集后，将训练数据集中的图像数据和标签数据分别保存为train_data_x和train_data_y变量，并且针对训练数据集中的图像将像素值处理在0~1之间，并且将每个图像处理为长784的向量，最后通过Data.DataLoader()函数将训练数据train_data_x处理为数据加载器，此处并没有包含对应的类别标签，这是因为上述自编码网络训练时不需要图像的类别标签数据，在数据加载器中每个batch包含64个样本。针对测试集将其图像和经过预处理后的图像分别保存为test_data_x和test_data_y变量。最后输出训练数据和测试数据的形状，可得到如下所示的结果：

```
Out[2]: 训练数据集 : torch.Size([60000, 784])
       测试数据集 : torch.Size([10000, 784])
```

可视化训练数据集中一个batch的图像内容，以观察手写体图像的情况，程序如下：

```
In[3]:## 可视化一个 batch 的图像内容，获得一个 batch 的数据
    for step, b_x in enumerate(train_loader):
        if step > 0:
            break
    ## 可视化一个 batch 的图像
    im = make_grid(b_x.reshape((-1,1,28,28)))
    im = im.data.numpy().transpose((1,2,0))
    plt.figure()
    plt.imshow(im)
```

```
    plt.axis("off")
    plt.show()
```

上面的程序在获取一个batch数据后，通过make_grid()转换数据，方便对图像数据进行可视。该函数是PyTorch库中的函数，可以直接将数据结构 [batch, channel, height, width]形式的batch图像转化为图像矩阵，便于将多张图像进行可视化。上述程序结果如图 8-4 所示。

图 8-4 一个 batch 的手写字体图像

8.2.2 自编码网络的构建

为了搭建如图8-3所示的自编码器网络，需要构建一个EnDecoder()类，程序如下：

```
In[4]:class EnDecoder(nn.Module):
        def __init__(self):
            super(EnDecoder,self).__init__()
            ## 定义 Encoder
            self.Encoder = nn.Sequential(
                nn.Linear(784,512),
                nn.Tanh(),
                nn.Linear(512,256),
                nn.Tanh(),
                nn.Linear(256,128),
                nn.Tanh(),
                nn.Linear(128,3),
                nn.Tanh(),
            )
            ## 定义 Decoder
            self.Decoder = nn.Sequential(
                nn.Linear(3,128),
```

```
                nn.Tanh(),
                nn.Linear(128,256),
                nn.Tanh(),
                nn.Linear(256,512),
                nn.Tanh(),
                nn.Linear(512,784),
                nn.Sigmoid(),
            )
        ## 定义网络的前向传播路径
        def forward(self, x):
            encoder = self.Encoder(x)
            decoder = self.Decoder(encoder)
            return encoder,decoder
```

在上面的程序中，搭建自编码网络时，将网络分为编码器部分Encoder和解码器部分Decoder。编码器部分将数据的维度从784维逐步减少到三维，每个隐藏层使用的激活函数为Tanh激活函数。解码器部分将特征编码从三维逐步增加到784维，除输出层使用Sigmoid激活函数外，其他隐藏层使用Tanh激活函数。在网络的前向传播函数forward()中，输出编码后的结果encoder和解码后的结果decoder。

下面定义EnDecoder类的自编码器网络edmodel，程序如下所示：

```
In[5]:## 输出网络结构
    edmodel = EnDecoder()
    print(edmodel)
Out[5]:EnDecoder(
        (Encoder): Sequential(
          (0): Linear(in_features=784, out_features=512, bias=True)
          (1): Tanh()
          (2): Linear(in_features=512, out_features=256, bias=True)
          (3): Tanh()
          (4): Linear(in_features=256, out_features=128, bias=True)
          (5): Tanh()
          (6): Linear(in_features=128, out_features=3, bias=True)
          (7): Tanh()
        )
        (Decoder): Sequential(
          (0): Linear(in_features=3, out_features=128, bias=True)
          (1): Tanh()
          (2): Linear(in_features=128, out_features=256, bias=True)
          (3): Tanh()
          (4): Linear(in_features=256, out_features=512, bias=True)
```

```
        (5): Tanh()
        (6): Linear(in_features=512, out_features=784, bias=True)
        (7): Sigmoid()
    )
)
```

8.2.3 自编码网络的训练

使用训练数据对网络中的参数进行训练时，使用torch.optim.Adam()优化器对网络中的参数进行优化，并使用nn.MSELoss()函数定义损失函数，即使用均方根误差损失（因为自编码网络需要重构出原始的手写体数据，所以看作回归问题，即与原始图像的误差越小越好，使用均方根误差作为损失函数较合适，也可以使用绝对值误差作为损失函数）。为了观察网络的训练过程，通过HiddenLayer库将网络在训练数据过程中的损失函数的大小进行动态可视化。网络的训练及可视化程序如下所示：

```
In[6]:## 定义优化器
    optimizer = torch.optim.Adam(edmodel.parameters(), lr=0.003)
    loss_func = nn.MSELoss()                    ## 损失函数
    ## 记录训练过程的指标
    history1 = hl.History()
    ## 使用 Canvas 进行可视化
    canvas1 = hl.Canvas()
    train_num = 0
    val_num = 0
    ## 对模型进行迭代训练，对所有的数据训练 epoch 轮
    for epoch in range(10):
        train_loss_epoch = 0
        ## 对训练数据的加载器进行迭代计算
        for step, b_x in enumerate(train_loader):
            ## 使用每个 batch 进行训练模型
            _,output = edmodel(b_x)          ## 在训练 batch 上的输出
            loss = loss_func(output, b_x)  ## 均方根误差
            optimizer.zero_grad()            ## 每个迭代步的梯度初始化为 0
            loss.backward()                  ## 损失的后向传播，计算梯度
            optimizer.step()                 ## 使用梯度进行优化
            train_loss_epoch += loss.item() * b_x.size(0)
            train_num = train_num+b_x.size(0)
        ## 计算一个 epoch 的损失
        train_loss = train_loss_epoch / train_num
        ## 保存每个 epoch 上的输出 loss
```

```
        history1.log(epoch,train_loss=train_loss)
        ## 可视网络训练的过程
        with canvas1:
            canvas1.draw_plot(history1["train_loss"])
```

在上面的程序中，计算每个batch的损失函数时，使用loss = loss_func(output, b_x)，其中b_x表示每次网络的输入数据，output表示经过自编码网络的输出内容，即自编码网络的损失是网络重构的图像与输入图像之间的差异，计算两者之间的均方根误差损失。网络在训练过程中损失函数的大小变化情况如图8-5所示，损失函数先迅速减小，然后在一个很小的值上趋于稳定。网络训练结束后，最终的均方根损失约为0.00345。

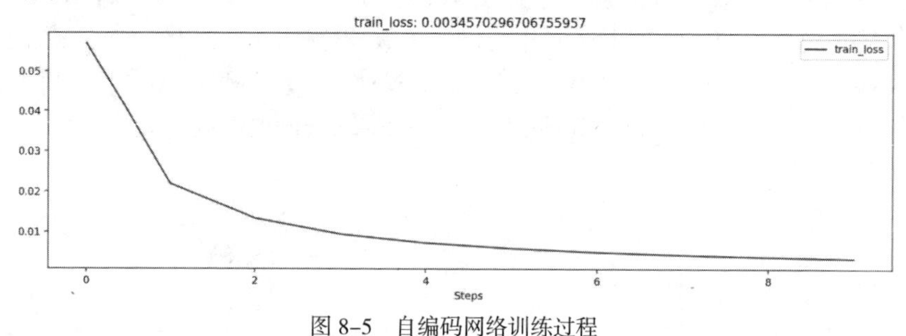

图8-5　自编码网络训练过程

8.2.4 自编码网络的数据重构

为了展示自编码网络的效果，可视化一部分测试集经过编码前后的图像，此处使用测试集的前100张图像，程序如下所示：

```
In[7]:## 预测测试集前 100 张图像的输出
    edmodel.eval()
    _,test_decoder = edmodel(test_data_x[0:100,:])
    ## 可视化原始的图像
    plt.figure(figsize=(6,6))
    for ii in range(test_decoder.shape[0]):
        plt.subplot(10,10,ii+1)
        im = test_data_x[ii,:]
        im = im.data.numpy().reshape(28,28)
        plt.imshow(im,cmap=plt.cm.gray)
        plt.axis("off")
    plt.show()
    ## 可视化编码后的图像
    plt.figure(figsize=(6,6))
    for ii in range(test_decoder.shape[0]):
```

```
        plt.subplot(10,10,ii+1)
        im = test_decoder[ii,:]
        im = im.data.numpy().reshape(28,28)
        plt.imshow(im,cmap=plt.cm.gray)
        plt.axis("off")
    plt.show()
```

在上面的图像中首先使用edmodel.eval()将模型设置为验证模式，通过“_,test_decoder = edmodel(test_data_x[0:100,:])”获取测试集前100张图像在经过网络后的解码器输出结果test_decoder。在可视化时分别先可视化原始的图像，再可视化经过自编码网络后的图像，得到如图8-6所示的图像。

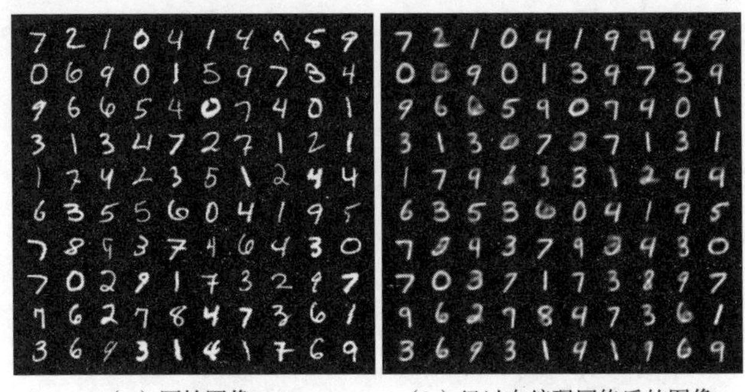

（a）原始图像　　（b）经过自编码网络后的图像

图8-6　图像可视化

对比图8-6（a）和（b），自编码网络很好地重构了原始图像的结构，但不足的是自编码网络得到的图像有些模糊，而且针对原始图像中的某些细节并不能很好地重构，如某些手写体不规范的4会重构为9等。这是因为在网络中，自编码器部分最后一层只有3个神经元，将784维的数据压缩到三维，会损失大量的信息，故重构的效果会有一些模糊和错误。这里降到三维主要为了方便数据可视化，在实际情况中，可以使用较多的神经元，保留更丰富的信息。

8.2.5　网络的编码特征可视化

自编码网络的一个重要功能就是对数据进行降维，如将数据降维到二维或者三维，之后可以很方便地通过数据可视化技术，观察数据在空间中的分布情况。下面使用测试数据集中的500个样本，获取网络对其自编码后的特征编码，并将这500张图像在编码特征空间的分布情况进行可视化。

```
In[8]:## 获取前500个样本的自编码后的特征，并对数据进行可视化
    edmodel.eval()
    TEST_num = 500
    test_encoder,_ = edmodel(test_data_x[0:TEST_num,:])
```

```
    print("test_encoder.shape:",test_encoder.shape)
Out[8]:test_encoder.shape: torch.Size([500, 3])
```

上面的程序是获取500张手写体图像的特征编码数据test_encoder，并输出其维度，从输出结果可以发现test_encoder中每个图像的特征编码为三维数据。下面将这些图像在三维空间中的分布情况进行可视化，首先将张量转化为Numpy数组，然后定义每个样本点的X、Y、Z三个维度的坐标，可视化时使用ax1.text()方法在指定的坐标点上，添加每种类别图像的文本数据点，得到的三维可视化图像如图8-7所示。

```
In[9]:%config InlineBackend.print_figure_kwargs = {'bbox_inches':None}
    ## 将 3 个维度的特征进行可视化
    test_encoder_arr = test_encoder.data.numpy()
    fig = plt.figure(figsize=(12,8))
    ax1 = Axes3D(fig)
    X = test_encoder_arr[:,0]
    Y = test_encoder_arr[:,1]
    Z = test_encoder_arr[:,2]
    ax1.set_xlim([min(X),max(X)])
    ax1.set_ylim([min(Y),max(Y)])
    ax1.set_zlim([min(Z),max(Z)])
    for ii in range(test_encoder.shape[0]):
        text = test_data_y.data.numpy()[ii]
        ax1.text(X[ii],Y[ii,],Z[ii],str(text),fontsize=8,
                 bbox=dict(boxstyle="round",facecolor=plt.cm.Set1(text),
alpha=0.7))
    plt.show()
```

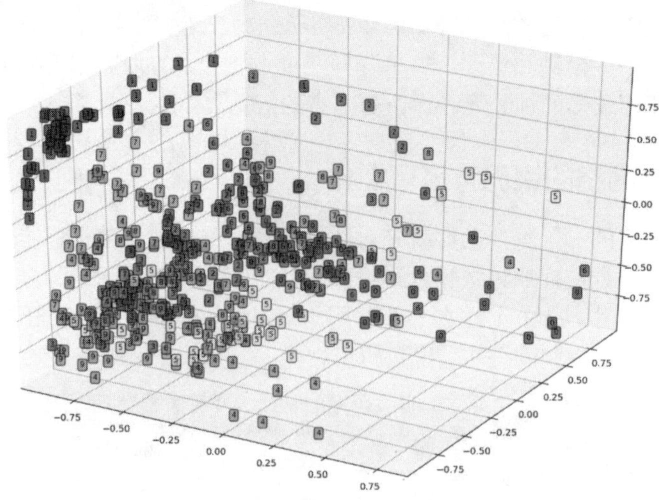

图 8-7　图像在编码特征空间的分布情况

观察图8-7可以发现，不同类型的手写字体数据在三维空间中的分布都有一定的范围，而且数字1的分布和其他类型数据相比更加集中，且在空间中和其他类型的数据距离较远，较容易识别，这和实际情况相符。

8.2.6 SVM 作用于编码特征

自编码网络的另一个作用就是对数据进行降维，保留数据中主要信息的同时，减少数据的维度。当使用其他机器学习方法对特征编码进行分类时，自编码网络的作用是特征提取和变换的模型。下面使用自编码降维，将得到的特征与SVM分类器结合，或者使用主成分分析（PCA）降维到相同的维度与SVM分类器结合，将这两种不同的数据降维方式的效果进行对比，以确定哪种降维对数据分类更有效。

输入训练数据和测试数据，通过自编码网络后的输出特征和相应的类别标签数据，可使用如下所示的程序：

```
In[10]: ## 自编码后的特征训练集和测试集
      train_ed_x,_ = edmodel(train_data_x)
      train_ed_x = train_ed_x.data.numpy()
      train_y = train_data_y.data.numpy()
      test_ed_x,_ = edmodel(test_data_x)
      test_ed_x = test_ed_x.data.numpy()
      test_y = test_data_y.data.numpy()
```

上述程序对训练集和测试集通过自编码网络提取对应特征编码，并且将数据从张量转化为数组。

针对主成分降维，用sklearn库中的PCA()函数，只保留3个主成分，程序如下：

```
In[11]: ## PCA 降维获得的训练集和测试集前 3 个主成分
      pcamodel = PCA(n_components=3,random_state=10)
      train_pca_x= pcamodel.fit_transform(train_data_x.data.numpy())
      test_pca_x = pcamodel.transform(test_data_x.data.numpy())
      print(train_pca_x.shape)
Out[11]: (60000, 3)
```

从程序输出中可以看出，数据已经成功降维到三维。在数据准备好后，分别针对两种类型的数据使用相同的参数，建立支持向量机分类器。

先对自编码网络降维的数据建立分类器，使用训练集train_ed_x和train_y对SVM分类器进行训练，然后利用测试集测试SVM分类器的分类精度，并使用accuracy_score()函数和classification_report()函数输出分类器在测试集上的预测效果，程序和结果如下所示：

```
In[12]: ## 使用自编码数据建立分类器，训练和预测
      encodersvc = SVC(kernel="rbf",random_state=123)
```

```
       encodersvc.fit(train_ed_x,train_y)
       edsvc_pre = encodersvc.predict(test_ed_x)
       print(classification_report(test_y,edsvc_pre))
       print("模型精度",accuracy_score(test_y,edsvc_pre))
Out[12]:
                   precision    recall  f1-score   support
           0          0.93      0.95      0.94       980
           1          0.94      0.98      0.96      1135
           2          0.91      0.88      0.90      1032
           3          0.76      0.86      0.81      1010
           4          0.77      0.71      0.74       982
           5          0.86      0.78      0.82       892
           6          0.91      0.94      0.93       958
           7          0.94      0.90      0.92      1028
           8          0.82      0.73      0.77       974
           9          0.69      0.76      0.72      1009
  avg / total         0.85      0.85      0.85     10000
       模型精度 0.8527
```

上面结果显示，用自编码特征建立的SVM分类器在测试集上的预测精度为85.27%。而且每类数据的识别精度都很高，只有数字9、数字4和数字3的识别精度较低。

下面针对主成分分析降维得到的特征，使用相同的方式在训练集上建立SVM分类器，并在测试集上进行预测，使用的程序和结果如下所示：

```
In[13]: ## 使用PCA降维数据建立分类器，训练和预测
       pcasvc = SVC(kernel="rbf",random_state=123)
       pcasvc.fit(train_pca_x,train_y)
       pcasvc_pre = pcasvc.predict(test_pca_x)
       print(classification_report(test_y,pcasvc_pre))
       print("模型精度",accuracy_score(test_y,pcasvc_pre))
Out[13]:
               precision    recall  f1-score   support
          0       0.68      0.74      0.71       980
          1       0.93      0.95      0.94      1135
          2       0.50      0.50      0.50      1032
          3       0.65      0.66      0.65      1010
          4       0.41      0.52      0.46       982
          5       0.42      0.30      0.35       892
          6       0.39      0.57      0.47       958
          7       0.53      0.50      0.51      1028
```

```
           8       0.40      0.27      0.32       974
           9       0.43      0.33      0.37      1009
avg / total        0.54      0.54      0.54     10000
模型精度 0.5426
```

从输出结果中可以发现，使用PCA降维后训练得到的SVM分类器，预测精度只有54.26%，其精度比使用自编码网络得到的特征而训练的分类器精度低很多。而且每类数据的识别精度都不高，只有数字1的识别精度较高，超过了90%。

8.3 卷积自编码图像去噪

在介绍了基于线性层的自编码网络后，接下来使用基于卷积层的自编码去噪网络。利用卷积层进行图像的编码和解码，是因为卷积操作在提取图像的信息上有较好的效果，而且可以对图像中隐藏的空间信息等内容进行较好的提取。该网络可用于图像去噪、分割等。

在基于卷积的自编码图像去噪网络中，其作用过程如图8-8所示。在网络中输入图像带有噪声，而输出图像则为去噪的原始图像，在编码器阶段，会经过多个卷积、池化、激活层和BatchNorm层等操作，逐渐降低每个特征映射的尺寸，如将每个特征映射编码的尺寸降低到24 × 24，即图像的大小缩为原来的1/16；而特征映射编码的解码阶段，则可以通过多个转置卷积、激活层和BatchNorm层等操作，逐渐将其解码为原始图像的大小并且包含3个通道的图像，即96 × 96的RGB图像。

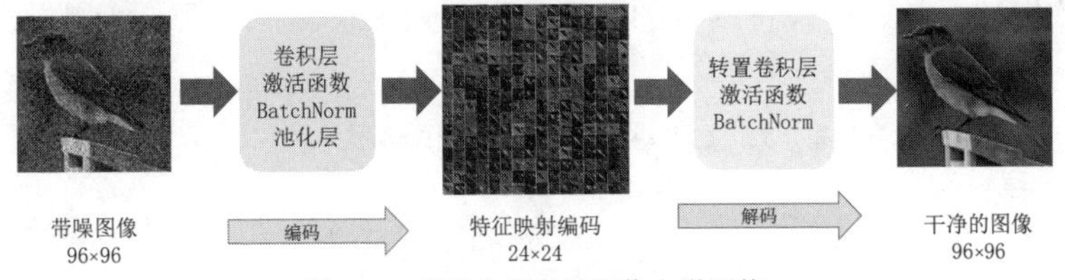

图 8-8 卷积自编码的图像去噪网络

为训练得到一个图像降噪自编码器，接下来使用实际的数据集，用PyTorch搭建一个卷积自编码网络，首先导入使用到的库和模块。

```
In[1]:## 导入本节所需要的模块
    import numpy as np
    import pandas as pd
    import matplotlib.pyplot as plt
    from sklearn.model_selection import  train_test_split
    from skimage.util import random_noise
    from skimage.measure import compare_psnr
    import torch
```

```
from torch import nn
import torch.nn.functional as F
import torch.utils.data as Data
import torch.optim as optim
from torchvision import transforms
from torchvision.datasets import STL10
```

8.3.1 去噪自编码网络的数据准备

先简单介绍一下训练网络使用到的图像数据集——STL10，该数据集可以通过torchvision.datasets模块中的STL10()函数进行下载，该数据集共包含三种类型数据，分别是带有标签的训练集和验证集，分别包含5000张和8000张图像，共有10类数据，还有一个类型包含10万张的无标签图像，均是96 × 96的RGB图像，可用于无监督学习。

虽然使用STL10()函数可直接下载该数据集，但数据大小仅约2.5GB，且下载的数据是二进制数据，故建议直接到数据网址（https://cs.stanford.edu/~acoates/stl10/）下载，并保存到指定的文件夹。

为了节省时间和增加模型的训练速度，在搭建的卷积自编码网络中只使用包含5000张图像的训练集，其中使用4000张图像用来训练模型，剩余1000张图像作为模型的验证集。

在定义网络之前，首先准备数据，并对数据进行预处理。定义一个从.bin文件中读取数据的函数，并且将读取的数据进行预处理，便于后续的使用，程序如下所示：

```
In[2]:## 定义一个将 bin 文件处理为图像数据的函数
     def read_image(data_path):
         with open(data_path, 'rb') as f:
             data1 = np.fromfile(f, dtype=np.uint8)
             ## 图像 [ 数量，通道，宽，高 ]
             images = np.reshape(data1, (-1, 3, 96, 96))
             ## 图像转化为 RGB 的形式，方便使用 matplotlib 进行可视化
             images = np.transpose(images, (0, 3, 2, 1))
         ## 输出的图像取值在 0 ~ 1 之间
         return images / 255.0
```

在上面读取图像数据的函数read_image()中，只需要输入数据的路径即可，在读取数据后会将图像转化为[数量，通道，宽，高]的形式。为了方便图像可视化，使用np.transpose()函数将图像转化为RGB格式，最后输出的像素值是在0 ~ 1之间的四维数组，第一维表示图像的数量，后面的三维表示图像的RGB像素值。

函数read_image()读取STL10数据的训练数据集train_X.bin程序如下。

```
In[3]:## 读取训练数据集，5000 张 96×96×3 的图像
    data_path = "data/STL10/stl10_binary/train_X.bin"
    images = read_image(data_path)
    print("images.shape:",images.shape)
Out[3]:images.shape: (5000, 96, 96, 3)
```

从程序的输出中可发现，共包含5000张图像，每个图像为96×96×3的RGB图像。

下面定义一个为图像数据添加高斯噪声的函数，为每一张图像添加随机噪声，程序如下所示：

```
In[4]:## 为数据添加高斯噪声
    def gaussian_noise(images,sigma):
        """sigma: 噪声标准差 """
        sigma2 = sigma**2 / (255**2)  ## 噪声方差
        images_noisy = np.zeros_like(images)
        for ii in range(images.shape[0]):
            image = images[ii]
            ## 使用 skimage 库中的 random_noise 函数添加噪声
            noise_im = random_noise(image,mode="gaussian",
var=sigma2,clip=True)
            images_noisy[ii] = noise_im
        return images_noisy
    images_noise = gaussian_noise(images,30)
    print("images_noise:",images_noise.min(),"~",images_noise.max())
Out[4]:images_noise: 0.0 ~ 1.0
```

在gaussian_noise()函数中，通过random_noise()函数为每张图像添加指定方差为sigma2的噪声，并且将带噪图像的像素值范围处理在0 ~ 1之间，使用gaussian_noise()函数后，可得到带有噪声的数据集images_noise。并且从输出可知，所有像素值的最大值为1，最小值为0。

下面可视化其中部分图像，以对比添加噪声前后的图像内容，程序如下所示：

```
In[5]:## 可视化其中的部分图像，不带噪声的图像
    plt.figure(figsize=(6,6))
    for ii in np.arange(36):
        plt.subplot(6,6,ii+1)
        plt.imshow(images[ii,...])
        plt.axis("off")
    plt.show()
    ## 带噪声的图像
```

```
plt.figure(figsize=(6,6))
for ii in np.arange(36):
    plt.subplot(6,6,ii+1)
    plt.imshow(images_noise[ii,...])
    plt.axis("off")
plt.show()
```

上述程序可得到如图8-9所示的图像，其中（a）是原始图像，（b）为添加噪声后的图像。可见带噪声的图像更加模糊，通过卷积自编码网络降噪器的目的是要去掉图像中的噪声，获取“干净”的图像。

（a）原始图像　　　　（b）添加噪声后的图像

图 8-9　图像可视化结果

接下来需要将图像数据集切分为训练集和验证集，并且处理为PyTorch网络可用的数据形式。

```
In[6]:## 数据准备为 PyTorch 可用的形式，转化为［样本，通道，高，宽］的数据形式
    data_Y = np.transpose(images, (0, 3, 2, 1))
    data_X = np.transpose(images_noise, (0, 3, 2, 1))
    ## 将数据集切分为训练集和验证集
    X_train, X_val, y_train, y_val = train_test_split(
        data_X,data_Y,test_size = 0.2,random_state = 123)
    ## 将图像数据转化为向量数据
    X_train = torch.tensor(X_train, dtype=torch.float32)
    y_train = torch.tensor(y_train, dtype=torch.float32)
    X_val = torch.tensor(X_val, dtype=torch.float32)
    y_val = torch.tensor(y_val, dtype=torch.float32)
    ## 将 X 和 Y 转化为数据集合
    train_data = Data.TensorDataset(X_train,y_train)
    val_data = Data.TensorDataset(X_val,y_val)
    print("X_train.shape:",X_train.shape)
```

```
    print("y_train.shape:",y_train.shape)
    print("X_val.shape:",X_val.shape)
    print("y_val.shape:",y_val.shape)
Out[6]:X_train.shape: torch.Size([4000, 3, 96, 96])
      y_train.shape: torch.Size([4000, 3, 96, 96])
      X_val.shape: torch.Size([1000, 3, 96, 96])
      y_val.shape: torch.Size([1000, 3, 96, 96])
```

上述程序首先将两个数据集使用np.transpose()函数转化为［样本，通道，高，宽］的数据形式，然后使用train_test_split()函数将80%的数据用于训练集，20%的数据用于验证集，再使用Data.TensorDataset()函数将数据集中的X和Y数据进行处理，放置到统一的张量中，从输出可知，训练数据包含4000张图像，验证数据包含1000张图像。

接下来使用Data.DataLoader()函数将训练数据集和验证数据集处理为数据加载器train_loader和val_loader，并且每个batch包含32张图像。

```
In[7]:## 定义一个数据加载器
    train_loader = Data.DataLoader(
        dataset = train_data, ## 使用的数据集
        batch_size=32,        ## 批处理样本大小
        shuffle = True,       ## 每次迭代前打乱数据
        num_workers = 4,      ## 使用 4 个进程
    )
    ## 定义一个数据加载器
    val_loader = Data.DataLoader(
        dataset = val_data, ## 使用的数据集
        batch_size=32,      ## 批处理样本大小
        shuffle = True,     ## 每次迭代前打乱数据
        num_workers = 4,    ## 使用 4 个进程
    )
```

8.3.2 基于转置卷积解码的网络搭建

在数据预处理完成之后，开始搭建图8-8所描述的卷积自编码网络。定义一个DenoiseAutoEncoder()类表示网络结果。

```
In[8]:class DenoiseAutoEncoder(nn.Module):
        def __init__(self):
            super(DenoiseAutoEncoder,self).__init__()
            ## 定义 Encoder
            self.Encoder = nn.Sequential(
```

```
            nn.Conv2d(in_channels=3,out_channels=64,
                      kernel_size = 3,stride=1,padding=1), # [,64,96,96]
            nn.ReLU(),
            nn.BatchNorm2d(64),
            nn.Conv2d(64,64,3,1,1),# [,64,96,96]
            nn.ReLU(),
            nn.BatchNorm2d(64),
            nn.Conv2d(64,64,3,1,1),# [,64,96,96]
            nn.ReLU(),
            nn.MaxPool2d(2,2),# [,64,48,48]
            nn.BatchNorm2d(64),
            nn.Conv2d(64,128,3,1,1),# [,128,48,48]
            nn.ReLU(),
            nn.BatchNorm2d(128),
            nn.Conv2d(128,128,3,1,1),# [,128,48,48]
            nn.ReLU(),
            nn.BatchNorm2d(128),
            nn.Conv2d(128,256,3,1,1),# [,256,48,48]
            nn.ReLU(),
            nn.MaxPool2d(2,2),# [,256,24,24]
            nn.BatchNorm2d(256),
        )
        ## 定义 Decoder
        self.Decoder = nn.Sequential(
            nn.ConvTranspose2d(256,128,3,1,1), # [,256,24,24]
            nn.ReLU(),
            nn.BatchNorm2d(128),
            nn.ConvTranspose2d(128,128,3,2,1,1), # [,128,48,48]
            nn.ReLU(),
            nn.BatchNorm2d(128),
            nn.ConvTranspose2d(128,64,3,1,1), # [,64,48,48]
            nn.ReLU(),
            nn.BatchNorm2d(64),
            nn.ConvTranspose2d(64,32,3,1,1), # [,32,48,48]
            nn.ReLU(),
            nn.BatchNorm2d(32),
            nn.ConvTranspose2d(32,32,3,1,1), # [,32,48,48]
            nn.ConvTranspose2d(32,16,3,2,1,1), # [,16,96,96]
            nn.ReLU(),
            nn.BatchNorm2d(16),
```

```
                nn.ConvTranspose2d(16,3,3,1,1), # [,3,96,96]
                nn.Sigmoid(),
            )
        ## 定义网络的前向传播路径
        def forward(self, x):
            encoder = self.Encoder(x)
            decoder = self.Decoder(encoder)
            return encoder,decoder
```

在上述定义的网络类中，主要包含自编码模块Encoder和解码模块Decoder，在Encoder模块中，卷积核均为3×3，并且激活函数为ReLU，池化层使用最大值池化，经过多个卷积、池化和BatchNorm等操作后，图像的尺寸从96×96缩小为24×24，并且通道数会逐渐从3增加到256。但在Decoder模块中，做相反的操作，通过nn.ConvTranspose2d()函数对特征映射进行转置卷积，从而对特征映射进行放大，激活函数除最后一层使用Sigmoid外，其余层则使用ReLU激活函数。经过Decoder后，特征映射会逐渐从24×24放大到96×96，并且通道数也会从256逐渐过渡到3，对应着原始的RGB图像。在网络的forward()函数中会分别输出encoder和decoder的结果。

下面使用定义的网络DenoiseAutoEncoder()类初始化基于卷积层的自编码去噪网络DAEmodel，其网络结果输出如下所示（由于输出结果过长，所以省略掉一些隐藏层）：

```
In[9]:## 输出网络结构
    DAEmodel = DenoiseAutoEncoder()
    print(DAEmodel)
Out[9]:DenoiseAutoEncoder(
        (Encoder): Sequential(
          (0): Conv2d(3, 64, kernel_size=(3, 3), stride=(1, 1),
padding=(1, 1))
          (1): ReLU()
(2):BatchNorm2d(64,eps=1e-05,momentum=0.1,affine=True,track_running_
stats=True)
          …
          (18):MaxPool2d(kernel_size=2,stride=2,padding=0,dilation=1,
ceil_mode=False)
          (19):BatchNorm2d(256,eps=1e-05,momentum=0.1,affine=True,track_
running_stats=True)
        )
        (Decoder): Sequential(
          (0): ConvTranspose2d(256, 128, kernel_size=(3, 3),
```

```
stride=(1, 1), padding=(1, 1))
          (1): ReLU()
          (2):BatchNorm2d(128,eps=1e-05,momentum=0.1,affine=True,track_
running_stats=True)
          (3): ConvTranspose2d(128, 128, kernel_size=(3, 3),
stride=(2, 2), padding=(1, 1), output_padding=(1, 1))
          …
          (16): ConvTranspose2d(16, 3, kernel_size=(3, 3), stride=(1,
1), padding=(1, 1))
          (17): Sigmoid()
        )
      )
```

8.3.3 基于转置卷积解码的网络训练与预测

1. 网络训练

在网络定义好之后，需要使用训练数据集来优化定义好的自编码网络，以便得到一个自编码降噪器，优化器使用torch.optim.Adam()，损失函数使用均方根nn.MSELoss()函数，并可视化训练过程中损失大小的变化过程，程序如下所示：

```
In[10]: ## 定义优化器
      LR = 0.0003
      optimizer = torch.optim.Adam(DAEmodel.parameters(), lr=LR)
      loss_func = nn.MSELoss()    ## 损失函数
      ## 记录训练过程的指标
      history1 = hl.History()
      ## 使用Canvas进行可视化
      canvas1 = hl.Canvas()
      train_num = 0
      val_num = 0
      ## 对模型进行迭代训练，对所有的数据训练epoch轮
      for epoch in range(10):
          train_loss_epoch = 0
          val_loss_epoch = 0
          ## 对训练数据的加载器进行迭代计算
          for step, (b_x,b_y) in enumerate(train_loader):
              DAEmodel.train()
              ## 使用每个batch进行训练模型
              _,output = DAEmodel(b_x)   ## CNN在训练batch上的输出
```

```
        loss = loss_func(output, b_y)      ## 均方根误差
        optimizer.zero_grad()          ## 每个迭代步的梯度初始化为0
        loss.backward()                ## 损失的后向传播，计算梯度
        optimizer.step()               ## 使用梯度进行优化
        train_loss_epoch += loss.item() * b_x.size(0)
        train_num = train_num+b_x.size(0)
    ## 使用每个batch进行验证模型
    for step, (b_x,b_y) in enumerate(val_loader):
        DAEmodel.eval()
        _,output = DAEmodel(b_x)          ## CNN在训练batch上的输出
        loss = loss_func(output, b_y)  ## 均方根误差
        val_loss_epoch += loss.item() * b_x.size(0)
        val_num = val_num+b_x.size(0)
    ## 计算一个epoch的损失
    train_loss = train_loss_epoch / train_num
    val_loss = val_loss_epoch / val_num
    ## 保存每个epoch上的输出loss
    history1.log(epoch,train_loss=train_loss,
                 val_loss = val_loss)
    ## 可视网络训练的过程
    with canvas1:
        canvas1.draw_plot([history1["train_loss"],history1["val_loss"]])
```

运行上述程序得到图8-10所示的网络损失函数的变化过程。图示说明在训练集上和测试集上的损失大小均得到了收敛，而且损失函数收敛到一个很小的数值。

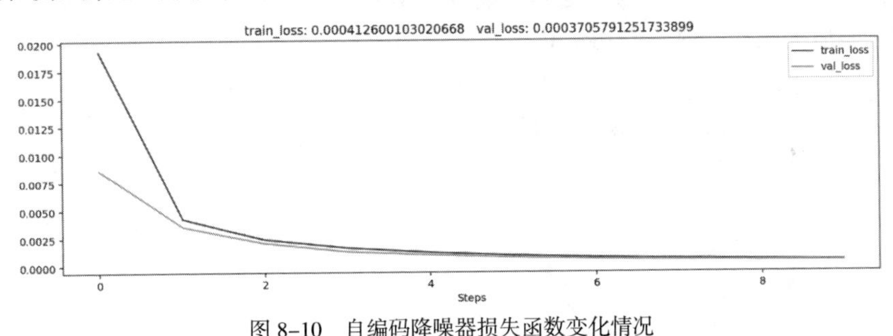

图8-10 自编码降噪器损失函数变化情况

2. 评价网络去噪效果

下面针对验证集中的一张图像使用训练好的降噪器进行图像去噪，并与原始图像比较降噪效果。

```
In[11]: ## 输入
        imageindex = 1
```

```
        im = X_val[imageindex,...]
        im = im.unsqueeze(0)
        imnose = np.transpose(im.data.numpy(),(0,3,2,1))
        imnose = imnose[0,...]
        ## 去噪
        DAEmodel.eval()
        _,output = DAEmodel(im)
        imde = np.transpose(output.data.numpy(),(0,3,2,1))
        imde = imde[0,...]
        ## 输出
        im = y_val[imageindex,...]
        imor = im.unsqueeze(0)
        imor = np.transpose(imor.data.numpy(),(0,3,2,1))
        imor = imor[0,...]
        ## 计算去噪后的 PSNR
        print("加噪后的 PSNR:",compare_psnr(imor,imnose),"dB")
        print("去噪后的 PSNR:",compare_psnr(imor,imde),"dB")
Out[11]: 加噪后的 PSNR: 19.4783327304 dB
         去噪后的 PSNR: 25.1766086425 dB
```

上面的程序是输入一张图像数据并使用DAEmodel降噪器对带噪声图像进行降噪，对降噪前后的图像分别计算出PSNR，即峰值信噪比，值越大说明两个图像之间越相似，可用于表示图像的去噪效果。从输出结果中可以看出，带噪图像和原始图像的峰值信噪比为19.478，而降噪后的图像和原始图像的峰值信噪比为25.176，说明去噪效果非常显著。为了更直观地观察图像的去噪效果，将原始图像、带噪图像和去噪后的图像分别进行可视化，得到的图像如图8-11所示。

```
In[12]: ## 将图像可视化
        plt.figure(figsize=(12,4))
        plt.subplot(1,3,1)
        plt.imshow(imor)
        plt.axis("off")
        plt.title("Origin image")
        plt.subplot(1,3,2)
        plt.imshow(imnose)
        plt.axis("off")
        plt.title("Noise image $\sigma$=30")
        plt.subplot(1,3,3)
        plt.imshow(imde)
        plt.axis("off")
        plt.title("Denoise image")
```

```
    plt.show()
```

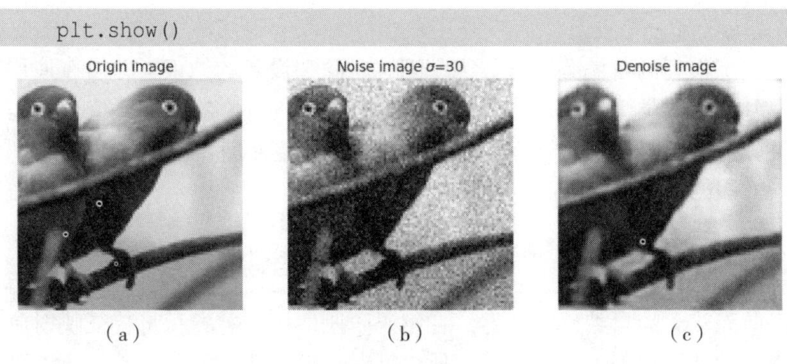

图 8-11 自编码降噪器去噪前后的图像对比

从图8-11中可以发现，去噪后的图像和带噪图像相比，去噪效果显著，在去噪图像中已经看不到噪声点了，而且图像非常平滑，和原始图像非常接近。

下面针对整个验证数据集使用降噪器DAEmodel，计算出所有图像降噪前后的峰值信噪比提升大小的均值，来衡量在多张数据上的降噪情况。

```
In[13]: ## 计算模型对整个验证集去噪后的 PSNR 提升量的均值
        PSNR_val = []
        DAEmodel.eval()
        for ii in range(X_val.shape[0]):
            imageindex = ii
            ## 输入
            im = X_val[imageindex,...]
            im = im.unsqueeze(0)
            imnose = np.transpose(im.data.numpy(),(0,3,2,1))
            imnose = imnose[0,...]
            ## 去噪
            _,output = DAEmodel(im)
            imde = np.transpose(output.data.numpy(),(0,3,2,1))
            imde = imde[0,...]
            ## 输出
            im = y_val[imageindex,...]
            imor = im.unsqueeze(0)
            imor = np.transpose(imor.data.numpy(),(0,3,2,1))
            imor = imor[0,...]
            ## 计算去噪后的 PSNR
            PSNR_val.append(compare_psnr(imor,imde) - compare_psnr(imor,imnose))
        print("PSNR 的平均提升量为 :",np.mean(PSNR_val),"dB")
Out[13]: PSNR 的平均提升量为 : 5.56174253303 dB
```

从上述输出结果可知，网络对多张图像的峰值信噪比的平均提升大小为

5.5617，去噪效果显著。

上述训练得到的自编码降噪器因受训练时间和设备的约束，并没有使用更多的图像以及基于不同类型的噪声进行训练，所以得到的降噪器在实际应用中还有一定的局限性，但是从降噪后的图像中已经反映出基于卷积神经网络的降噪自编码器在图像去噪方面的有效性。

8.3.4 基于上采样和卷积解码的网络搭建

针对前面建立的自编码降噪器，在解码阶段使用转置卷积将特征映射放大，这并不是唯一的特征映射上采样方法，所以针对自编码器的解码阶段，还可以使用其他方式进行解码，如使用UpsamplingBilinear2d()函数对特征映射进行线性插值，得到上采样的特征映射，然后使用卷积层对插值后的特征映射进行卷积操作修正，也可以组成自编码网络解码器。

下面建立一个新的基于卷积层的自编码网络降噪器，其中在自编码阶段和上述网络相同，仅在解码阶段做一些调整。先建立定义网络结构函数类DenoiseAutoEncoder，程序如下：

```
In[14]: class DenoiseAutoEncoder(nn.Module):
            def __init__(self):
                super(DenoiseAutoEncoder,self).__init__()
                ## 定义 Encoder
                self.Encoder = nn.Sequential(
                    nn.Conv2d(in_channels=3,out_channels=64,
                              kernel_size = 3,stride=1,padding=1),
                              #[,64,96,96]
                    nn.ReLU(),
                    nn.BatchNorm2d(64),
                    nn.Conv2d(64,64,3,1,1),# [,64,96,96]
                    nn.ReLU(),
                    nn.BatchNorm2d(64),
                    nn.Conv2d(64,64,3,1,1),# [,64,96,96]
                    nn.ReLU(),
                    nn.MaxPool2d(2,2),# [,64,48,48]
                    nn.BatchNorm2d(64),
                    nn.Conv2d(64,128,3,1,1),# [,128,48,48]
                    nn.ReLU(),
                    nn.BatchNorm2d(128),
                    nn.Conv2d(128,128,3,1,1),# [,128,48,48]
                    nn.ReLU(),
```

```
                nn.BatchNorm2d(128),
                nn.Conv2d(128,256,3,1,1),# [,256,48,48]
                nn.ReLU(),
                nn.MaxPool2d(2,2),# [,256,24,24]
                nn.BatchNorm2d(256),
            )
            ## 定义 Decoder
            self.Decoder = nn.Sequential(
                nn.UpsamplingBilinear2d(scale_factor=2), # [,256,48,48]
                nn.Conv2d(256,128,3,1,1), # [,128,48,48]
                nn.ReLU(),
                nn.BatchNorm2d(128),
                nn.Conv2d(128,64,3,1,1), # [,128,48,48]
                nn.ReLU(),
                nn.BatchNorm2d(64),
                nn.UpsamplingBilinear2d(scale_factor=2), # [,64,96,96]
                nn.Conv2d(64,32,3,1,1), # [,32,96,96]
                nn.ReLU(),
                nn.BatchNorm2d(32),
                nn.Conv2d(32,3,3,1,1), # [,3,96,96]
                nn.Sigmoid(),
            )
        ## 定义网络的前向传播路径
        def forward(self, x):
            encoder = self.Encoder(x)
            decoder = self.Decoder(encoder)
            return encoder,decoder
    ## 初始化网络结构
    DAEmodel = DenoiseAutoEncoder()
```

在上述自编码网络结构中，对解码器Decoder进行相关调整，即在Decoder阶段使用nn.UpsamplingBilinear2d()线性插值层和nn.Conv2d()卷积层，对特征映射进行放大并修正，每次放大2倍，其他层均保持不变，在使用DenoiseAutoEncoder()类初始化后可得到网络DAEmodel。

8.3.5　基于上采样和卷积解码的网络训练与预测

1. 网络训练

在网络定义好之后，使用相同的方式优化网络，即使用torch.optim.Adam()作为优化器，并使用均方根nn.MSELoss()作为损失函数。在网络训练过程中，将损失大小的变化过程进行可视化，用于观察网络的优化过程，程序如下：

```
In[15]:## 定义优化器
       LR = 0.0003
       optimizer = torch.optim.Adam(DAEmodel.parameters(), lr=LR)
       loss_func = nn.MSELoss()    ## 损失函数
       ## 记录训练过程的指标
       history1 = hl.History()
       ## 使用 Canvas 进行可视化
       canvas1 = hl.Canvas()
       train_num = 0
       val_num = 0
       ## 对模型进行迭代训练，对所有的数据训练 epoch 轮
       for epoch in range(10):
           train_loss_epoch = 0
           val_loss_epoch = 0
           ## 对训练数据的加载器进行迭代计算
           for step, (b_x,b_y) in enumerate(train_loader):
               DAEmodel.train()
               ## 使用每个 batch 进行训练模型
               _,output = DAEmodel(b_x)   ## CNN 在训练 batch 上的输出
               loss = loss_func(output, b_y)      ## 均方根误差
               optimizer.zero_grad()      ## 每个迭代步的梯度初始化为 0
               loss.backward()            ## 损失的后向传播，计算梯度
               optimizer.step()           ## 使用梯度进行优化
               train_loss_epoch += loss.item() * b_x.size(0)
               train_num = train_num+b_x.size(0)
           ## 使用每个 batch 进行验证模型
           for step, (b_x,b_y) in enumerate(val_loader):
               DAEmodel.eval()
               _,output = DAEmodel(b_x)         ## CNN 在训练 batch 上的输出
               loss = loss_func(output, b_y)  ## 均方根误差
               val_loss_epoch += loss.item() * b_x.size(0)
               val_num = val_num+b_x.size(0)
           ## 计算一个 epoch 的损失
           train_loss = train_loss_epoch / train_num
           val_loss = val_loss_epoch / val_num
           ## 保存每个 epoch 上的输出 loss
           history1.log(epoch,train_loss=train_loss,
```

```
                  val_loss = val_loss)
        ## 可视网络训练的过程
        with canvas1:
            canvas1.draw_plot([history1["train_loss"],history1["val_
loss"]])
```

执行上面的程序，在网络训练过程中可得到如图8-12所示的图像。图8-12和图8-10相比，得出该图像的损失函数的取值稍大，说明解码后图像的还原度没有解码器时基于转置卷积的网络好。

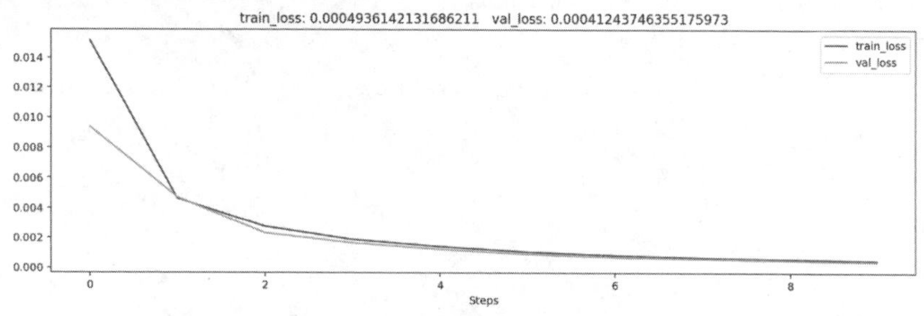

图 8-12 自编码降噪器的训练过程

2. 评价网络去噪效果

下面使用验证集中相同的图像来检测新的自编码降噪器的去噪效果，程序如下：

```
In[16]:## 输入
       imageindex = 1
       im = X_val[imageindex,...]
       im = im.unsqueeze(0)
       imnose = np.transpose(im.data.numpy(),(0,3,2,1))
       imnose = imnose[0,...]
       ## 去噪
       DAEmodel.eval()
       _,output = DAEmodel(im)
       imde = np.transpose(output.data.numpy(),(0,3,2,1))
       imde = imde[0,...]
       ## 输出
       im = y_val[imageindex,...]
       imor = im.unsqueeze(0)
       imor = np.transpose(imor.data.numpy(),(0,3,2,1))
       imor = imor[0,...]
       ## 计算去噪后的 PSNR
       print(" 加噪后的 PSNR:",compare_psnr(imor,imnose),"dB")
       print(" 去噪后的 PSNR:",compare_psnr(imor,imde),"dB")
```

```
Out[16]: 加噪后的 PSNR: 19.4783327304 dB
         去噪后的 PSNR: 23.8212045079 dB
```

上面程序的输入与图8-11是相同的图像数据，使用新的自编码降噪器DAEmodel对带噪声图像进行降噪，并且对降噪前后的图像分别计算PSNR。从输出结果可以看出，带噪图像和原始图像的峰值信噪比为19.478，而降噪后的图像和原始图像的峰值信噪比为23.821（小于25.176），说明去噪效果比上一个降噪器稍微差一些。为了更直观地观察图像的去噪效果，将原始图像、带噪图像和去噪后的图像分别进行可视化，得到如图8-13所示的图像。

```
In[17]:## 将图像可视化
       plt.figure(figsize=(12,4))
       plt.subplot(1,3,1)
       plt.imshow(imor)
       plt.axis("off")
       plt.title("Origin image")
       plt.subplot(1,3,2)
       plt.imshow(imnose)
       plt.axis("off")
       plt.title("Noise image $\sigma$=30")
       plt.subplot(1,3,3)
       plt.imshow(imde)
       plt.axis("off")
       plt.title("Denoise image")
       plt.show()
```

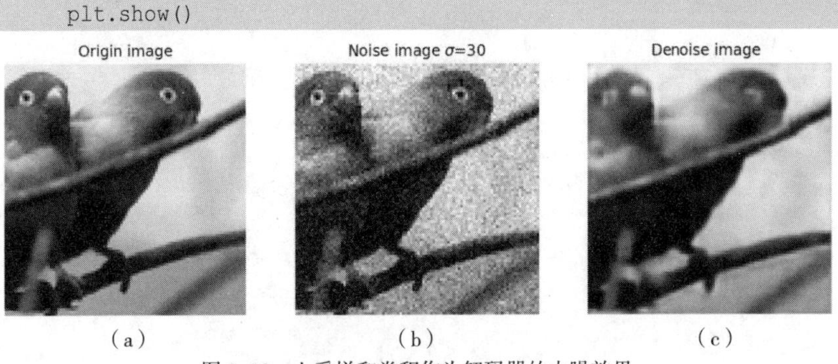

（a）　　（b）　　（c）

图 8-13　上采样和卷积作为解码器的去噪效果

图8-13和图8-11相比，降噪后的图像更加模糊，丧失了很多原始图像细节。

下面对整个验证数据集使用新的降噪器DAEmodel，计算出所有图像降噪前后峰值信噪比提升的均值，以衡量在多张数据上的降噪情况。

```
In[18]: ## 计算模型对整个验证集去噪后的 PSNR 提升量的均值
        PSNR_val = []
```

```
        DAEmodel.eval()
        for ii in range(X_val.shape[0]):
            imageindex = ii
            ## 输入
            im = X_val[imageindex,...]
            im = im.unsqueeze(0)
            imnose = np.transpose(im.data.numpy(),(0,3,2,1))
            imnose = imnose[0,...]
            ## 去噪
            _,output = DAEmodel(im)
            imde = np.transpose(output.data.numpy(),(0,3,2,1))
            imde = imde[0,...]
            ## 输出
            im = y_val[imageindex,...]
            imor = im.unsqueeze(0)
            imor = np.transpose(imor.data.numpy(),(0,3,2,1))
            imor = imor[0,...]
            ## 计算去噪后的 PSNR
            PSNR_val.append(compare_psnr(imor,imde) - compare_
psnr(imor,imnose))
        print("PSNR的平均提升量为：",np.mean(PSNR_val),"dB")
Out[18]: PSNR的平均提升量为： 5.28178280136 dB
```

从上述输出结果可知，网络对多张图像的峰值信噪比的平均提升大小为5.2817（小于5.5617），说明在降噪器的解码器中，使用转置卷积的去噪效果更显著。

8.4　本章小结

本章首先介绍了自编码模型的常用形式，然后介绍了自编码网络在图像处理方面的应用。针对基于线性层的自编码网络在使用PyTorch训练网络后的三个方面常见应用，分别为使用自编码网络对数据进行重构、使用自编码网络对数据进行可视化，以及使用自编码网络对数据降维，使用其他分类器构建分类模型。最后介绍了基于卷积的自编码网络的应用，即使用PyTorch搭建基于卷积的自编码图像降噪模型，对图像进行去噪。

第9章　图像风格迁移

图像风格迁移是图像纹理迁移研究的进一步拓展，可以理解为针对一张风格图像和一张内容图像，通过将风格图像的风格添加到内容图像上，从而对内容图像进行进一步创作，获得具有不同风格的目标图像。

基于深度学习网络的图像风格迁移主要有三种类型，分别为固定风格固定内容的风格迁移、固定风格任意内容的快速风格迁移和任意风格任意内容的极速风格迁移。本章主要介绍前两种方式，并介绍如何使用PyTorch来实现图像风格迁移。

9.1　常用的图像风格迁移方式

图像风格迁移主要任务是将图像的风格迁移到内容图像上，使得内容图像也具有一定的风格。其中风格图像通常可以是艺术家的一些作品，如画家梵高的《向日葵》《星月夜》，日本浮世绘的《神奈川冲浪里》等经典的画作，这些图像通常包含一些经典的艺术家风格。风格图像也可以是经典的具有特色的照片，如夕阳下的照片、城市的夜景等，图像具有鲜明色彩图像。而内容图像则通常来自现实世界，可以是自拍照、户外摄影等。利用图像风格迁移则可以将内容图像处理为想要的风格。

9.1.1　固定风格固定内容的普通风格迁移

固定风格固定内容的风格迁移方法，也可以称为普通图像风格迁移方法，也是最早的基于深度卷积神经网络的图像风格迁移方法。针对每张固定内容图像和风格图像，普通图像风格迁移方法都需要重新经过长时间的训练，这是最慢的方法，也是最经典的方法。

固定风格固定内容的风格迁移方法于2015年由来自德国图宾根大学的三位研究员提出。其思路很简单，就是把图片当作可以训练的变量，通过不断优化图片的像素值，降低其与内容图片的内容差异，并降低其与风格图片的风格差异，通过对卷积网络的多次迭代训练，能够生成一幅具有特定风格的图像，并且内容与内容图片的内容一致，生成图片风格与风格图片的风格一致。他们的研究被整理为两篇文章，分别是A Neural Algorithm of Artistic Style和Image Style Transfer Using Convolutional Neural Networks。这引起了学术界和工业界的极大兴趣。

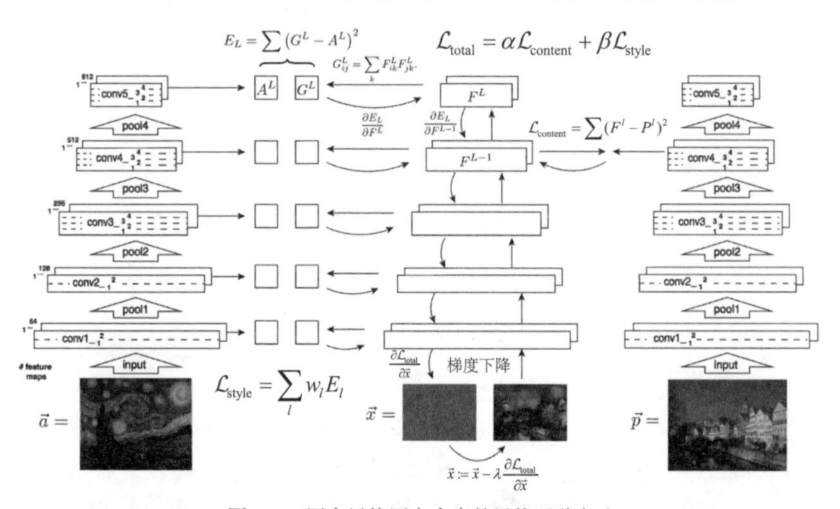

图 9-1　固定风格固定内容的风格迁移方法

图9-1是在文章Image Style Transfer Using Convolutional Neural Networks中，提到的基于VGG16网络中卷积层的图像风格迁移流程。在图中左边的图像$\vec{a}$为输入的风格图像，右边的图像$\vec{p}$为输入的内容图像。中间的图像$\vec{x}$则是表示由随机噪声生成的图像风格迁移后的图像。$\mathcal{L}_{\text{content}}$表示图像的内容损失，$\mathcal{L}_{\text{style}}$表示图像的风格损失，$\alpha$和$\beta$分别表示内容损失权重和风格损失权重。

针对深度卷积神经网络的研究发现，使用较深层次的卷积计算得到的特征映射能够较好地表示图像的内容，而较浅层次的卷积计算得到的特征映射能够较好地表示图像的风格。基于这样的思想就可以通过不同卷积层的特征映射来度量目标图像在风格上和风格图像的差异，以及在内容上和内容图像的差异。

两个图像的内容相似性度量主要是通过度量两张图像在通过VGG16的卷积计算后，在conv4_2层上特征映射的相似性，作为图像的内容损失，内容损失函数如下所示：

$$\mathcal{L}_{\text{content}}=\frac{1}{2}\sum_{i,j}\left(F_{ij}^{l}-P_{ij}^{l}\right)^{2}$$

式中，l表示特征映射的层数；F和P分别是目标图像和内容图像在对应卷积层输出的特征映射。

图像风格的损失并不是直接通过特征映射进行比较的，而是通过计算Gram矩阵先计算出图像的风格，再进行比较图像的风格损失。计算特征映射的Gram矩阵则是先将其特征映射变换为一个列向量，而Gram矩阵则使用这个列向量乘以其转置获得，Gram矩阵可以更好地表示图像的风格。所以输入风格图像$\vec{a}$和目标图像$\vec{x}$，使用A^{l}和G^{l}分别表示它们在l层特征映射的风格表示（计算得到的Gram矩阵），那么图像的风格损失可以通过下面的方式进行计算：

$$E_{l}=\frac{1}{4N_{l}^{2}M_{l}^{2}}\sum_{i,j}\left(G_{ij}^{l}-A_{ij}^{l}\right)^{2}$$

$$\mathcal{L}_{\text{style}}=\sum_{l=0}^{L}w_{l}E_{l}$$

式中，w_{l}是每个层的风格损失的权重；N_{l}和M_{l}对应着特征映射的高和宽。

针对固定图像固定风格的图像风格迁移，使用PyTorch很容易实现。后续小节将介绍如何使用PyTorch进行固定图像固定风格的图像风格迁移。

9.1.2 固定风格任意内容的快速风格迁移

固定风格任意内容的快速风格迁移，是在固定风格固定内容的图像风格迁移的基础上，做出的一些必要改进，即在普通图像风格迁移的基础上，添加一个可供训练的图像转换网络。针对一种风格图像进行训练后，可以将任意输入图像非常迅速地进行图像迁移学习，让该图像具有学习好的图像风格。其深度网络的框架如

图 9–2 所示。

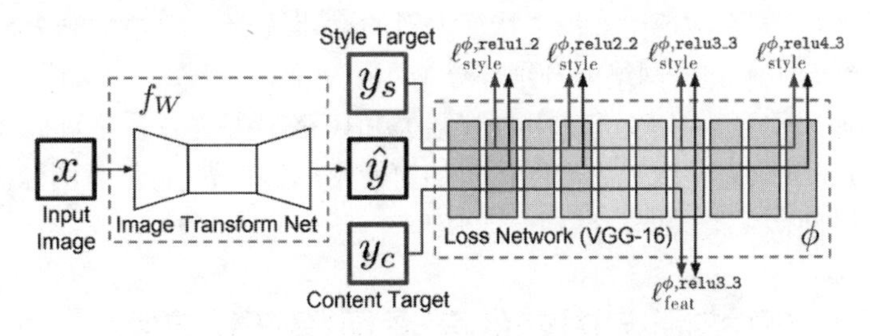

图 9–2 固定风格任意内容的快速图像风格迁移框架

图9–2来自文章Perceptual Losses for Real–Time Style Transfer and Super–Resolution。图示可以看作两个部分，一部分是通过输入图像x经过图像转换网络fw，得到网络的输出$\hat{y}$，这部分是普通风格迁移图像框架中没有的部分，普通图像风格迁移的输入图像是随机噪声，而快速风格迁移的输入是一张图像经过转换网络fw的输出；另一部分是使用VGG16网络中的相关卷积层去度量一张图像的内容损失和风格损失。

在图像转换网络(Image Transform Net)部分，可以分为3个阶段，分别是图像降维部分、残差连接部分和图像升维部分。

(1)图像降维部分：主要通过3个卷积层来完成，将图像的尺寸从256 × 256逐渐缩小到原来的1/4，即64 × 64，并且将通道数逐渐从3个增加到128个特征映射。

(2)残差连接部分：该部分是通过连接5个残差块，对图像进行学习，该结构用于学习如何在原图上添加少量内容，改变原图的风格。其中每个残差连接的结构如图9–3所示。

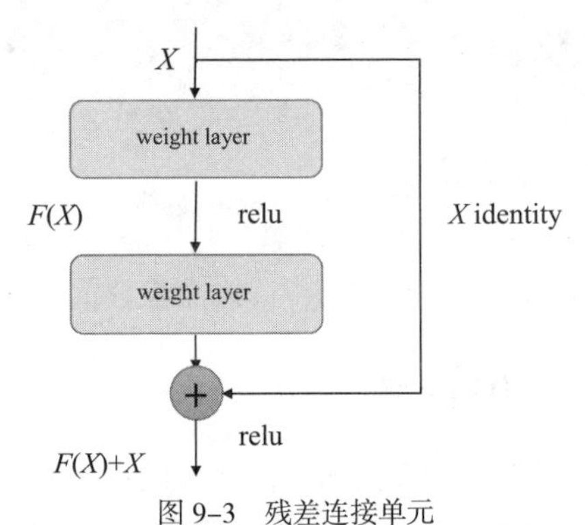

图 9–3 残差连接单元

残差连接模块的主要思想是假设有一个网络M，输出为X，如果给网络M增加一层称为新的网络M_{new}，其输出为$H(X)$。残差连接的设计思路是为了保证网络M_{new}的性能比网络M强，令网络M_{new}的输出为$H(X)=F(X)+X$，M_{new}在保证M的输出X的同时，增加了一项残差输出$F(X)$，这样只要残差学习得到比“恒等于0”更好的函数，则能够保证网络M_{new}的效果一定比网络M好。

（3）图像升维部分：该部分主要输出5个残差单元，通过3个卷积层的操作，逐渐将其通道数从128缩小到3，每个特征映射的尺寸从64 × 64放大到256 × 256，也可以使用转置卷积来完成网络的升维部分。

针对快速风格迁移，除了使用内容损失和风格损失之外，还可以使用全变分（Total Variation）损失，用于平滑图像。如何使用PyTorch进行任意图像固定风格的快速图像风格迁移在第9.3节介绍。

9.2 固定风格固定内容的普通风格迁移实战

扫一扫，看视频

本节介绍如何使用PyTorch进行固定风格与固定内容的图像风格迁移，在本示例中将会以VGG19网络为基础，作为提取图像特征映射的网络。VGG19网络和VGG16网络一样，不同的是VGG19网络比VGG16多几个卷积层和一个池化层，所以使用VGG19也能作为图像风格迁移基础网络。首先导入本小节需要的库和模块。

```
In[1]:## 导入包
    from PIL import Image
    import matplotlib.pyplot as plt
    import numpy as np
    import torch
    import torch.optim as optim
    import requests
    from torchvision import models
    from torchvision import transforms
    import time
    import hiddenlayer as hl
    from skimage.io import imread
```

导入的库和模块中imread()函数可用于读取图像数据。

9.2.1 准备 VGG19 网络

在导入相关库和模块后，需要从torchvision的models模块中导入预训练好的VGG19网络，预训练好的网络是在ImageNet数据集上进行训练的，所以使用时会非常方便。因为VGG19网络的作用是计算对应图像在网络中一些层输出的特征映射，在计算过程中，不需要更新VGG19的参数权重，所以导入VGG19网络后，需要将其中的权重冻结，程序如下所示：

```
In[2]:## 使用 VGG19 网络来获取特征
    vgg19 = models.vgg19(pretrained=True)
```

```
## 不需要网络的分类器，只需要卷积和池化层
vgg = vgg19.features
## 将 VGG19 的特征提取网络权重冻结，在训练时不更新
for param in vgg.parameters():
    param.requires_grad_(False)
```

在上面的程序中，使用models.vgg19(pretrained=True)读取已经预训练的VGG19网络，参数pretrained=True表示读取的网络是已经预训练过的。预训练过的网络可以直接进行相关的应用。因不需要网络中的分类器相关的层，所以使用vgg19.features即可获取网络中由卷积和池化组成的特征提取层。在冻结网络的权重时，通过一个循环来遍历网络中所有可以训练的权重，然后通过requires_grad_(False)方法，设置权重在接下来的计算中不更新梯度，即权重不更新。由于得到的网络vgg结构输出太长，此处省略了输出，其结构可以在程序中进行查看。

9.2.2 图像数据准备

在准备好计算使用的VGG19网络之后，还需要对输入的图像进行相关的处理，因为网络可以接受任意尺寸的输入图像（图像的尺寸不宜过小，预防深层的卷积操作后没有特征映射输出，或特征映射尺寸太小），但是图像的尺寸越大，在进行风格迁移时，需要进行的计算量就会越多，速度就会越慢，所以需要保持图像有合适的尺寸。虽然图像风格迁移时可以使用任意尺寸的图像，而且输入的风格图像的尺寸和内容图像的尺寸大小也可以不相同（在实际应用中为了方便，通常会将风格图像的尺寸和内容图像的尺寸设置为相同），但目标图像尺寸和内容图像的尺寸需要相同，这样才能计算和比较内容损失的大小。

下面定义load_image()函数用于读取图像，在读取图像的同时，控制图像的尺寸大小，程序如下所示：

```
In[3]:## 定义一个读取风格图像或内容图像的函数，并且将图像进行相应的转化
    def load_image(img_path, max_size=400, shape=None):
        """
        读取图像并且保证图像的高和宽在默认情况下都小于 400
        """
        image = Image.open(img_path).convert('RGB')
        ## 如果图像尺寸过大，就对图像进行尺寸转换
        if max(image.size) > max_size:
            size = max_size
        else:
            size = max(image.size)
        ## 如果指定了图像的尺寸，就将图像转化为 shape 指定的尺寸
        if shape is not None:
```

```
        size = shape
    ## 使用transforms将图像转化为张量，并进行标准化
    in_transform = transforms.Compose(
        [transforms.Resize(size), ## 图像尺寸变换，图像的短边匹配size
         transforms.ToTensor(),    ## 数组转化为张量
         ## 图像进行标准化
         transforms.Normalize((0.485, 0.456, 0.406),
                              (0.229, 0.224, 0.225))])
    ## 使用图像的RGB通道，并且添加batch维度
    image = in_transform(image)[:3,:,:].unsqueeze(dim=0)
    return image
```

load_image()函数有三个参数，第一个参数是输入需要读取图像的路径img_path，第二个参数和第三个参数用于控制图像的大小。如果指定了max_size参数，在读取图像时，若图像的尺寸过大，图像会进行相应的缩小，如果指定了图像的尺寸（shape参数），则将图像转化为shape指定的大小。读取图像后，为了方便通过卷积网络计算相关的特征输出，使用transforms的相关转换操作，对图像进行预处理，最后将输出一个可以使用的四维张量image。

上述读取后的图像并不能通过matplotlib库直接进行可视化，需要定义一个im_convert()函数，该函数可以将一张图像的四维张量转化为一个可以使用matplotlib库可视化的三维数组，程序如下所示：

```
In[4]:## 定义一个将标准化后的图像转化为便于利用matplotlib可视化的函数
    def im_convert(tensor):
        """
        将[1, c, h, w]维度的张量转化为[ h, w,c]的数组
        因为张量进行了标准化，所以要进行标准化逆变换
        """
        image = tensor.data.numpy().squeeze() # 去除batch维度数据
        image = image.transpose(1,2,0) ## 置换数组的维度[c,h,w]->[h,w,c]
        ## 进行标准化的逆操作
        image = image * np.array((0.229, 0.224, 0.225)) +
np.array((0.485, 0.456, 0.406))
        image = image.clip(0, 1) ##  将图像的取值剪切到0 ~ 1之间
        return image
```

下面的程序将读取需要使用的风格图像和内容图像，并将它们可视化。

```
In[5]:## 读取内容和风格图像
    content = load_image("data/chap9/tar58.png",max_size=400)
    print("content shape:",content.shape)
    ## 根据内容图像的宽和高来设置风格图像的宽和高
```

```
    style = load_image("data/chap9/tar21.png", shape=content.
shape[-2:])
    print("style shape:",style.shape)
    ## 可视化图像，可视化内容图像和风格图像
    fig, (ax1, ax2) = plt.subplots(1, 2, figsize=(12, 5))
    ## content and style ims side-by-side
    ax1.imshow(im_convert(content))
    ax1.set_title("content")
    ax2.imshow(im_convert(style))
    ax2.set_title("style")
    plt.show()
```

运行上述程序得到如下所示的输出和如图9-4所示的图像。为了保证两张图像具有相同的大小，在程序中通过内容图像的尺寸来定义风格图像的尺寸。

```
Out[5]:content shape: torch.Size([1, 3, 400, 640])
      style shape: torch.Size([1, 3, 400, 640])
```

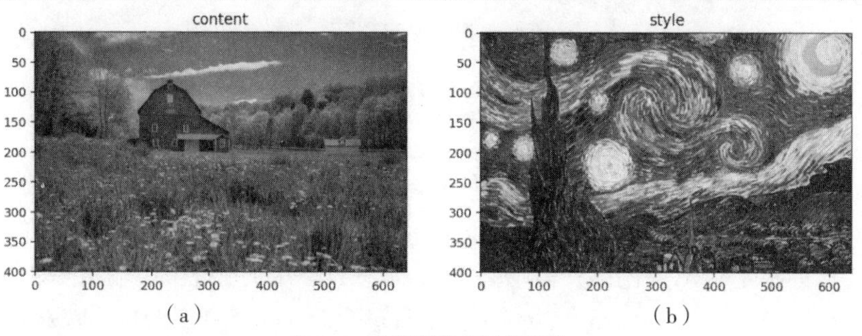

图9-4　内容图像和风格图像

从输出的两张图像的尺寸可以看出两张图像都是400 × 640的RGB图像，并且图9-4（a）所示为内容图像，图9-4（b）所示为风格图像，风格图像是油画《星月夜》。我们期望图像进行迁移学习后，内容图像具有风格图像的油画风格。

9.2.3　图像的输出特征和Gram矩阵的计算

为了更方便获取图像在VGG19网络指定层上的特征映射输出，定义一个get_features()函数，程序如下所示：

```
In[6]:## 定义一个函数，用于获取图像在网络上指定层的输出
    def get_features(image, model, layers=None):
        """
        将一张图像 image 在一个网络 model 中进行前向传播计算，并获取指定层
layers 中的特征映射输出
        """
```

```
    ## 将 PyTorch 的 VGGNet 的完整映射层名称与论文中的名称相对应
    ## layers 参数指定：需要用于图像的内容和样式表示的图层
    ## 如果 layers 没有指定，就使用默认的层
    if layers is None:
        layers = {'0': 'conv1_1',
                  '5': 'conv2_1',
                  '10': 'conv3_1',
                  '19': 'conv4_1',
                  '21': 'conv4_2',  ## 内容图层的表示
                  '28': 'conv5_1'}
    features = {} ## 获取的每层特征保存到字典中
    x = image  ## 需要获取特征的图像
    ## model._modules 是一个字典，保存着网络 model 每层的信息
    for name, layer in model._modules.items():
        ## 从第一层开始获取图像的特征
        x = layer(x)
        ## 如果是 layers 参数指定的特征，那就保存到 features 中
        if name in layers:
            features[layers[name]] = x
    return features
```

get_features()函数通过输入参数图像（image），使用网络（model）和指定的层参数（layers），输出图像在指定网络层上的特征映射，并将输出的结果保存在一个字典中，如指定VGG19网络，但不指定layers参数，默认情况下会输出VGG19网络的conv1_1、conv2_1、conv3_1、conv4_1、conv4_2、conv5_1层的特征映射。

比较两个图像是否具有相同的风格时，可以使用Gram矩阵来评价。我们定义函数gram_matrix()对一张图像的特征映射输出计算Gram矩阵。

```
In[7]:## 定义计算格拉姆矩阵
    def gram_matrix(tensor):
        """
        计算指定向量的 Gram Matrix，该矩阵表示图像的风格特征，
        格拉姆矩阵最终能够在保证内容的情况下，进行风格的传输。
        tensor：是一张图像前向计算后的一层特征映射
        """
        ## 获得 tensor 的 batch_size, depth, height, width
        _, d, h, w = tensor.size()
        ## 改变矩阵的维度为（深度，高 × 宽）
        tensor = tensor.view(d, h * w)
        ## 计算 gram matrix
        gram = torch.mm(tensor, tensor.t())
```

```
        return gram
```

在上面定义的gram_matrix()函数是计算一张图像Gram矩阵，针对输入的四维特征映射，将其每一个特征映射设置为一个向量，得到一个行为d（特征映射数量），列为h＊w（每个特征映射的像素数量）的矩阵，该矩阵乘以其转置即可得到需要的Gram矩阵。

在定义好两个辅助函数后，下面针对内容图像和风格图像计算特征输出，并且计算风格图像在每个特征输出上的Gram矩阵，程序如下所示：

```
In[8]:## 计算在第一次训练之前内容特征和风格特征，使用 get_features 函数
    content_features = get_features(content, vgg)
    ## 计算风格图像的风格表示
    style_features = get_features(style, vgg)
    ## 为风格图像的风格表示计算每层的格拉姆矩阵，使用字典保存
    style_grams = {layer: gram_matrix(style_features[layer]) for layer
in style_features}
    ## 使用内容图像的副本创建一个目标图像，训练时对目标图像进行调整
    target = content.clone().requires_grad_(True)
```

上面的程序还定义了一个目标图像，该目标图像最后需要生成带有风格的内容图像。在定义目标图像时，在9.1.1节中介绍的是使用随机噪声进行初始化，但是在实践中发现，使用内容图像进行初始化能够提升图像的生成速度和最终生成效果，所以这里使用内容图像的一个副本作为目标图像的初始化。

9.2.4 进行图像风格迁移

在相关准备工作做好之后，下面就可以使用相关图像和网络进行图像风格迁移的学习，为了训练效果，在计算风格时，针对不同层的风格特征映射Gram矩阵，定义不同大小的权重，此处使用style_weights字典法完成，并且针对最终的损失，内容损失权重α和风格损失权重β分别定义为1和1×10^6，程序如下所示：

```
In[9]:## 定义每个样式层的权重
    style_weights = {'conv1_1': 1.,
                     'conv2_1': 0.75,
                     'conv3_1': 0.2,
                     'conv4_1': 0.2,
                     'conv5_1': 0.2}
    alpha = 1
    beta = 1e6
    content_weight = alpha
    style_weight = beta
```

需要注意的是，在style_weights中没有定义conv4_2层的Gram权重，这是因为该层的特征映射用于度量图像内容的相似性。

定义好权重参数后，下面使用Adam优化器进行训练，其中学习率为0.0003，并且为了监督网络在训练过程中的结果，每间隔1000次迭代输出目标图像的可视化情况，用于观察，并将迭代过程中每次相关损失值保存在列表中。用于优化目标图像的程序如下所示：

```
In[10]:## 训练并且对结果进行输出
    show_every = 1000  ## 每迭代 1000 次输出一个中间结果
    ## 将损失保存
    total_loss_all = []
    content_loss_all = []
    style_loss_all = []
    ## 使用 Adam 优化器
    optimizer = optim.Adam([target], lr=0.0003)
    steps = 5000     ## 优化时迭代的次数
    t0 = time.time() ## 计算需要的时间
    for ii in range(1, steps+1):
        ## 获取目标图像的特征
        target_features = get_features(target, vgg)
        ## 计算内容损失
        content_loss = torch.mean((target_features['conv4_2'] -
content_features['conv4_2'])**2)
        ## 计算风格损失，并且初始化为 0
        style_loss = 0
        ## 将每个层的 gram matrix 损失相加
        for layer in style_weights:
            ## 计算要生成的图像的风格表示
            target_feature = target_features[layer]
            target_gram = gram_matrix(target_feature)
            _, d, h, w = target_feature.shape
            ## 获取风格图像在每层的风格的 gram matrix
            style_gram = style_grams[layer]
            ## 计算要生成图像的风格和风格图像的风格之间的差异，每层都有一个
权重
            layer_style_loss = style_weights[layer] * torch.
mean((target_gram - style_gram)**2)
            ## 累加计算风格差异损失
            style_loss += layer_style_loss / (d * h * w)
        ## 计算一次迭代的总的损失，即内容损失和风格损失的加权和
```

```
        total_loss = content_weight * content_loss + style_weight *
style_loss
        ##  保留三种损失大小
        content_loss_all.append(content_loss.item())
        style_loss_all.append(style_loss.item())
        total_loss_all.append(total_loss.item())
        ## 更新需要生成的目标图像
        optimizer.zero_grad()
        total_loss.backward()
        optimizer.step()
        ## 输出每 show_every 次迭代后的生成图像
        if  ii % show_every == 0:
            print('Total loss: ', total_loss.item())
            print('Use time: ', (time.time() - t0)/3600 , " hour")
            newim = im_convert(target)
            plt.imshow(newim)
            plt.title("Iteration: " + str(ii) + " times")
            plt.show()
            ## 保存图片
            result = Image.fromarray((newim * 255).astype(np.uint8))
            result.save("data/chap9/result"+str(ii)+".bmp")
```

在上面的程序中还需要注意以下几点：

（1）优化器的使用方式为optim.Adam([target], lr=0.0003)，表明在优化器中，最终要优化的参数是目标图像的像素值，不会优化VGG网络中的权重等参数。

（2）获取目标图像在相关层的特征输出时使用get_features(target, vgg)函数，并且因为内容图像的特征映射在conv4_2层，所以内容损失计算时，需提取指定层的输出，即使用target_features['conv4_2']获得目标图像的内容表示，以及使用content_features['conv4_2']获得内容图像的内容表示。

（3）由于图像的风格表示的损失是通过多个层来表示，所以需要通过for循环来逐层计算相关的Gram矩阵和风格损失。

（4）最终的损失是风格损失和内容损失的加权和。

（5）为了观察和保留图像风格在迁移过程中的结果，将图像每间隔1000次迭代计算后的结果进行可视化并保存到指定的文件中。

下面输出迭代1000次和迭代5000次的图像（由于空间限制，中间的结果在这里就不展示了），用于观察图像的风格在迁移过程的变化情况，结果如图9-5所示。

从输出的图像中可以发现目标图像初始时带有的风格图像的风格并不明显，但是经过5000次迭代后，具有很明显的风格图像的风格，即原始的摄像机照片，具有了油画《星月夜》的一些明显的绘画特点，如图像的纹理、配色、油画的特点等。

（a）　　（b）

图 9-5　迭代 1000 次和迭代 5000 次的目标图像

在网络的训练过程中，还保存了内容损失、风格损失和总的损失，下面将这些损失的变化趋势可视化出来，程序如下所示：

```
In[11]: ## 可视化损失函数 loss
        plt.figure(figsize=(12,4))
        plt.subplot(1,2,1)
        plt.plot(total_loss_all,"r",label = "total_loss")
        plt.legend()
        plt.title("total loss")
        plt.subplot(1,2,2)
        plt.plot(content_loss_all,"g-",label = "content_loss")
        plt.plot(style_loss_all,"b-.",label = "style_loss")
        plt.legend()
        plt.title("Content and Style loss")
        plt.show()
```

运行程序后，得到如图 9-6 所示的损失值变化情况。

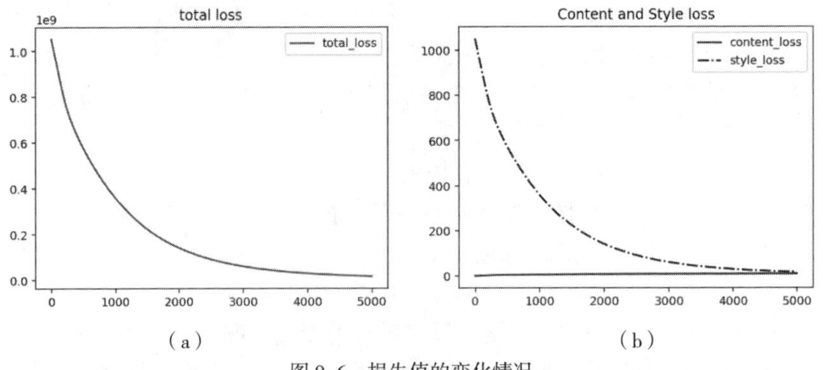

（a）　　（b）

图 9-6　损失值的变化情况

因为目标图像的初始化是内容图像，所以在训练过程中，内容损失逐渐增大，而风格损失越来越小，说明目标图像具有的风格就越明显。

9.3　固定风格任意内容的快速风格迁移实战

扫一扫，看视频

本节将介绍使用PyTorch对固定风格任意内容的快速风格迁移进行建模。该模型根据图9-2所示的网络及训练过程进行建模，但略有改动，主要对图像转换网络的上采样操作进行相应的调整。在下面建立的网络中，将会使用转置卷积操作进行特征映射的上采样。下面首先导入本小节需要的库和模块。

```
In[1]:## 导入本节所需要的模块
     import numpy as np
     import pandas as pd
     import matplotlib.pyplot as plt
     from PIL import Image
     import time
     import torch
     from torch import nn
     import torch.nn.functional as F
     import torch.utils.data as Data
     import torch.optim as optim
     from torchvision import transforms
     from torchvision.datasets import ImageFolder
     from torchvision import models
```

因为在训练转换网络时，需要使用大量的图像数据，而网络的参数也很多，为了提高效率，网络训练和结果展示都会在GPU上进行。

在GPU上2个小时就能训练完成的任务，在CPU上可能需要几天的时间。所以读者在研究本节的程序时，不建议在CPU上进行训练。本章会提供基于GPU和CPU的程序，以及在GPU上训练得到的网络模型结果，读者可以使用训练好的网络，在CPU上对任意图像进行图像风格迁移。

9.3.1　GPU的使用

PyTorch本身就提供了一套很好的支持GPU的运算体系，所以基于GPU的训练非常方便。但使用GPU训练时需要注意的主要有以下几点：①将需要训练及使用的模型转为cuda模式；②将使用的训练、测试等数据集转为cuda模式；③针对网络的输出数据要搞清楚何时是cuda模式，以及何时转化为numpy数据格式。

1. 设置 GPU 设备索引

在使用GPU之前，首先需要判断使用的计算机或者服务器是否有可使用的GPU，可使用下面的程序进行判断：

```
In[2]:device = torch.device("cuda:1" if torch.cuda.is_available() else
"cpu")
    device
Out[2]:device(type='cuda', index=1)
```

在上面的程序中，使用torch.cuda.is_available()判断是否有可用的GPU，若有可用的GPU，则使用"cuda:1"定义使用GPU 1（这里要保证GPU多于一块，如果只用一块GPU可使用参数"cuda"，即默认的GPU，也可使用torch.cuda.device_count()函数获取能够使用的GPU数量），如果未找到GPU则使用CPU进行计算。其中函数torch.device()为设置所使用GPU设备的索引，以便在将网络或数据设置为GPU模式时，使用相应的.to(device)方法即可。从输出结果中可以发现第二块GPU（cuda:1）是可用的（GPU的数量通常从0开始排序）。

2. 将网络转为 cuda 模式

对已经初始化好的网络可将其转化为可使用GPU训练的模式：

```
In[3]:fwnet = ImfwNet().to(device)
```

上面的代码使用ImfwNet()网络类初始化fwnet，并通过“.to(device)”方法将网络设置为device所表示的计算设备，即使用指定的GPU进行相关的计算。

3. 将数据转为 cuda 模式

针对读入的数据，在进行网络训练时，需要将其转化为使用GPU计算的模式，在GPU训练时才能正确地使用数据，可以使用如下方式对数据进行转换：

```
data.to(device)   ## 将数据转化为使用指定的 GPU 可计算的形式
data.cpu()        ## 将 GPU 可计算的形式的数据转化为 CPU 可计算的形式
```

在使用GPU进行计算时，要搞清楚何时使用什么样式的数据，在计算时才不会出错，才能体验GPU带来的速度提升。

9.3.2 快速风格迁移网络准备

快速风格迁移的网络结构，会通过3个卷积层对图像的特征映射进行降维操作，然后通过5个残差连接层，学习图像的风格，并添加到内容图像上，最后通过3个转置卷积操作，对特征映射进行升维，以重构风格迁移后的图像。下面给出需要图像转换网络的结构，如表9-1所示。

表 9-1　转换网络的结构

层	激活尺寸
输入层	3 × 256 × 256
32 × 9 × 9 的卷积，stride=1，激活函数 ReLU	32 × 256 × 256
64 × 3 × 3 的卷积，stride=2，激活函数 ReLU	64 × 128 × 128
128 × 3 × 3 的卷积，stride=2，激活函数 ReLU	128 × 64 × 64
残差连接，128 个特征映射，激活函数 ReLU	128 × 64 × 64
残差连接，128 个特征映射，激活函数 ReLU	128 × 64 × 64
残差连接，128 个特征映射，激活函数 ReLU	128 × 64 × 64
残差连接，128 个特征映射，激活函数 ReLU	128 × 64 × 64
残差连接，128 个特征映射，激活函数 ReLU	128 × 64 × 64
64 × 3 × 3 的转置卷积，stride=2，激活函数 ReLU	64 × 128 × 128
32 × 3 × 3 的转置卷积，stride=2，激活函数 ReLU	32 × 236 × 256
3 × 9 × 9 的转置卷积，stride=1，激活函数 无	3 × 236 × 256

需要注意的是，在转换网络的升维操作中，使用转置卷积来代替原文章中的上采样和卷积层的结合，因为输入的是标准化后的图像，像素值范围在-2.1~2.7之间，所以在网络最后的输出层中，不使用激活函数，网络的输出值大多数会在-2.1~2.7之间，只有少部分不在该区间，故在实际训练网络时，会将输出裁剪到-2.1~2.7之间，即最后一层无须使用激活函数，而且其他层的激活函数均为ReLU函数。在网络中，特征映射的数量逐渐从3增加到128，并且每个残差连接层有128个特征映射，在转置卷积层特征映射的数量会从128减少到3，对应着图像的三个通道。

在网络中会适当地使用nn.ReflectionPad2d()层进行边界反射填充，以及使用nn.InstanceNorm2d()层在像素上对图像进行归一化处理。需要注意的是，文章Perceptual Losses for Real-Time Style Transfer and Super-Resolution的作者开源的TensorFlow程序中，使用的图像输入和输出像素值均在0 ~ 255之间，本章节的输入和输出像素值均是标准化后的像素值，这里虽然和原始的文章不同，但并不会影响快速图像风格迁移的效果，重要的是要知道网络的输入和输出的内容，这里主要是为方便对网络的使用。

1. 定义 ResidualBlock 残差块结构

针对网络中的残差连接，可以单独定义为一个残差连接类ResidualBlock，以便在搭建转换网络时，可以减少重复性代码，程序如下所示：

```
In[4]:## ResidualBlock 残差块的网络结构
    class ResidualBlock(nn.Module):
        def __init__(self, channels):
            ## channels:b 表示要输入的 feature map 数量
            super(ResidualBlock, self).__init__()
            self.conv = nn.Sequential(
```

```
                nn.Conv2d(channels,channels,kernel_
size=3,stride=1,padding=1),
                nn.ReLU(),
                nn.Conv2d(channels,channels,kernel_
size=3,stride=1,padding=1)
            )
        def forward(self, x):
            return F.relu(self.conv(x) + x)
```

在定义残差连接时，其中conv模块包括两个卷积层和一个ReLU()激活函数层，并且在forward()函数中，要使用F.relu()表示ReLU激活函数输出self.conv(x)和输入x的和。该模块的连接方式对应着图9-3残差连接单元。

2. 定义图像转换网络

图像转换网络ImfwNet主要包括三个模块，分别是下采样模块downsample、5个残差连接模块res_blocks以及上采样模块unsample，定义该网络的程序如下所示：

```
In[5]:## 定义图像转换网络
    class ImfwNet(nn.Module):
        def __init__(self):
            super(ImfwNet, self).__init__()
            self.downsample = nn.Sequential(
                nn.ReflectionPad2d(padding=4),   ## 使用边界反射填充
                nn.Conv2d(3,32,kernel_size=9,stride=1),
                nn.InstanceNorm2d(32,affine=True),## 在像素值上做归一化
                nn.ReLU(),  ## 3*256*256->32*256*256
                nn.ReflectionPad2d(padding=1),
                nn.Conv2d(32,64,kernel_size=3,stride=2),
                nn.InstanceNorm2d(64,affine=True),
                nn.ReLU(),  ## 32*256*256 -> 64*128*128
                nn.ReflectionPad2d(padding=1),
                nn.Conv2d(64,128,kernel_size=3,stride=2),
                nn.InstanceNorm2d(128,affine=True),
                nn.ReLU(),  ## 64*128*128 -> 128*64*64
            )
            self.res_blocks = nn.Sequential(
                ResidualBlock(128),
                ResidualBlock(128),
                ResidualBlock(128),
                ResidualBlock(128),
                ResidualBlock(128),
```

```
            )
            self.unsample = nn.Sequential(
                nn.ConvTranspose2d(128,64,kernel_
size=3,stride=2,padding=1, output_padding =1),
                nn.InstanceNorm2d(64,affine=True),
                nn.ReLU(),  ## 128*64*64->64*128*128
                nn.ConvTranspose2d(64,32,kernel_
size=3,stride=2,padding=1, output_padding=1),
                nn.InstanceNorm2d(32,affine=True),
                nn.ReLU(),  ## 64*128*128->32*256*256
                nn.ConvTranspose2d(32,3,kernel_
size=9,stride=1,padding=4), ## 32*256*256 -> 3*256*256;
            )
        def forward(self,x):
            x = self.downsample(x) ## 输入像素值在-2.1~2.7之间
            x = self.res_blocks(x)
            x = self.unsample(x)   ## 输出像素值在-2.1~2.7之间
            return x
```

在上面的程序中主要使用了以下几个层的操作方法：

（1）nn.ReflectionPad2d()：使用边界反射填充完成图像的padding操作。

（2）nn.Conv2d()：图像的二维卷积操作。

（3）nn.InstanceNorm2d()：在图像像素值上做归一化，完成特征映射的归一化。

（4）ResidualBlock()：完成残差连接单元所做的操作。

（5）nn.ReLU()：完成ReLU激活函数的操作。

（6）nn.ConvTranspose2d()：图像的二维转置卷积操作，可对特征映射进行上采样。

在使用ImfwNet()类初始化训练网络时，需要使用“.to(device)”方法，将其设置到相应的计算设备上，即前面定义好的GPU，可使用如下所示的代码：

```
In[6]:fwnet = ImfwNet().to(device)
    fwnet
```

因为该网络的输出结果较长，为了节省空间，只保留部分输出的内容。上面程序输出的部分网络结构如下所示：

```
Out[6]:ImfwNet(
        (downsample): Sequential(
          (0): ReflectionPad2d((4, 4, 4, 4))
          (1): Conv2d(3, 32, kernel_size=(9, 9), stride=(1, 1))
          (2): InstanceNorm2d(32, eps=1e-05, momentum=0.1, affine=True,
track_running_stats=False)
```

```
            (3): ReLU()
            (4): ReflectionPad2d((1, 1, 1, 1))
      ...
```

经过上面的一系列操作，可用于在GPU上进行训练的转换网络定义完毕。

9.3.3 快速风格迁移数据准备

COCO数据集是由微软发布的大型图像数据集，专为目标检测、分割、人体关键点检测、语义分割和字幕生成而设计。COCO数据集主页为http://mscoco.org。

为了加快训练速度，节省训练所需的时间和空间，此处只使用COCO 2014数据集，该数据集有超过40000张图像。通过实验，经多轮训练后，可以达到较好的图像风格迁移效果（文章Perceptual Losses for Real-Time Style Transfer and Super-Resolution中使用了COCO 2014的训练集、验证集和测试集，共约16万张图像，图像数量巨大，需要耗费大量的空间，此处仅使用一个验证数据集进行训练）。

因为转化网络fwnet需要接受标准化的数据，并且要求图像的尺寸为256 ×256，所以下面将定义对数据集进行转换的过程，程序如下：

```
In[7]:## 定义图像的操作过程
    data_transform = transforms.Compose([
        transforms.Resize(256),
        transforms.CenterCrop(256), ## 每张图像的尺寸为 256×256
        transforms.ToTensor(),      ## 像素值转化到 0 ~ 1
        transforms.Normalize(mean = [0.485, 0.456, 0.406],
                             std = [0.229, 0.224, 0.225])
        ## 像素值转化到 -2.1~2.7
    ])
```

定义好图像的预处理的转换操作后，下面通过ImageFolder()函数从文件夹中读取数据，然后通过Data.DataLoader()函数将数据处理为数据加载器。

```
In[8]:## 从文件夹中读取数据
    dataset = ImageFolder("COCO", transform=data_transform)
    ## 每个 batch 使用 4 张图像
    data_loader = Data.DataLoader(dataset, batch_size=4, shuffle=True,
                                  num_workers=8,pin_memory=True)
    dataset
Out[8]:Dataset ImageFolder
        Number of datapoints: 40503
        Root Location: COCO
        Transforms (if any): Compose(
                                 Resize(size=256,
```

```
interpolation=PIL.Image.BILINEAR)
                                CenterCrop(size=(256, 256))
                                ToTensor()
                                Normalize(mean=[0.485, 0.456, 0.406],
std=[0.229, 0.224, 0.225])
                            )
        Target Transforms (if any): None
```

在上面的程序中，使用数据加载器Data.DataLoader()函数时，使用了一个前面没有用过的参数pin_memory=True，该参数表示创建DataLoader时，生成的Tensor数据最开始是属于内存中的锁页内存（显卡中的显存全部是锁页内存），这样将内存的Tensor转移到GPU的显存就会更快一些，并且针对高性能的GPU运算速度会更快。

在准备好使用的数据后，下面需要读取已经预训练的VGG16网络，针对该网络只需要使用其中的features包含的层，将其设置到已经定义好的GPU设备上。在计算时只需要使用VGG网络提取特定层的特征映射，不需要对其中的参数进行训练，将其格式设置为eval()格式即可，完成这些任务的程序如下所示：

```
In[9]:## 读取已经预训练的 VGG16 网络
    vgg16 = models.vgg16(pretrained=True)
    ## 不需要网络的分类器，只需要卷积和池化层
    vgg = vgg16.features.to(device).eval()
```

为了读取一张用于读取风格图像的图像，并将其转化为VGG网络可使用的四维张量的形式，需要定义一个load_image()函数，类似于9.2节定义的读取图像的函数，程序如下所示：

```
In[10]: ## 定义一个读取风格图像函数，并且将图像进行必要转化
      def load_image(img_path,shape=None):
          image = Image.open(img_path)
          size = image.size
          ## 如果指定了图像的尺寸，就将图像转化为 shape 指定的尺寸
          if shape is not None:
              size = shape
          ## 使用 transforms 将图像转化为张量，并进行标准化
          in_transform = transforms.Compose(
              [transforms.Resize(size), ## 图像尺寸变换
               transforms.ToTensor(),   ## 数组转化为张量
               ## 图像进行标准化
               transforms.Normalize((0.485, 0.456, 0.406),
                                    (0.229, 0.224, 0.225))])
          ## 使用图像的 RGB 通道，并且添加 batch 维度
          image = in_transform(image)[:3,:,:].unsqueeze(dim=0)
```

```
        return image
```

该函数可以用于读取风格图像，并将其转化为需要的尺寸大小。接下来定义一个将load_image()函数读取得到的图像数据转化为方便可视化的函数im_convert()，程序如下所示：

```
In[11]: ## 定义一个将标准化后的图像转化为便于利用 matplotlib 可视化的函数
      def im_convert(tensor):
          """
          将 [1, c, h, w] 维度的张量转化为 [ h, w,c] 的数组
          因为张量进行了表转化，所以要进行标准化逆变换
          """
          tensor = tensor.cpu()                        ## 数据转换为 CPU
          image = tensor.data.numpy().squeeze() ## 去除 batch 维度数据
          image = image.transpose(1,2,0) ## 置换数组的维度 [c,h,w]->[h,w,c]
          ## 进行标准化的逆操作
          image = image * np.array((0.229, 0.224, 0.225)) +
np.array((0.485, 0.456, 0.406))
          image = image.clip(0, 1) ## 将图像的取值剪切到 0 ~ 1 之间
          return image
```

在im_convert()函数中需要注意的是，因为其输入张量是基于GPU计算的，所以在将其转化为Numpy数组之前，需要使用tensor.cpu()方法将张量转化为基于CPU计算的张量(此操作在9.2节中没有相似的函数)，然后再转化为数组。下面读取风格图像并将其可视化，得到的风格图像如图9-7所示。

```
In[12]: ## 读取风格图像
      style = load_image("COCO/mosaic.jpg",shape = (256,256)).
to(device)
      ## 可视化图像
      plt.figure()
      plt.imshow(im_convert(style))
      plt.show()
```

在上面的程序中，使用load_image()函数读取数据后，使用了“.to(device)”方法将其转化为可在GPU上计算的数据，便于该数据的相关计算就会在GPU上运算。

从图9-7的输出和使用的程序可以发现，读取的风格图像设置为256 ×256 。在理论上任意尺寸的风格图像都可以(如尺寸大于256 ×256)，这里将风格图像设置为该尺寸，主要是为了便于理解和计算。

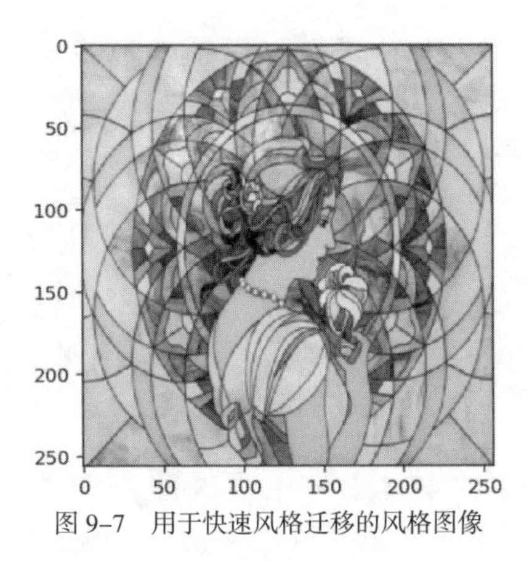

图 9–7　用于快速风格迁移的风格图像

9.3.4　快速风格迁移网络训练和结果展示

在训练快速风格迁移网络之前，需要先计算出风格图像经过VGG16网络的相应层后代表图像风格的Gram矩阵。这里定义gram_matrix()函数，用于计算输入张量的Gram矩阵，程序如下所示：

```
In[13]: ## 定义计算格拉姆矩阵
      def gram_matrix(tensor):
          """
          计算指定向量的 Gram Matrix，该矩阵表示了图像的风格特征，
          格拉姆矩阵最终能够在保证内容的情况下，进行风格的传输。
          tensor: 是一张图像前向计算后的一层特征映射
          """
          ## 获得 tensor 的 batch_size, channel, height, width
          b, c, h, w = tensor.size()
          ## 改变矩阵的维度为（深度，高 × 宽）
          tensor = tensor.view(b,c, h * w)
          tensor_t = tensor.transpose(1,2)
          ## 计算 gram matrix，针对多张图像进行计算
          gram = tensor.bmm(tensor_t) / (c*h*w)
          return gram
```

在上述程序中需要注意的是，因输入的数据使用一个batch的特征映射，所以在张量乘以其转置时，需要计算每张图像的Gram矩阵，故使用tensor.bmm()方法完成相关的矩阵乘法计算。

为了更方便地获取图像数据在指定网络指定层上的特征映射，定义get_features()函数。

```
In[14]: ## 定义一个函数，用于获取图像在网络上指定层的输出
```

```
def get_features(image, model, layers=None):
    """
    将一张图像 image 在一个网络 model 中进行前向传播计算，并获取指定层
layers 中的特征输出
    """
    ## 将 PyTorch 的 VGGNet 的完整映射层名称与论文中的名称相对应
    ## layers 参数指定：需要用于图像的内容和样式表示的图层
    ## 如果 layers 没有指定，就使用默认的层
    if layers is None:
        layers = {"3": "relu1_2",
                  "8": "relu2_2",
                  "15": "relu3_3", ## 内容图层的表示
                  "22": "relu4_3"} ## 经过 relu 激活后的输出
    features = {} ## 获取的每层特征保存到字典中
    x = image     ## 需要获取特征的图像
    ## model._modules 是一个字典，保存着网络 model 每层的信息
    for name, layer in model._modules.items():
        ## 从第一层开始获取图像的特征
        x = layer(x)
        ## 如果是 layers 参数指定的特征，那就保存到 features 中
        if name in layers:
            features[layers[name]] = x
    return features
```

在使用VGG网络获取图像的内容表示和风格表示时，使用经过ReLU激活函数层后的层输出，即针对描述图像风格的特征映射，分别使用3、8、15、22四个层，分别表示relu1_2、relu2_2、relu3_3和relu4_3层，其中relu3_3层输出的特征映射也用于度量图像的内容相似性。下面计算风格图像的4个指定多层上的Gram矩阵，并使用字典来保存。

```
In[15]: ## 计算风格图像的风格表示
      style_layer = {"3":"relu1_2","8":"relu2_2","15":"relu3_3","22":
"relu4_3"}
      content_layer = {"15": "relu3_3"}
      ## 内容表示的图层，均使用经过 relu 激活后的输出
      style_features = get_features(style, vgg,layers=style_layer)
      ## 为我们的风格表示计算每层的格拉姆矩阵，使用字典保存
      style_grams = {layer: gram_matrix(style_features[layer]) for
layer in style_features}
```

计算得到的风格图像Gram矩阵保存在style_grams字典中，并且风格图像的

Gram矩阵只需计算一次即可。

在上述准备工作完毕后，开始使用数据对网络进行训练。在训练过程中定义了三种损失，分别为风格损失、内容损失和全变分(Total Variation)损失，它们的权重为10^5、1和10^{-5}，使用的优化器为Adam，且学习率为0.0003。针对4万多张图像数据，每4张图像为一个batch，共训练4个epoch，大约会有40000次迭代，其网络的训练程序如下所示：

```
In[16]: ## 网络训练，定义三种损失的权重
        style_weight = 1e5
        content_weight = 1
        tv_weight = 1e-5
        ## 定义优化器
        optimizer = optim.Adam(fwnet.parameters(), lr=1e-3)
        fwnet.train()
        since = time.time()
        for epoch in range(4):
            print("Epoch: {}".format(epoch+1))
            content_loss_all = []
            style_loss_all = []
            tv_loss_all = []
            all_loss = []
            for step,batch in enumerate(data_loader):
                optimizer.zero_grad()

                ## 计算内容图像使用图像转换网络得到的输出
                content_images = batch[0].to(device)
                transformed_images = fwnet(content_images)
                transformed_images = transformed_images.clamp(-2.1, 2.7)

                ## 使用 VGG16 计算特征
                content_features = get_features(content_
images,vgg,layers=content_layer)
                ## 计算 y_hat 图像对应的 VGG 特征
                transformed_features = get_features(transformed_images,vgg)

                ## 内容损失，使用 F.mse_loss 函数
                content_loss = F.mse_loss(transformed_
features["relu3_3"], content_features["relu3_3"])
                content_loss = content_weight*content_loss
```

```
            ## total variation 图像水平和垂直平移一个像素，与原图相减
            ## 然后计算绝对值的和
            y = transformed_images
            tv_loss = (torch.sum(torch.abs(y[:, :, :, :-1] - y[:, :,
:, 1:])) +
                       torch.sum(torch.abs(y[:, :, :-1, :] - y[:, :,
1:, :])))
            tv_loss = tv_weight*tv_loss

            ## 风格损失
            style_loss = 0.
            transformed_grams = {layer: gram_matrix(transformed_
features[layer])
                                 for layer in transformed_features}
            for layer in style_grams:
                transformed_gram = transformed_grams[layer]
    ## 是针对一个 batch 图像的 Gram
                style_gram = style_grams[layer]
    ## 是针对一张图像的，所以要扩充 style_gram
                style_loss += F.mse_loss(transformed_gram,
                                   style_gram.expand_as(transformed_gram))
            style_loss = style_weight*style_loss

            ## 3 个损失加起来
            loss = style_loss + content_loss + tv_loss
            loss.backward(retain_graph=True)
            optimizer.step()
            ## 统计各个损失的变化情况
            content_loss_all.append(content_loss.item())
            style_loss_all.append(style_loss.item())
            tv_loss_all.append(tv_loss.item())
            all_loss.append(loss.item())
            if step % 5000 == 0:
                print("step:{}; content loss: {:.3f}; style
loss:{:.3f}; tv loss:{:.3f}; loss:{:.3f}".format(
                    step, content_loss.item(), style_loss.item(),
tv_loss.item(), loss.item()))
                time_use = time.time() - since
                print("Train complete in {:.0f}m {:.0f}s".format(
                    time_use // 60, time_use % 60))
```

```
            ## 可视化一张图像
            plt.figure()
            im = transformed_images[1,...]
            plt.imshow(im_convert(im))
            plt.show()
    ## 保存训练好的网络 fwnet
    torch.save(fwnet.state_dict(), "COCO/imfwnet_dict.pkl")
```

在上面的程序中，总的损失是三种损失的和，并且训练过程中，每经过5000次迭代输出一次当前迭代的内容损失大小、风格损失大小、全变分损失大小以及总的损失大小，并输出当前batch的4张图像，索引为1图像的风格迁移后图像结果用于监督网络的训练效果，训练过程中输出的效果如下所示：

```
Out[16]:Epoch: 1
    step:0; content loss: 18.754; style loss:302.239;tv
loss:9.274;loss:330.267
    Train complete in 0m 5s
```

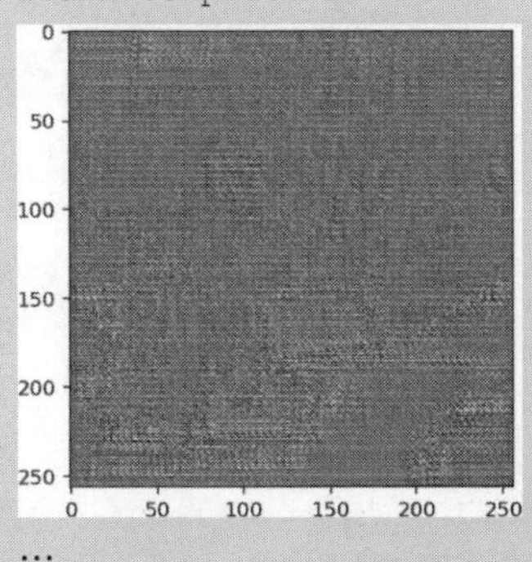


```
    …
    Epoch: 4
    step:10000; content loss: 22.847; style loss:6.338;tv
loss:4.085;loss:33.270
    Train complete in 101m 22s
```

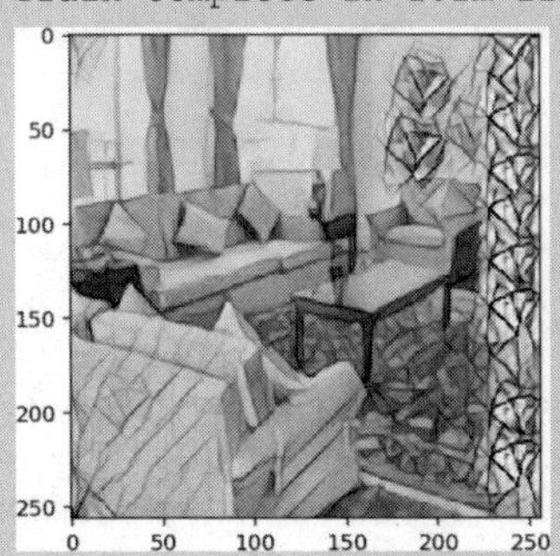

从输出结果可以看出，风格迁移网络的训练效果较好，且转换网络已经很好地

学习了风格图像的风格。

为了测试训练得到的风格迁移网络fwnet，下面随机获取数据集中的一个batch的图像，进行图像风格迁移，程序如下所示：

```
In[17]: fwnet.eval()
        ##  从数据中获取一个 batch 的图片
        for step,batch in enumerate(data_loader):
            content_images = batch[0].to(device)
            if step > 0:
                break
        plt.figure(figsize=(16,4))
        for ii in range(4):
            im = content_images[ii,...]
            plt.subplot(1,4,ii+1)
            plt.imshow(im_convert(im))
        plt.show()
        transformed_images = fwnet(content_images)
        transformed_images = transformed_images.clamp(-2.1, 2.7)
        plt.figure(figsize=(16,4))
        for ii in range(4):
            im = im_convert(transformed_images[ii,...])
            plt.subplot(1,4,ii+1)
            plt.imshow(im)
        plt.show()
```

使用上面的程序可得到图9-8和图9-9所示的结果。

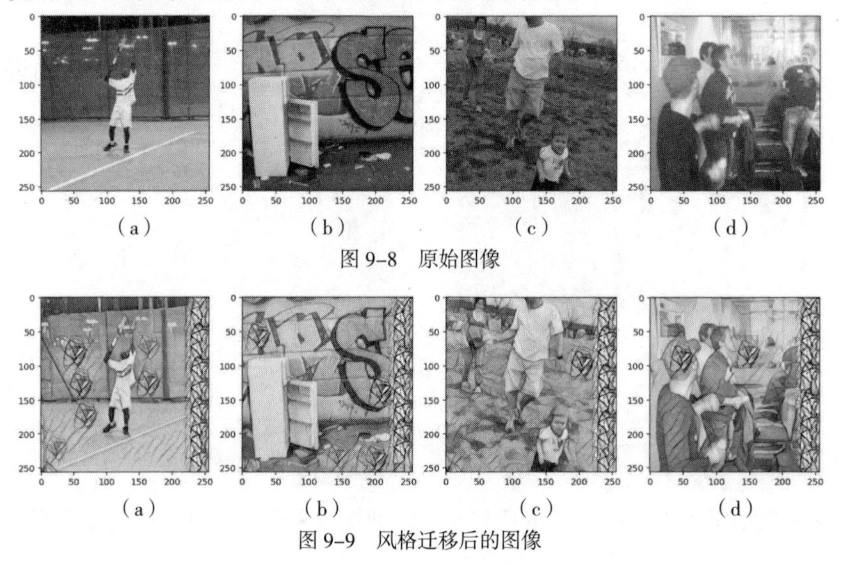

（a）（b）（c）（d）

图9-8　原始图像

（a）（b）（c）（d）

图9-9　风格迁移后的图像

从图像的输出中可以发现，针对任意输入的图像，都能很好地继承风格图像的风格，并且能够尽可能地保留原始图像的内容。

9.3.5　CPU上使用预训练好的GPU模型

在9.3.4节训练并保存的图像风格迁移网络是基于GPU模式下的网络参数。下面介绍如何导入训练好的网络参数，并且在CPU上使用该网络进行图像风格迁移。导入GPU模式的网络参数时，首先用device = torch.device('cpu')定义好CPU进行计算的设备，然后定义一个相同的CPU情况下的网络fwnet = ImfwNet()，再使用fwnet.load_state_dict()方法导入网络的参数，并指定参数map_location=device，即将网络的参数映射到基于CPU计算的网络。

```
In[18]: ## 读取内容图像
       content= load_image("data/chap9/tar58.png",shape = (256,256))
       ## 导入训练好的 GPU 网络
       device = torch.device('cpu')
       fwnet = ImfwNet()
       fwnet.load_state_dict(torch.load("data/chap9/imfwnet_dict.pkl",
map_location=device))
       transform_content = fwnet(content)
       ## 可视化图像
       plt.figure()
       plt.imshow(im_convert(content))
       plt.show()
       plt.figure()
       plt.imshow(im_convert(transform_content))
       plt.show()
```

上面的程序可得到如图9-10所示的结果。

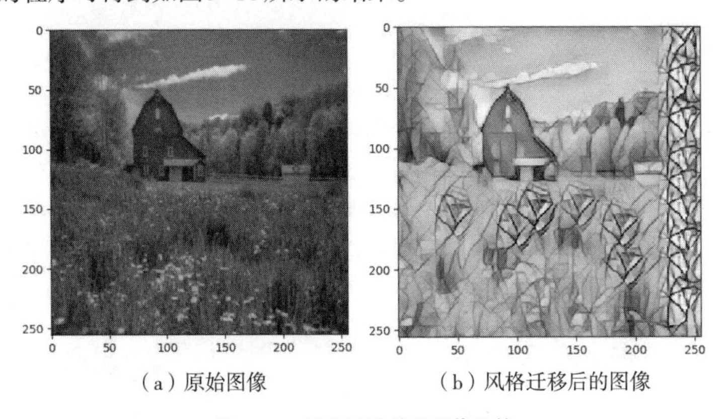

（a）原始图像　　（b）风格迁移后的图像

图9-10　风格迁移前后图像比较

从图9-10所示的输出可知，训练好的网络参数在CPU上已经成功使用。

下面将一张图像在星月夜风格下的普通风格迁移结果和快速风格迁移结果进行对比，如图9-11所示。

（a）输入图像　　（b）普通风格迁移图像

（c）快速风格迁移图像

图9-11　星月夜风格迁移结果对比

从图9-11所示的输出结果可以发现，普通风格迁移虽然花费的时间长(会花费数个小时)，但风格迁移效果好；快速风格迁移非常迅速(只需花费几秒)，但是其风格迁移的效果相对来说并不是很理想。

9.4　本章小结

本章主要介绍了常用的风格迁移网络，以及如何使用PyTorch来实现图像风格迁移。针对普通图像风格迁移，利用VGG19网络提取图像的特征，在训练时通过CPU进行训练；针对快速图像风格迁移，在训练图像转化网络时，因需要使用的数据集较大，而且网络参数较多，需要通过GPU进行训练。最后在同一张图像上比较了不同的风格迁移方式下的迁移效果。

第 10 章　图像语义分割和目标检测

在计算机视觉领域，不仅有图像分类的任务，还有很多更复杂的任务，如对图像中的目标进行检测和识别，对图像进行实例分割和语义分割等。其中在基于卷积神经网络的深度学习算法出现后，图像的语义分割和目标检测的精度也有了质的提升。

本章将介绍几种经典的图像的语义分割和目标检测网络结构，然后介绍在PyTorch中已经预训练好的语义分割和目标检测网络的使用，并且以具体的数据集为例，介绍一种简单的语义分割网络的训练和应用。

10.1 常用的语义分割网络

语义分割是对图像在像素级别上进行分类的方法，在一张图像中，属于同一类的像素点都要被预测为相同的类，因此语义分割是从像素级别来理解图像。但是需要正确区分语义分割和实例分割，虽然它们在名称上很相似，但是它们属于不同的计算机视觉任务。例如，一张照片中有多个人，针对语义分割任务，只需将所有人的像素都归为一类即可，但是针对实例分割任务，则需要将不同人的像素归为不同的类。简单来说，实例分割会比语义分割所做的工作更进一步。

随着深度学习在计算机视觉领域的发展，提出了多种基于深度学习方法的图像语义分割网络，如FCN、U-Net、SegNet、DeepLab等。下面对FCN、U-Net、SegNet等网络结构进行一些简单的介绍，详细的内容读者可以阅读相关论文。

1. FCN

FCN语义分割网络是在图像语义分割文章Fully Convolutional Networks for Semantic Segmentation中提出的全卷积网络，该文章是基于深度网络进行图像语义分割的开山之作，而且是全卷积的网络，可以输入任意图像尺寸。其网络进行图像语义分割的示意图如图10-1所示。FCN的主要思想是：

（1）对于一般的CNN图像分类网络，如VGG和ResNet，在网络的最后是通过全连接层，并经过softmax后进行分类。但这只能标识整个图片的类别，不能标识每个像素点的类别，所以这种全连接方法不适用于图像分割。因此FCN提出把网络最后几个全连接层都换成卷积操作，以获得和输入图像尺寸相同的特征映射，然后通过softmax获得每个像素点的分类信息，即可实现基于像素点分类的图像分割。

（2）端到端像素级语义分割任务，需要输出分类结果尺寸和输入图像尺寸一致，而基于卷积＋池化的网络结构，会缩小图片尺寸。因此FCN引入反卷积（deconvolution，和转置卷积的功能一致，也可称为转置卷积）操作，对缩小后的特征映射进行上采样，从而满足像素级的图像分割要求。

（3）为了更有效地利用特征映射的信息，FCN提出一种跨层连接结构，将低层和高层的目标位置信息的特征映射进行融合，即将低层目标位置信息强但语义信息弱的特征映射与高层目标位置信息弱但语义信息强的特征映射进行融合，以此来提升网络对图像进行语义分割的性能。

图10-1所示是图像语义分割文章Fully Convolutional Networks for Semantic Segmentation中提出的全卷积网络对图像进行语义分割的网络工作示意图。

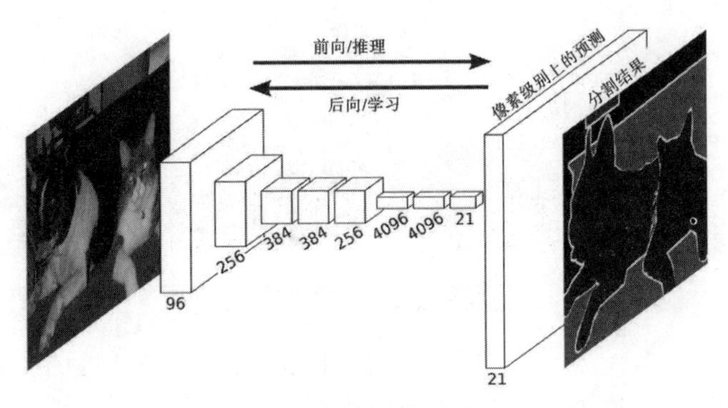

图 10-1　全卷积网络语义分割（FCN）

2. U-Net

U-Net是原作者参加ISBI Challenge提出的一种分割网络，能够适应较小的训练集(大约30张图片)。其设计思想是基于FCN网络，在整个网络中仅有卷积层，没有全连接层。因为训练数据较少，故采用大量弹性形变的方式增强数据，以让模型更好地学习形变不变性，这种增强方式对于医学图像来说很重要，并在不同的特征融合方式上，相较于FCN式的逐点相加，U-Net则采用在通道维度上进行拼接融合，其网络进行图像语义分割示意图如图10-2所示，由文章U-Net: Convolutional Networks for Biomedical Image Segmentation提出。

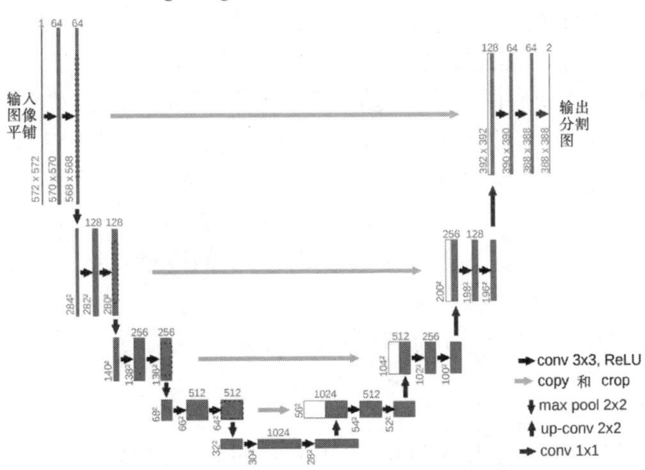

图 10-2　U-Net 语义分割网络结构

3. SegNet

SegNet的网络结构借鉴了自编码网络的思想，网络具有编码器网络和相应的解码器网络，最后通过softmax分类器对每个像素点进行分类。其网络结构如

图10-3所示。

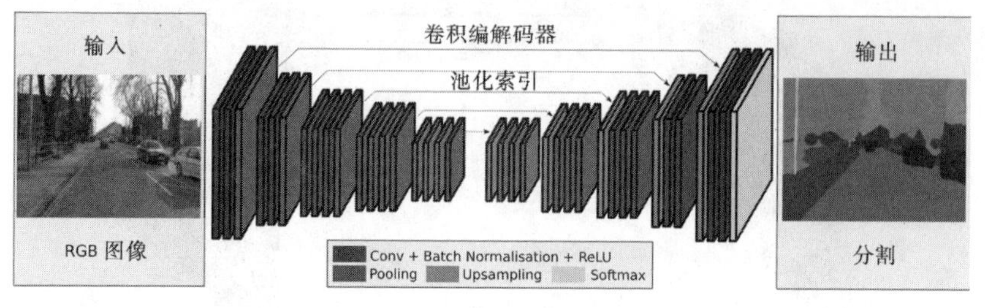

图 10-3　SegNet 语义分割

图10-3所示是图像语义分割文章SegNet: A Deep Convolutional Encoder-Decoder Architecture for Image Segmentation提出的网络结构工作示意图。网络在编码器处，执行卷积和最大值池化等操作，并且会在进行2×2最大值池化时，存储相应的最大值池化索引。在解码器部分，执行上采样和卷积，并且在上采样期间，会调用相应编码器层的最大值池化索引来帮助上采样操作，最后，每个像素通过softmax分类器进行预测类别。

10.2　常用的目标检测网络

目标检测是很多计算机视觉应用的基础，如实例分割、人体关键点提取、人脸识别等，目标检测任务可以认为是目标分类和定位两个任务的结合。目标检测主要关注特定的物体目标，要求同时获得这一目标的类别信息和位置信息。基于深度学习的目标检测方法主要有两类，一类是两阶段检测模型，如R-CNN、Fast R-CNN、Faster R-CNN等模型，它们将检测问题划分为两个阶段，首先产生候选区域，然后对候选区域分类并对目标位置进行精修；另一类是单阶段检测模型，如YOLO系列、SSD、Retina-Net等模型，它们不需要产生候选区域阶段，直接产生物体的类别概率和位置坐标值，经过单次检测即可直接得到最终的检测结果，因此它们的检测速度更快。

下面将对R-CNN、Faster R-CNN和YOLO网络结构进行一些简单的介绍。

1. R-CNN

R-CNN是将CNN方法引入目标检测领域的开山之作，大大提高了目标检测效果，并且改变了目标检测领域的主要研究思路。R-CNN算法的工作流程如图10-4所示。

图10-4所示是图像目标检测文章Rich Feature Hierarchies for Accurate Object Detection and Semantic Segmentation的工作示意图，即R-CNN的工作流程主要有4个步骤。

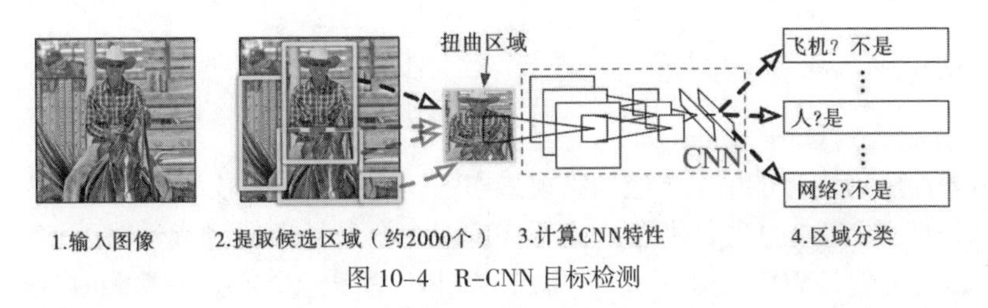

图 10-4　R-CNN 目标检测

（1）候选区域生成：每张图像会采用Selective Search方法，生成1000~2000个候选区域。

（2）特征提取：针对每个生成的候选区域，归一化为同一尺寸，使用深度卷积网络（CNN）提取候选区域的特征。

（3）类别判断：将CNN特征送入每一类SVM分类器，判别候选区域是否属于该类。

（4）位置精修：使用回归器精细修正候选框位置。

2. Faster R-CNN

Faster R-CNN是两阶段方法的奠基性工作，提出的RPN（Region Proposal Networks）网络取代Selective Search算法使得检测任务可以由神经网络端到端地完成。其具体操作方法是将RPN放在最后一个卷积层之后，RPN直接训练得到候选区域。RPN网络的特点在于通过滑动窗口的方式实现候选框的提取，在特征映射上滑动窗口，每个滑动窗口位置生成9个不同尺度、不同宽高的候选窗口，提取对应9个候选窗口的特征，用于目标分类和边框回归。目标分类只需要区分候选框内特征为前景或者背景，与Fast R-CNN类似，边框回归确定更精确的目标位置。Faster R-CNN算法的工作流程如图10-5所示。

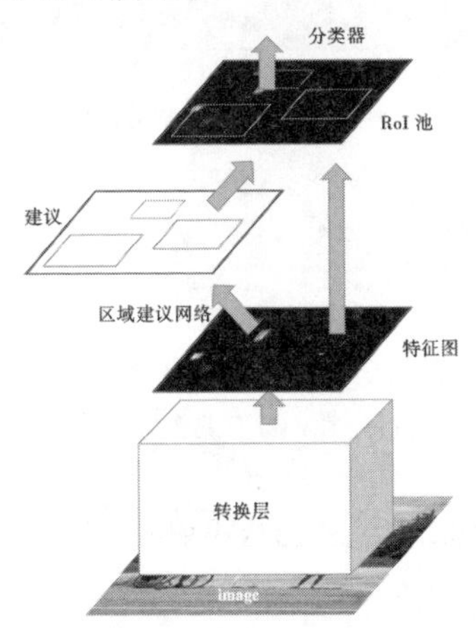

图 10-5　Faster R-CNN 目标检测

图10-5所示是图像目标检测文章Faster R-CNN: Towards Real-Time Object Detection with Region Proposal Networks提出的工作示意图。

3. YOLO

YOLO（You Only Look Once）是经典的单阶段目标检测算法，将目标区域预测和目标类别预测整合于单个神经网络模型中，实现在准确率较高的情况下快速检测与识别目标。YOLO的主要优点是检测速度快、全局处理使得背景错误相对较少、泛化性能好，但是YOLO由于其设计思想的局限，所以会在小目标检测时有些困难。

图10-6所示是图像目标检测文章You Only Look Once: Unified, Real-Time Object Detection进行目标检测的工作示意图。其工作流程如下：首先将图像划分为$S\times S$个网格，然后在每个网格上通过深度卷积网络给出其物体所属的类别判断（图像使用不同的颜色表示），并在网格基础上生成B个边框（box），每个边框预测5个回归值，其中前4个值表示边框位置，第五个值表征这个边框含有物体的概率和位置的准确程度。最后经过NMS（Non-Maximum Suppression，非极大抑制）过滤得到最后的预测框。

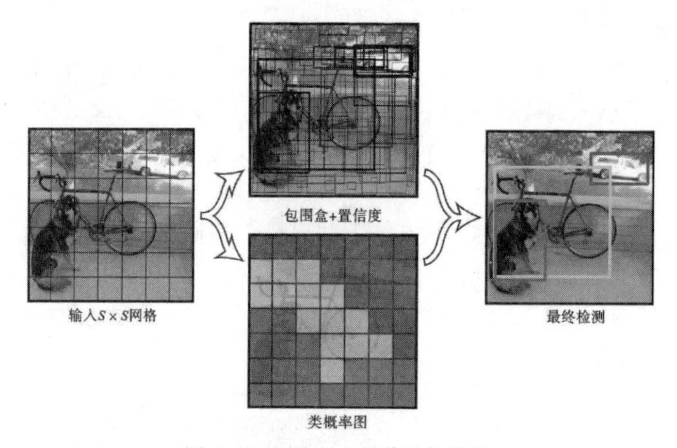

图 10-6　YOLO v1 网络目标检测

10.3　图像语义分割网络

扫一扫，看视频

针对图像的语义分割网络，本节将介绍PyTorch中已经预训练好网络的使用方式，然后使用VOC2012数据集训练一个FCN语义分割网络。

10.3.1　使用预训练的语义分割网络

在PyTorch提供的已预训练好的图像语义分割网络中，有两类预训练好的网络，分别是FCN ResNet101系列和DeepLabV3 ResNet101系列。针对语义分割的分类器，需要输入图像使用了相同的预处理方式，即先将每张图像的像素值预处理到0 ~ 1之间，然后对图像进行标准化处理，使用的均值为[0.485, 0.456, 0.406]，标准差为

[0.229, 0.224, 0.225]。

在Pascal VOC（Pattern analysis statistical modelling and computational learning, Visual Object Class）数据集中存在20个类别和1个背景类，预训练好的模型在COCO train2017的子集上进行了预训练。这20个类别分为4个大类，分别为人、动物(鸟、猫、牛、马、羊)、交通工具(飞机、自行车、船、大巴、轿车、摩托车、火车)、室内物品(瓶子、椅子、餐桌、盆栽、沙发、显示器)等。已经预训练好的可供使用的网络模型如表10-1所示。

表10-1　预训练好的语义分割网络

网络类	描述
segmentation.fcn_resnet50()	具有 ResNet-50 结构的全卷积网络模型
segmentation.fcn_resnet101()	具有 ResNet-101 结构的全卷积网络模型
segmentation.deeplabv3_resnet50()	具有 ResNet-50 结构的 DeepLabV3 模型
segmentation.deeplabv3_resnet101()	具有 ResNet-101 结构的 DeepLabV3 模型

下面以segmentation.fcn_resnet101()为例，介绍如何使用这些已经预训练好的网络结构进行图像的语义分割任务。首先导入需要使用的库和模块。

```
In[1]: ## 导入本节所需要的模块
    import numpy as np
    import pandas as pd
    import matplotlib.pyplot as plt
    import PIL
    import torch
    from torchvision import transforms
    import torchvision
```

下面从torchvision库的models模块下导入预训练好的segmentation.fcn_resnet101()网络，并且设置参数pretrained=True，程序如下所示：

```
In[2]: model = torchvision.models.segmentation.fcn_
resnet101(pretrained=True)
     model.eval()
Out[2]: FCN(
        (backbone): IntermediateLayerGetter(
          (conv1): Conv2d(3, 64, kernel_size=(7, 7), stride=(2, 2),
padding=(3, 3), bias=False)
          (bn1): BatchNorm2d(64, eps=1e-05, momentum=0.1, affine=True,
track_running_stats=True)
          (relu): ReLU(inplace)
          (maxpool): MaxPool2d(kernel_size=3, stride=2, padding=1,
dilation=1, ceil_mode=False)
          (layer1): Sequential(
```

```
            (0): Bottleneck(
              (conv1): Conv2d(64, 64, kernel_size=(1, 1), stride=(1,
1), bias=False)
              (bn1): BatchNorm2d(64, eps=1e-05, momentum=0.1,
affine=True, track_running_stats=True)
      …
```

上面的程序中导入预训练好的网络后，通过.eval()方法将其设置为验证模式。因网络结构的输出较长，所以省略后面的输出。下面从文件中读取一张照片，并对其进行预测，程序如下：

```
In[3]:## 读取照片
    image = PIL.Image.open("data/chap10/ 照片 1.jpg")
    ## 照片预处理，转化到 0~1 之间，标准化处理
    image_transf = transforms.Compose([
        transforms.ToTensor(),
        transforms.Normalize(mean = [0.485, 0.456, 0.406],
                             std = [0.229, 0.224, 0.225])
    ])
    image_tensor = image_transf(image).unsqueeze(0)
    output = model(image_tensor)["out"]
    ## 将输出转化为二维图像
    outputarg = torch.argmax(output.squeeze(), dim=0).numpy()
    outputarg
Out[3]: array([[ 0,  0,  0, ...,  0,  0,  0],
          [ 0,  0,  0, ...,  0,  0,  0],
          [ 0,  0,  0, ...,  0,  0,  0],
          ...,
          [15, 15, 15, ...,  0,  0,  0],
          [15, 15, 15, ...,  0,  0,  0],
          [15, 15, 15, ...,  0,  0,  0]])
```

上述程序对一整幅图像的预测结果，只需要使用网络输出的"out"对应的预测矩阵即可，该输出是一个三维矩阵，该三维矩阵可以使用torch.argmax()将其转化为二维矩阵，并且该二维矩阵中的每个取值均代表图像中对应位置像素点的预测类别。

为了更直观地查看网络的图像分割结果，可以将像素值的每个预测类别分别编码为不同的颜色，然后将图像可视化，用于直观地观察图像的结果。

定义一个编码颜色的函数decode_segmaps()，程序如下所示：

```
In[4]: ## 对得到的输出结果进行编码
    def decode_segmaps(image,label_colors, nc=21):
        """ 函数将输出的 2D 图像，会将不同的类编码为不同的颜色 """
```

```
        r = np.zeros_like(image).astype(np.uint8)
        g = np.zeros_like(image).astype(np.uint8)
        b = np.zeros_like(image).astype(np.uint8)
        for cla in range(0, nc):
            idx = image == cla
            r[idx] = label_colors[cla, 0]
            g[idx] = label_colors[cla, 1]
            b[idx] = label_colors[cla, 2]
        rgbimage = np.stack([r, g, b], axis=2)
        return rgbimage
```

该函数通过参数label_colors来指定所有的颜色编码，然后对图像image中的不同像素点取值并定义一种颜色，nc参数指定数据的类别。下面对图像分割的结果进行可视化，程序如下所示：

```
In[5]: label_colors = np.array([(0, 0, 0),  # 0=background
                   # 1=aeroplane, 2=bicycle, 3=bird, 4=boat, 5=bottle
                   (128, 0, 0), (0, 128, 0), (128, 128, 0), (0, 0,
128), (128, 0, 128),
                   # 6=bus, 7=car, 8=cat, 9=chair, 10=cow
                   (0, 128, 128), (128, 128, 128), (64, 0, 0), (192, 0,
0), (64, 128, 0),
                   # 11=dining table, 12=dog, 13=horse, 14=motorbike,
15=person
                   (192, 128, 0), (64, 0, 128), (192, 0, 128), (64,
128, 128), (192, 128, 128),
                   # 16=potted plant, 17=sheep, 18=sofa, 19=train,
20=tv/monitor
                   (0, 64, 0), (128, 64, 0), (0, 192, 0), (128, 192,
0), (0, 64, 128)])
    outputrgb = decode_segmaps(outputarg,label_colors)
    plt.figure(figsize=(20,8))
    plt.subplot(1,2,1)
    plt.imshow(image)
    plt.axis("off")
    plt.subplot(1,2,2)
    plt.imshow(outputrgb)
    plt.axis("off")
    plt.subplots_adjust(wspace=0.05)
    plt.show()
```

上面的程序中label_colors参数定义了每种类别需要使用的颜色编码，图像分割的结果如图 10-7 所示。

（a）　　（b）

图 10-7　图像分割前后的结果

下面展示一张图像中有不同目标示例的图像分割结果，程序如下所示：

```
In[6]: ## 读取照片
    image = PIL.Image.open("data/chap10/2012_004308.jpg")
    image_tensor = image_transf(image).unsqueeze(0)
    output = model(image_tensor)["out"]
    ## 将输出转化为二维图像
    outputarg = torch.argmax(output.squeeze(), dim=0).numpy()
    outputrgb = decode_segmaps(outputarg,label_colors)
    plt.figure(figsize=(20,8))
    plt.subplot(1,2,1)
    plt.imshow(image)
    plt.axis("off")
    plt.subplot(1,2,2)
    plt.imshow(outputrgb)
    plt.axis("off")
    plt.subplots_adjust(wspace=0.05)
    plt.show()
```

使用上面的程序可获得如图 10-8 所示的图像分割前后的结果。从结果中可以看到，不同种类的目标都被分割了出来。

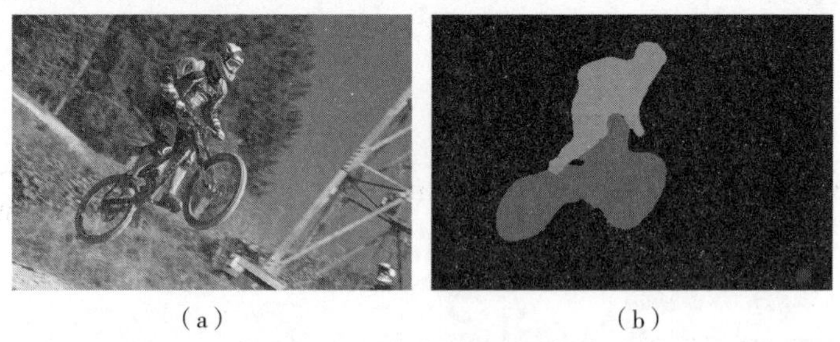

（a）　　（b）

图 10-8　图像分割前后的结果

10.3.2　训练自己的语义分割网络

前面介绍的是使用预训练好的语义分割网络segmentation.fcn_resnet101()，对任意输入图像进行语义分割，该模型是以101层的ResNet网络为基础，全卷积语义分割模型。下面将基于VGG19网络，搭建、训练和测试自己的图像全卷积语义分割网络。

由于资源有限，将基于2012年VOC数据集对网络进行训练，主要使用该数据集的训练集和验证集，训练集用于训练网络，验证集防止网络过拟合。每个数据集约有1000张图片，并且图像之间的尺寸不完全相同，数据集共有21类需要学习的目标类别。下面首先导入本小节需要的库和模块，程序如下：

```
In[1]: ## 导入本小节所需要的模块
    import numpy as np
    import pandas as pd
    import matplotlib.pyplot as plt
    import PIL
    from PIL import Image
    from time import time
    import os
    from skimage.io import imread
    import copy
    import time
    import torch
    from torch import nn
    from torch import optim
    import torch.nn.functional as F
    import torch.utils.data as Data
    from torchvision import transforms
    from torchvision.models import vgg19
    from torchsummary import summary
```

上述代码导入了torchsummary库中的summary函数，该函数可以方便查看深度学习网络的结构。

为了使用GPU计算，使用下面的程序定义一个计算设备device，程序如下（本节程序训练和测试均在GPU上完成，在不改动程序的情况下在CPU上也能完成，但训练网络时可能会花费较长的时间）。

```
In[2]:## 定义计算设备
    device = torch.device("cuda" if torch.cuda.is_available() else "cpu")
    device
Out[2]: device(type='cuda')
```

1. 数据准备

在读取数据并对数据进行相关预处理操作之前，先查看数据集。图10–9所示是从训练数据集中挑出的两张图像进行语义分割标注前后的图像内容。

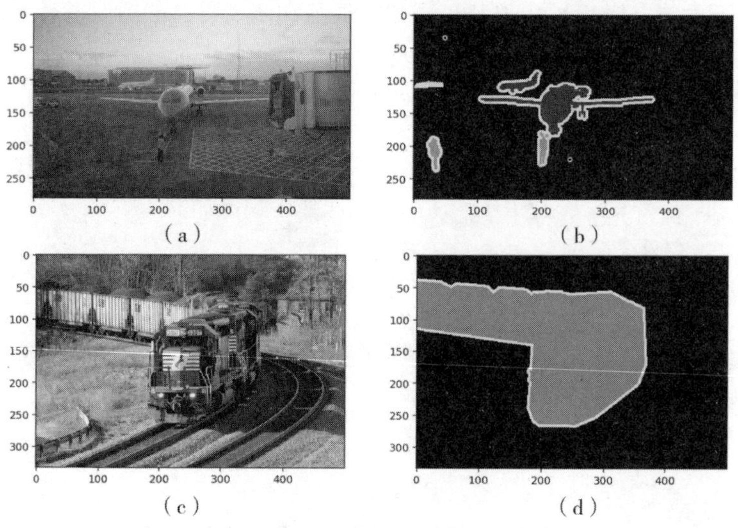

图10–9　数据集的情况

图10–9（a）和（c）所示是数据集中的原始图像，图10–9（b）和（d）所示则是对图像进行语义分割标注后的图像。不同的类别使用了不同的颜色进行标注，如图中的人、飞机、火车等均使用不同的颜色进行了标注。而语义分割的目的就是针对图像自动地对每一个像素进行预测类别，然后得到如图（b）和（d）所示的结果。

针对VOC2012数据集，一共需要分割出的目标类别有21类，其中一类为背景。在标注好的图像中，每类对应的名称和颜色值如下：

```
In[3]: ## 列出每个物体对应背景的 RGB 值
    classes = ['background','aeroplane','bicycle','bird','boat',
               'bottle','bus','car','cat','chair','cow','diningtable',
               'dog','horse','motorbike','person','potted plant',
               'sheep','sofa','train','tv/monitor']
    ## 每个类的 RGB 值
    colormap = [[0,0,0],[128,0,0],[0,128,0], [128,128,0], [0,0,128],
                [128,0,128],[0,128,128],[128,128,128],[64,0,0],[192,0,
0],
                [64,128,0],[192,128,0],[64,0,128],[192,0,128],
                [64,128,128],[192,128,128],[0,64,0],[128,64,0],
                [0,192,0],[128,192,0],[0,64,128]]
```

数据预处理需要对每张图像进行如下几个操作：

(1)将原始图像和标记好的图像所对应的图片路径一一对应。

(2)将图像统一切分为固定的尺寸时，需保持原始图像和其对应的标记好的图像，在切分后每个像素也仍然是一一对应的，所以需要对原始图像和目标的标记图像从相同的位置进行切分。在切分之前还需要过滤掉尺寸小于给定切分尺寸的图像。

(3)对原始图像进行数据标准化。

(4)针对标记好的图像，每张图像均是RGB图像，将RGB值对应的类重新定义，把3D的RGB图像转化为一个二维数据，并且数组中每个位置的取值对应着图像在该像素点的类别。

为了完成上述的图像预处理操作，定义下面几个图像数据预处理的辅助函数。

```
In[4]:## 给定一个标好的图片，将像素值对应的物体类别找出来
    def image2label(image,colormap):
        ## 将标签转化为每个像素值为一类数据
        cm2lbl = np.zeros(256**3)
        for i,cm in enumerate(colormap):
            cm2lbl[((cm[0]*256+cm[1])*256+cm[2])] = i
        ## 对一张图像转换
        image = np.array(image, dtype="int64")
        ix = ((image[:,:,0]*256+image[:,:,1]*256+image[:,:,2])
        image2 = cm2lbl[ix]
        return image2
```

image2label函数可以将一张标记好的图像转化为类别标签图像。该函数完成的任务对应着上述操作(4)。

```
In[5]:## 随机裁剪图像数据
    def rand_crop(data,label,high,width):
        im_width,im_high = data.size
        ## 生成图像随机点的位置
        left = np.random.randint(0,im_width - width)
        top = np.random.randint(0,im_high - high)
        right = left+width
        bottom = top+high
        data = data.crop((left, top, right, bottom))
        label = label.crop((left, top, right, bottom))
        return data,label
```

rand_crop函数完成对原始图像数据和被标注的标签图像进行随机裁剪的任务，随机裁剪后的原图像和标签的每个像素一一对应。可通过参数high和width指定图像裁剪后的高和宽。

```
In[6]:## 单组图像的转换操作
    def img_transforms(data, label, high,width,colormap):
        data, label = rand_crop(data, label, high,width)
        data_tfs = transforms.Compose([
            transforms.ToTensor(),
            transforms.Normalize([0.485, 0.456, 0.406],
                                 [0.229, 0.224, 0.225])])
        data = data_tfs(data)
        label = torch.from_numpy(image2label(label,colormap))
        return data, label
```

img_transforms函数是对一组图像数据进行相关变换和预处理操作，包括数据的随机裁剪、将图像数据进行标准化、将标记图像数据进行二维标签化的操作，并且最后输出原始图像和类别标签的张量数据。

```
In[7]:## 定义列出需要读取的数据路径的函数
    def read_image_path(root = "VOC2012/ImageSets/Segmentation/train.
txt"):
        """ 保存指定路径下的所有需要读取的图像文件路径 """
        image = np.loadtxt(root,dtype=str)
        n = len(image)
        data, label = [None]*n , [None]*n
        for i, fname in enumerate(image):
            data[i] = "VOC2012/JPEGImages/%s.jpg" %(fname)
            label[i] = "VOC2012/SegmentationClass/%s.png" %(fname)
        return data,label
```

read_image_path函数是从给定的文件路径中定义出对应的原始图像和标记好的目标图像的存储路径列表。原始图像路径输出为data，标记好的目标图像路径输出为label。

为了将数据定义为数据加载器Data.DataLoader()函数可以接受的数据格式，在定义好上述几个辅助函数后，则需要定义一个类操作，该类需要继承torch.utils.data.Dataset类，这样就可以将自己的数据定义为数据加载器操作Data.DataLoader()函数可以接受的数据格式。程序如下所示：

```
In[8]:## 最后定义一个 MyDataset 继承于 torch.utils.data.Dataset
    class MyDataset(Data.Dataset):
        """ 用于读取图像，并进行相应的裁剪等 """
        def __init__(self, data_root,high,width, imtransform,colormap):
            ## data_root：数据所对应的文件名，high,width：图像裁剪后的尺寸
            ## imtransform：预处理操作，colormap：颜色
            self.data_root = data_root
```

```
            self.high = high
            self.width = width
            self.imtransform = imtransform
            self.colormap = colormap
            data_list, label_list = read_image_path(root=data_root)
            self.data_list = self._filter(data_list)
            self.label_list = self._filter(label_list)
        def _filter(self, images):
## 过滤掉图片大小小于指定 high，width 的图片
            return [im for im in images if (Image.open(im).size[1] >
high and
                                            Image.open(im).size[0] >
width)]
        def __getitem__(self, idx):
            img = self.data_list[idx]
            label = self.label_list[idx]
            img = Image.open(img)
            label = Image.open(label).convert('RGB')
            img, label = self.imtransform(img, label, self.high,
                                          self.width,self.colormap)
            return img, label
        def __len__(self):
            return len(self.data_list)
```

在上面定义的类MyDataset包含了一个_filter方法，该方法用于过滤掉图像的尺寸小于固定切分尺寸的样本。在类中每张图像的读取通过Image.open()函数完成。

下面使用MyDataset()函数读取数据集的原始数据和对应的标签数据，然后使用Data.DataLoader()函数建立数据加载器，并且每个batch中包含4张图像，程序如下所示：

```
In[9]:## 读取数据
    high,width = 320,480
    voc_train = MyDataset("VOC2012/ImageSets/Segmentation/train.txt",
                          high,width, img_transforms,colormap)
    voc_val = MyDataset("VOC2012/ImageSets/Segmentation/val.txt",
                        high,width, img_transforms,colormap)
    ## 创建数据加载器每个 batch 使用 4 张图像
    train_loader = Data.DataLoader(voc_train, batch_size=4,shuffle=True,
                                   num_workers=8,pin_memory=True)
    val_loader = Data.DataLoader(voc_val, batch_size=4,shuffle=True,
                                 num_workers=8,pin_memory=True)
```

```
    ## 检查训练数据集的一个 batch 的样本的维度是否正确
    for step, (b_x, b_y) in enumerate(train_loader):
        if step > 0:
            break
    ## 输出训练图像的尺寸和标签的尺寸，以及数据类型
    print("b_x.shape:",b_x.shape)
    print("b_y.shape:",b_y.shape)
Out[9]:b_x.shape: torch.Size([4, 3, 320, 480])
    [4, 320, 480])
```

从一个batch的图像尺寸输出中可以看出，训练数据中的b_x包含4张320×480的RGB图像，而b_y则包含4张320×480的类别标签数据。下面可以将一个batch的图像和其标签进行可视化，以检查数据是否预处理正确，在可视化之前需要定义两个预处理函数，即inv_normalize_image()和label2image()。

```
In[10]: ## 将标准化后的图像转化为 0 ~ 1 的区间
    def inv_normalize_image(data):
        rgb_mean = np.array([0.485, 0.456, 0.406])
        rgb_std = np.array([0.229, 0.224, 0.225])
        data = data.astype('float32') * rgb_std + rgb_mean
        return data.clip(0,1)
    ## 从预测的标签转化为图像的操作
    def label2image(prelabel,colormap):
        ## 预测到的标签转化为图像，针对一个标签图
        h,w = prelabel.shape
        prelabel = prelabel.reshape(h*w,-1)
        image = np.zeros((h*w,3),dtype="int32")
        for ii in range(len(colormap)):
            index = np.where(prelabel == ii)
            image[index,:] = colormap[ii]
        return image.reshape(h,w,3)
```

在上面的两个函数中，inv_normalize_image函数用于将标准化后的原始图像进行逆标准化操作，可方便对图像数据进行可视化；而label2image函数则是将二维的类别标签数据转化为三维的图像分割后的数据，不同的类别转化为特定的RGB值。下面针对一个batch的图像进行可视化操作，程序如下所示：

```
In[11]: ## 可视化一个 batch 的图像，检查数据预处理是否正确
    b_x_numpy = b_x.data.numpy()
    b_x_numpy = b_x_numpy.transpose(0,2,3,1)
    b_y_numpy = b_y.data.numpy()
    plt.figure(figsize=(16,6))
```

```
    for ii in range(4):
        plt.subplot(2,4,ii+1)
        plt.imshow(inv_normalize_image(b_x_numpy[ii]))
        plt.axis("off")
        plt.subplot(2,4,ii+5)
        plt.imshow(label2image(b_y_numpy[ii],colormap))
        plt.axis("off")
    plt.subplots_adjust(wspace=0.1, hspace=0.1)
    plt.show()
```

上面的程序可得到如图10-10所示的图像结果，图10-10（a）~（d）所示为原始图像，图10-10（e）~（h）所示为分割后的图像。从中可以发现，数据预处理操作是正确的。

图10-10　一个batch的训练数据可视化

2. 网络搭建

搭建全卷积语义分割时，基础网络是预训练的VGG19网络，而且不需要使用全连接层，该网络可以直接从torchvision库中导入。下面导入VGG19网络，并对其网络结构进行简单的分析，程序如下：

```
In[12]: ## 使用预训练好的 VGG19 网络作为基础网络
    model_vgg19 = vgg19(pretrained=True)
    ## 不使用 VGG19 网络中后面的 AdaptiveAvgPool2d 和 Linear 层
    base_model = model_vgg19.features
    summary(base_model,input_size=(3, high,width))
Out[12]:
            Layer (type)               Output Shape         Param #
    ================================================================
                Conv2d-1         [-1, 64, 320, 480]           1,792
                  ReLU-2         [-1, 64, 320, 480]               0
                Conv2d-3         [-1, 64, 320, 480]          36,928
```

```
              ReLU-4          [-1, 64, 320, 480]               0
         MaxPool2d-5          [-1, 64, 160, 240]               0
            Conv2d-6         [-1, 128, 160, 240]          73,856
              ReLU-7         [-1, 128, 160, 240]               0
            Conv2d-8         [-1, 128, 160, 240]         147,584
              ReLU-9         [-1, 128, 160, 240]               0
        MaxPool2d-10          [-1, 128, 80, 120]               0
           Conv2d-11          [-1, 256, 80, 120]         295,168
             ReLU-12          [-1, 256, 80, 120]               0
           Conv2d-13          [-1, 256, 80, 120]         590,080
             ReLU-14          [-1, 256, 80, 120]               0
           Conv2d-15          [-1, 256, 80, 120]         590,080
             ReLU-16          [-1, 256, 80, 120]               0
           Conv2d-17          [-1, 256, 80, 120]         590,080
             ReLU-18          [-1, 256, 80, 120]               0
        MaxPool2d-19           [-1, 256, 40, 60]               0
           Conv2d-20           [-1, 512, 40, 60]       1,180,160
             ReLU-21           [-1, 512, 40, 60]               0
           Conv2d-22           [-1, 512, 40, 60]       2,359,808
             ReLU-23           [-1, 512, 40, 60]               0
           Conv2d-24           [-1, 512, 40, 60]       2,359,808
             ReLU-25           [-1, 512, 40, 60]               0
           Conv2d-26           [-1, 512, 40, 60]       2,359,808
             ReLU-27           [-1, 512, 40, 60]               0
        MaxPool2d-28           [-1, 512, 20, 30]               0
           Conv2d-29           [-1, 512, 20, 30]       2,359,808
             ReLU-30           [-1, 512, 20, 30]               0
           Conv2d-31           [-1, 512, 20, 30]       2,359,808
             ReLU-32           [-1, 512, 20, 30]               0
           Conv2d-33           [-1, 512, 20, 30]       2,359,808
             ReLU-34           [-1, 512, 20, 30]               0
           Conv2d-35           [-1, 512, 20, 30]       2,359,808
             ReLU-36           [-1, 512, 20, 30]               0
        MaxPool2d-37           [-1, 512, 10, 15]               0
================================================================
```

在上面的程序中，通过summary()函数可以很方便地查看网络中使用的层和每层的输出情况。从输出中可以发现，VGG19的features网络通过5个MaxPool将图像尺寸缩小到了原来的1/32，即图像的尺寸缩小层均使用最大值池化层（MaxPool2d），分别在MaxPool2d-5(缩小到了原来的1/2)、MaxPool2d-10（缩小到了原来的1/4)、

MaxPool2d-19（缩小到了原来的1/8）、MaxPool2d-28（缩小到了原来的1/16）和MaxPool2d-37（缩小到了原来的1/32）。而基于全卷积的语义分割网络，会基于VGG19的卷积核池化后输出，增加新的卷积层，将特征映射的尺寸逐渐恢复到原始大小，特征映射的数量逐渐恢复到数据类别数量。

下面搭建基于FCN-8s的语义分割网络，通过将网络中间的输出联合起来进行转置卷积，从而获得更多有用的语义分割信息，所以可以得到更好的语义分割结果。其操作方式可以使用图10-11展示。

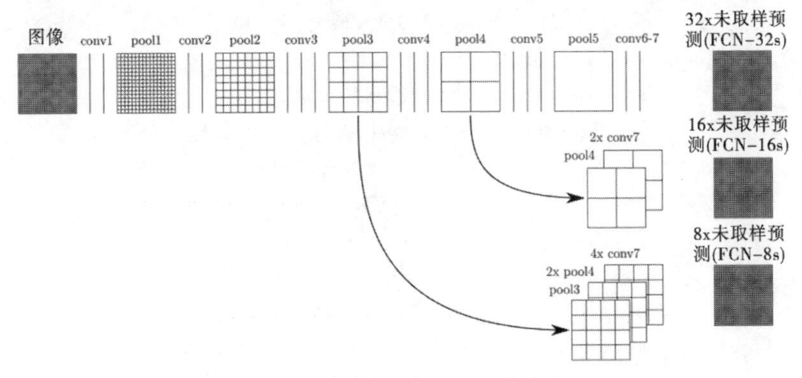

图10-11　不同层的FCN操作方法

图10-11展示了不同的FCN语义分割操作方法，其中FCN-32s就是将最后的卷积或池化结果通过转置卷积，直接将特征映射的尺寸扩大32倍进行输出，而FCN-16s则是联合前面一次的结果将特征映射进行16倍的放大输出，而FCN-8s是联合前面两次的结果，通过转置卷积将特征映射的尺寸进行8倍的放大输出。在FCN-8s中将进行以下的操作步骤：

（1）将最后一层的特征映射P5（在VGG19中是第5个最大值池化层）通过转置卷积扩大2倍，得到新的特征映射T5，并和pool4的特征映射P4相加可得到T5+P4。

（2）将T5+P4通过转置卷积扩大2倍得到T4，然后与pool3的特征映射P3相加得到T4+P3。

（3）通过转置卷积，将特征映射T4+P3的尺寸扩大8倍，得到和输入形状一样大的结果。

下面搭建语义分割网络FCN-8s，用于图像的语义分割，程序如下所示：

```
In[13]: ## 定义 FCN 语义分割网络
        class FCN8s(nn.Module):
            def __init__(self, num_classes):
                super().__init__()
                ## num_classes: 训练数据的类别
                self.num_classes = num_classes
                model_vgg19 = vgg19(pretrained=True)
```

```
        ## 不使用 VGG19 网络中后面的 AdaptiveAvgPool2d 和 Linear 层
        self.base_model = model_vgg19.features
        ## 定义几个需要的层操作，并且使用转置卷积将特征映射进行升维
        self.relu    = nn.ReLU(inplace=True)
        self.deconv1 = nn.ConvTranspose2d(512, 512, kernel_size=3,
stride=2,

padding=1,dilation=1,output_padding=1)
        self.bn1     = nn.BatchNorm2d(512)
        self.deconv2 = nn.ConvTranspose2d(512, 256, 3, 2, 1, 1, 1)
        self.bn2     = nn.BatchNorm2d(256)
        self.deconv3 = nn.ConvTranspose2d(256, 128, 3, 2, 1, 1, 1)
        self.bn3     = nn.BatchNorm2d(128)
        self.deconv4 = nn.ConvTranspose2d(128, 64, 3, 2, 1, 1, 1)
        self.bn4     = nn.BatchNorm2d(64)
        self.deconv5 = nn.ConvTranspose2d(64, 32, 3, 2, 1, 1, 1)
        self.bn5     = nn.BatchNorm2d(32)
        self.classifier = nn.Conv2d(32, num_classes, kernel_size=1)
        ## VGG19 中 MaxPool2d 所在的层
        self.layers = {"4": "maxpool_1","9": "maxpool_2",
                       "18": "maxpool_3", "27": "maxpool_4",
                       "36": "maxpool_5"}
    def forward(self, x):
        output = {}
        for name, layer in self.base_model._modules.items():
            ## 从第一层开始获取图像的特征
            x = layer(x)
            ## 如果是 layers 参数指定的特征，那就保存到 output 中
            if name in self.layers:
                output[self.layers[name]] = x
        x5 = output["maxpool_5"]  ## size=(N, 512, x.H/32, x.W/32)
        x4 = output["maxpool_4"]  ## size=(N, 512, x.H/16, x.W/16)
        x3 = output["maxpool_3"]  ## size=(N, 256, x.H/8,  x.W/8)
        ## 对特征进行相关的转置卷积操作，逐渐将图像放大到原始图像大小
        ## size=(N, 512, x.H/16, x.W/16)
        score = self.relu(self.deconv1(x5))
        ## 对应的元素相加 , size=(N, 512, x.H/16, x.W/16)
        score = self.bn1(score + x4)
        ## size=(N, 256, x.H/8, x.W/8)
        score = self.relu(self.deconv2(score))
```

```
        ## 对应的元素相加 , size=(N, 256, x.H/8, x.W/8)
        score = self.bn2(score + x3)
        ## size=(N, 128, x.H/4, x.W/4)
        score = self.bn3(self.relu(self.deconv3(score)))
        ## size=(N, 64, x.H/2, x.W/2)
        score = self.bn4(self.relu(self.deconv4(score)))
        ## size=(N, 32, x.H, x.W)
        score = self.bn5(self.relu(self.deconv5(score)))
        score = self.classifier(score)
        return score  ## size=(N, n_class, x.H/1, x.W/1)
```

上述的语义分割网络类FCN-8s是基于VGG19建立的，且在网络的前向传播中，分别保存网络在最大值池化层的输出，方便后面对相应层输出的使用，该类使用时需要输入一个参数num_classes，用于表示网络需要分类的数量。

下面初始化网络，并且将网络每层情况进行输出，程序如下所示（因网络的输出结果较长，而且前面基于VGG19的相关层和上面的输出相同，所以在输出结果中会省去部分层）。

```
In[14]: ## 注意输入图像的尺寸应该是 32 的整数倍
      fcn8s = FCN8s(21).to(device)
      summary(fcn8s,input_size=(3, high,width))
Out[14]:
              Layer (type)               Output Shape         Param #
      ================================================================
                  Conv2d-1         [-1, 64, 320, 480]           1,792
                    ReLU-2         [-1, 64, 320, 480]               0
            …(这里省略了部分中间层的结果)
            MaxPool2d-37          [-1, 512, 10, 15]               0
      ConvTranspose2d-38          [-1, 512, 20, 30]       2,359,808
                 ReLU-39          [-1, 512, 20, 30]               0
          BatchNorm2d-40          [-1, 512, 20, 30]           1,024
      ConvTranspose2d-41          [-1, 256, 40, 60]       1,179,904
                 ReLU-42          [-1, 256, 40, 60]               0
          BatchNorm2d-43          [-1, 256, 40, 60]             512
      ConvTranspose2d-44         [-1, 128, 80, 120]         295,040
                 ReLU-45         [-1, 128, 80, 120]               0
          BatchNorm2d-46         [-1, 128, 80, 120]             256
      ConvTranspose2d-47         [-1, 64, 160, 240]          73,792
                 ReLU-48         [-1, 64, 160, 240]               0
          BatchNorm2d-49         [-1, 64, 160, 240]             128
      ConvTranspose2d-50         [-1, 32, 320, 480]          18,464
```

```
                ReLU-51           [-1, 32, 320, 480]                 0
         BatchNorm2d-52           [-1, 32, 320, 480]                64
              Conv2d-53           [-1, 21, 320, 480]               693
================================================================
Total params: 23,954,069
Trainable params: 23,954,069
Non-trainable params: 0
----------------------------------------------------------------
Input size (MB): 1.76
Forward/backward pass size (MB): 972.07
Params size (MB): 91.38
Estimated Total Size (MB): 1065.21
----------------------------------------------------------------
```

从上面的输出结果可以发现，网络输入数据为3通道的320×480的RGB图像，输出是21通道的320×480的特征映射，该特征映射可通过F.log_softmax()利用softmax函数转化为预测的类别，其中在320×480的输出矩阵中，每个取值对应着相应像素的预测类别。

3. 网络训练和测试

使用训练集对网络FCN-8s进行训练，使用验证集监督网络的训练过程，定义train_model()函数，该函数按照指定的优化方法，使用相关数据对网络模型训练一定的次数，并输出训练过程中最优的网络模型。函数的程序如下所示：

```
In[15]: ## 网络的训练函数
        def train_model(model, criterion, optimizer,traindataloader,
                        valdataloader, num_epochs=25):
            """
            model: 网络模型; criterion: 损失函数; optimizer: 优化方法;
            traindataloader: 训练数据集, valdataloader: 验证数据集
            num_epochs: 训练的轮数
            """
            since = time.time()
            best_model_wts = copy.deepcopy(model.state_dict())
            best_loss = 1e10
            train_loss_all = []
            train_acc_all = []
            val_loss_all = []
            val_acc_all = []
            since = time.time()
```

```
        for epoch in range(num_epochs):
            print('Epoch {}/{}'.format(epoch, num_epochs - 1))
            print('-' * 10)
            train_loss = 0.0
            train_num = 0
            val_loss = 0.0
            val_num = 0
            ## 每个 epoch 包括训练和验证阶段
            model.train() ## 设置模型为训练模式
            for step,(b_x,b_y) in enumerate(traindataloader):
                optimizer.zero_grad()
                b_x  =b_x.float().to(device)
                b_y  =b_y.long().to(device)
                out = model(b_x)
                out = F.log_softmax(out,dim=1)
                pre_lab = torch.argmax(out,1) ## 预测的标签
                loss = criterion(out, b_y)     ## 计算损失函数值
                loss.backward()
                optimizer.step()
                train_loss += loss.item() * len(b_y)
                train_num += len(b_y)
            ## 计算一个 epoch 在训练集上的损失和精度
            train_loss_all.append(train_loss / train_num)
            print('{} Train Loss: {:.4f}'.format(epoch, train_loss_
all[-1]))
            ## 计算一个 epoch 训练后在验证集上的损失
            model.eval() ## 设置模型为评估模式
            for step,(b_x,b_y)  in enumerate(valdataloader):
                b_x  =b_x.float().to(device)
                b_y  =b_y.long().to(device)
                out = model(b_x)
                out = F.log_softmax(out,dim=1)
                pre_lab = torch.argmax(out,1)
                loss = criterion(out, b_y)
                val_loss += loss.item() * len(b_y)
                val_num += len(b_y)
            ## 计算一个 epoch 在训练集上的损失和精度
            val_loss_all.append(val_loss / val_num)
            print('{} Val Loss: {:.4f}'.format(epoch, val_loss_all[-1]))
            ## 保存最好的网络参数
```

```
            if val_loss_all[-1] < best_loss:
                best_loss = val_loss_all[-1]
                best_model_wts = copy.deepcopy(model.state_dict())
            ## 每个 epoch 的花费时间
            time_use = time.time() - since
            print("Train and val complete in {:.0f}m {:.0f}s".format(
                time_use // 60, time_use % 60))
        train_process = pd.DataFrame(
            data={"epoch":range(num_epochs),
                  "train_loss_all":train_loss_all,
                  "val_loss_all":val_loss_all})
        ## 输出最好的模型
        model.load_state_dict(best_model_wts)
        return model,train_process
```

下面定义优化方法和损失函数，并调用函数对网络进行训练，程序如下所示：

```
In[16]: ## 定义损失函数和优化器
        LR = 0.0003
        criterion = nn.NLLLoss()
        optimizer = optim.Adam(fcn8s.parameters(), lr=LR,weight_
decay=1e-4)
        ## 对模型进行迭代训练，对所有的数据训练 epoch 轮
        fcn8s,train_process = train_model(
            fcn8s,criterion, optimizer,train_loader,
            val_loader,num_epochs=30)
        ## 保存训练好的网络 fcn8s
        torch.save(fcn8s,"fcn8s.pkl")
Out[16]:
        Epoch 0/29
        ----------
        0 Train Loss: 2.4172
        0 Val Loss: 1.8902
        Train and val complete in 1m 21s
        …
        29 Train Loss: 0.5538
        29 Val Loss: 0.8505
        Train and val complete in 44m 13s
```

在网络训练结束后，通过折线图将网络在训练过程中的损失函数变化情况进行可视化，程序如下所示，得到如图 10-12 所示的结果。

```
In[17]: ## 可视化模型训练过程中
```

```
plt.figure(figsize=(10,6))
plt.plot(train_process.epoch,train_process.train_loss_all,
         "ro-",label = "Train loss")
plt.plot(train_process.epoch,train_process.val_loss_all,
         "bs-",label = "Val loss")
plt.legend()
plt.xlabel("epoch")
plt.ylabel("Loss")
plt.show()
```

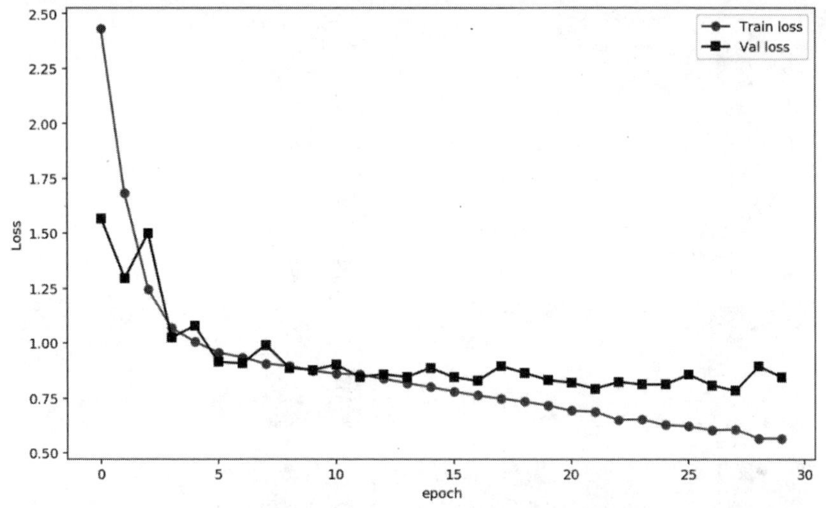

图 10–12　网络的训练过程中损失函数变化情况

下面使用训练好的网络，从验证集中获取一个batch的图像，对其进行语义分割，将得到的结果和人工标注的结果进行对比，可使用下面的程序进行可视化，得到如图10–13所示的结果。

```
In[18]: ## 从验证集中获取一个 batch 的数据
        for step, (b_x, b_y) in enumerate(val_loader):
            if step > 0:
                break
        ## 对验证集中一个 batch 的数据进行预测，并可视化预测效果
        fcn8s.eval()
        b_x  =b_x.float().to(device)
        b_y  =b_y.long().to(device)
        out = fcn8s(b_x)
        out = F.log_softmax(out,dim=1)
        pre_lab = torch.argmax(out,1)
        ## 可视化一个 batch 的图像，检查数据预处理是否正确
```

```
b_x_numpy = b_x.cpu().data.numpy()
b_x_numpy = b_x_numpy.transpose(0,2,3,1)
b_y_numpy = b_y.cpu().data.numpy()
pre_lab_numpy = pre_lab.cpu().data.numpy()
plt.figure(figsize=(16,9))
for ii in range(4):
    plt.subplot(3,4,ii+1)
    plt.imshow(inv_normalize_image(b_x_numpy[ii]))
    plt.axis("off")
    plt.subplot(3,4,ii+5)
    plt.imshow(label2image(b_y_numpy[ii],colormap))
    plt.axis("off")
    plt.subplot(3,4,ii+9)
    plt.imshow(label2image(pre_lab_numpy[ii],colormap))
    plt.axis("off")
plt.subplots_adjust(wspace=0.05, hspace=0.05)
plt.show()
```

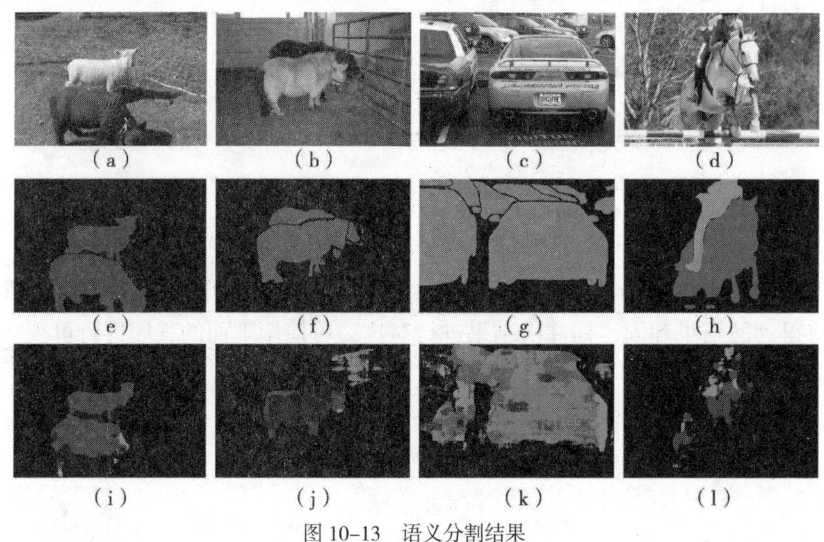

图 10-13　语义分割结果

图10-13（a）~（d）所示为原始的RGB图像，图10-13（e）~（h）所示为人工标注的语义分割图像，图10-13（i）~（l）所示为网络对图像的分割结果。从对比图中可以看出网络虽然可以分割出一些目标，但是在精度上并不是很高，还有很大的提升空间。这与我们使用的基础网络深度不够、使用的训练数据较少有关。

10.4　使用预训练的目标检测网络

在PyTorch提供的已经训练好的图像目标检测中，均是R-CNN系列的网络，并且针对目标检测和人体关键点检测分别提供了容易调用的方法。针对目标检测的网络，输入图像均要求使用相同的预处理方式，即先将每张图像的像素值预处理到0 ~ 1之间，且输入的图像尺寸不是很小即可直接调用。已经预训练的可供使用的网络模型如表10-2所示。

表 10-2　已经预训练的目标检测网络

网络类	描述
detection.fasterrcnn_resnet50_fpn	具有 ResNet-50-FPN 结构的 Fast R-CNN 网络模型
detection.maskrcnn_resnet50_fpn	具有 ResNet-50-FPN 结构的 Mask R-CNN 网络模型
detection.keypointrcnn_resnet50_fpn	具有 ResNet-50-FPN 结构的 Keypoint R-CNN 网络模型

这些网络同样是在COC O2017数据集上进行训练的。下面分别展示如何使用已经训练好的网络进行图像目标检测以及人体关键点检测。首先导入相关库和模块，程序如下：

```
In[1]: ## 导入相关模块
    import numpy as np
    import torchvision
    import torch
    import torchvision.transforms as transforms
    from PIL import Image,ImageDraw
    import matplotlib.pyplot as plt
```

10.4.1　图像目标检测

在进行图像目标检测时，使用已经预训练好的具有ResNet-50-FPN结构的Fast R-CNN网络模型，该网络同样是通过COCO数据集进行预训练，导入已预训练的网络，程序如下所示：

```
In[2]: ## 导入已经预训练好的 Resnet50 Faster R-CNN 网络模型
    model = torchvision.models.detection.fasterrcnn_resnet50_
fpn(pretrained=True)
    model.eval()
Out[2]:FasterRCNN(
      (transform): GeneralizedRCNNTransform()
      (backbone): BackboneWithFPN(
        (body): IntermediateLayerGetter(
```

```
            (conv1): Conv2d(3, 64, kernel_size=(7, 7), stride=(2, 2),
padding=(3, 3), bias=False)
            (bn1): FrozenBatchNorm2d()
            (relu): ReLU(inplace)
            (maxpool): MaxPool2d(kernel_size=3, stride=2, padding=1,
dilation=1, ceil_mode=False)
            (layer1): Sequential(
              (0): Bottleneck(
                (conv1): Conv2d(64, 64, kernel_size=(1, 1), stride=(1,
1), bias=False)
                (bn1): FrozenBatchNorm2d()
    …
```

下面从文件夹中读取一张照片，并将其转化为张量，像素值在0 ~ 1之间，然后使用导入模型对其进行预测，程序如下：

```
In[3]:## 准备需要检测的图像
    image = Image.open("data/chap10/2012_004308.jpg")
    transform_d = transforms.Compose([transforms.ToTensor()])
    image_t = transform_d(image) ## 对图像进行变换
    pred = model([image_t])        ## 将模型作用到图像上
    pred
Out[3]:
```

```
[{'boxes': tensor([[  0.0000, 299.6493, 278.7704, 715.3289],
        [375.5742, 318.0322, 638.2792, 718.0541],
        [235.8046, 317.3682, 458.7278, 713.0460],
        [348.3755, 188.0317, 538.4453, 474.5986],
        [235.5379, 646.7175, 346.4571, 719.0192],
        [619.0669, 527.0538, 885.9662, 709.5721],
        [327.7981, 471.1010, 474.5380, 712.4729],
        [239.4781, 652.6519, 345.5409, 714.8486],
        [246.0627, 465.6638, 395.5852, 706.8896],
        [266.3554, 470.5219, 396.0581, 607.1979],
        [531.3884, 526.3223, 896.3539, 710.4058],
        [254.4272, 659.5339, 341.6046, 720.0000],
        [ 12.0787, 445.7778, 266.8082, 694.1663],
        [237.0764, 641.6138, 340.2142, 717.4315],
        [ 10.7296, 428.9814,  70.8132, 456.0744],
        [243.7099, 462.2258, 401.7775, 691.7352],
        [240.0115, 653.6608, 333.3160, 716.9798],
        [118.7444, 547.4997, 917.3702, 711.1599],
        [ 15.9898, 423.8732,  67.9605, 454.5682],
        [205.5764, 563.9335, 236.4201, 653.1397],
        [ 36.3292, 480.4242, 209.4271, 707.6160]], grad_fn=<StackBackward>),
  'labels': tensor([ 1,  1,  1,  1, 87, 62, 31, 49, 31, 27, 15, 50, 27, 31,  3, 27, 48, 15,
          1, 32, 31]),
  'scores': tensor([0.9991, 0.9961, 0.9945, 0.9918, 0.6641, 0.3617, 0.3588, 0.3147, 0.2676,
        0.1985, 0.1813, 0.1651, 0.1524, 0.1178, 0.1038, 0.1007, 0.0904, 0.0730,
        0.0662, 0.0535, 0.0513], grad_fn=<IndexBackward>)}]
```

在pred输出的结果中主要包括三种值，分别是检测到每个目标的边界框（boxes坐标）、目标所属的类别（labels），以及属于相应类别的得分（scores）。从上面的输出结果中可以发现，找到的目标约有21个，但仅前5个目标得分大于0.5。下面将检测到的目标可视化，并观察检测的具体结果。

首先定义每个类别所对应的标签COCO_INSTANCE_CATEGORY_NAMES，程序如下：

```
In[4]:## 定义使用 COCO 数据集对应的每类的名称
    COCO_INSTANCE_CATEGORY_NAMES = [
        '__background__', 'person', 'bicycle', 'car', 'motorcycle',
        'airplane', 'bus', 'train', 'truck', 'boat', 'traffic light',
        'fire hydrant', 'N/A', 'stop sign', 'parking meter', 'bench',
        'bird', 'cat', 'dog', 'horse', 'sheep', 'cow', 'elephant',
        'bear', 'zebra', 'giraffe', 'N/A', 'backpack', 'umbrella', 'N/A',
        'N/A','handbag', 'tie', 'suitcase', 'frisbee', 'skis', 'snowboard',
        'sports ball', 'kite', 'baseball bat', 'baseball glove', 'skateboard',
        'surfboard', 'tennis racket','bottle', 'N/A', 'wine glass',
        'cup', 'fork', 'knife', 'spoon', 'bowl', 'banana', 'apple',
        'sandwich', 'orange', 'broccoli', 'carrot', 'hot dog', 'pizza',
        'donut', 'cake', 'chair', 'couch', 'potted plant', 'bed', 'N/A',
        'dining table', 'N/A', 'N/A', 'toilet', 'N/A', 'tv', 'laptop',
        'mouse', 'remote', 'keyboard', 'cell phone','microwave', 'oven',
        'toaster', 'sink', 'refrigerator', 'N/A', 'book', 'clock',
        'vase', 'scissors', 'teddy bear', 'hair drier', 'toothbrush'
    ]
```

针对预测的结果，在可视化之前，需要分别将有效的预测目标数据解读出来，需要提取的信息有每个目标的位置、类别和得分，然后将得分大于0.5的目标作为检测到的有效目标，并将检测到的目标在图像上显示出来，程序如下：

```
In[5]:## 检测出目标的类别和得分
    pred_class = [COCO_INSTANCE_CATEGORY_NAMES[ii] for ii in 
list(pred[0]['labels'].numpy())]
    pred_score = list(pred[0]['scores'].detach().numpy())
    ## 检测出目标的边界框
    pred_boxes = [[ii[0], ii[1], ii[2], ii[3]] for ii in list(pred[0]
['boxes'].detach().numpy())]
    ## 只保留识别的概率大于 0.5 的结果
    pred_index = [pred_score.index(x) for x in pred_score if x > 0.5 ]
    ## 设置图像显示的字体
    fontsize = np.int16(image.size[1] / 30)
    font1 = ImageFont.truetype("/Library/Fonts/华文细黑 .ttf",fontsize)
    ## 可视化图像
    draw = ImageDraw.Draw(image)
    for index in pred_index:
        box = pred_boxes[index]
```

```
        draw.rectangle(box,outline="red")
        texts = pred_class[index]+":"+str(np.round(pred_
score[index],2))
        draw.text((box[0],box[1]),texts ,fill="red",font=font1)
    ## 显示图像
    image
```

上面的程序在可视化图像时，使用ImageDraw.Draw(image)方法，表示要在原始的image图像上相应的位置添加一些元素，draw.rectangle()表示要添加矩形框，draw.text()表示在图像上指定位置添加文本。运行程序后，可得到图10-14所示的目标检测结果。

图 10-14　目标检测结果（图片来自 COCO 数据集）

下面将上述目标检测过程定义为一个函数，方便对任意图像进行检测，程序如下所示：

```
In[6]:def Object_Detect(model,image_path, COCO_INSTANCE_CATEGORY_
NAMES, threshold=0.5):
    image = Image.open(image_path)
    transform_d = transforms.Compose([transforms.ToTensor()])
    image_t = transform_d(image) ## 对图像进行变换
    pred = model([image_t])      ## 将模型作用到图像上
    ## 检测出目标的类别和得分
    pred_class = [COCO_INSTANCE_CATEGORY_NAMES[ii] for ii in
list(pred[0]['labels'].numpy())]
```

```
    pred_score = list(pred[0]['scores'].detach().numpy())
    ## 检测出目标的边界框
    pred_boxes = [[ii[0], ii[1], ii[2], ii[3]] for ii in list(pred[0]
['boxes'].detach().numpy())]
    ## 只保留识别的概率大于 threshold 的结果
    pred_index = [pred_score.index(x) for x in pred_score if x >
threshold ]
    ## 设置图像显示的字体
    fontsize = np.int16(image.size[1] / 30)
    font1 = ImageFont.truetype("/Library/Fonts/ 华文细黑 .ttf",fontsize)
    ## 将检测的结果和图像一起可视化
    draw = ImageDraw.Draw(image)
    for index in pred_index:
        box = pred_boxes[index]
        draw.rectangle(box,outline="red")
        texts = pred_class[index]+":"+str(np.round(pred_
score[index],2))
        draw.text((box[0],box[1]),texts ,fill="red",font=font1)
    return image
```

在定义好函数后，使用一张图像对函数进行测试，程序如下所示，可得到如图10–15所示的检测结果。

```
In[7]:## 调用上面的函数
    image_path = "data/chap10/car.jpg"
    Object_Detect(model,image_path,COCO_INSTANCE_CATEGORY_NAMES)
```

图10–15　目标检测结果

10.4.2 人体关键点检测

人体骨骼关键点检测主要检测人体的一些关键点，如关节、五官等，通过关键点描述人体骨骼信息。MS COCO数据集是多人人体关键点检测数据集，具有关键点个数为17，图像的样本数多于30万张，也是目前的相关研究中最常用的数据集。在torchvision库中，提供了已经在MS COCO数据集上预训练的keypointrcnn_resnet50_fpn()网络模型，该网络可以用于人体的关键点检测。先导入预训练好的网络模型，程序如下所示：

```
In[8]:## 导入已经预训练好的 keypoint R-CNN 网络模型
    model = torchvision.models.detection.keypointrcnn_resnet50_
fpn(pretrained=True)
    model.eval()
Out[8]:KeypointRCNN(
      (transform): GeneralizedRCNNTransform()
      (backbone): BackboneWithFPN(
        (body): IntermediateLayerGetter(
          (conv1): Conv2d(3, 64, kernel_size=(7, 7), stride=(2, 2),
padding=(3, 3), bias=False)
          (bn1): FrozenBatchNorm2d()
          (relu): ReLU(inplace)
          (maxpool): MaxPool2d(kernel_size=3, stride=2, padding=1,
dilation=1, ceil_mode=False)
          (layer1): Sequential(
            (0): Bottleneck(
              (conv1): Conv2d(64, 64, kernel_size=(1, 1), stride=(1,
1), bias=False)
              (bn1): FrozenBatchNorm2d()
    …
```

因为该网络的预测输出结果中会有目标检测的结果，即每个人的关键点检测结果。下面先导入目标类别标签和17个关键点的标签，程序如下：

```
In[9]:## 定义使用 COCO 数据集对应的每类的名称
    COCO_INSTANCE_CATEGORY_NAMES = [
        '__background__', 'person', 'bicycle', 'car', 'motorcycle',
'airplane', 'bus',
        'train', 'truck', 'boat', 'traffic light', 'fire hydrant', 'N/A',
'stop sign',
        'parking meter', 'bench', 'bird', 'cat', 'dog', 'horse',
'sheep', 'cow',
```

```
        'elephant', 'bear', 'zebra', 'giraffe', 'N/A', 'backpack',
'umbrella', 'N/A', 'N/A',
        'handbag', 'tie', 'suitcase', 'frisbee', 'skis', 'snowboard',
'sports ball',
        'kite', 'baseball bat', 'baseball glove', 'skateboard',
'surfboard', 'tennis racket',
        'bottle', 'N/A', 'wine glass', 'cup', 'fork', 'knife',
'spoon', 'bowl',
        'banana', 'apple', 'sandwich', 'orange', 'broccoli', 'carrot',
'hot dog', 'pizza',
        'donut', 'cake', 'chair', 'couch', 'potted plant', 'bed', 'N/A',
'dining table',
        'N/A', 'N/A', 'toilet', 'N/A', 'tv', 'laptop', 'mouse',
'remote', 'keyboard', 'cell phone',
        'microwave', 'oven', 'toaster', 'sink', 'refrigerator', 'N/A',
'book',
        'clock', 'vase', 'scissors', 'teddy bear', 'hair drier',
'toothbrush'
    ]
    ## 定义能够检测出的关键点名称
    COCO_PERSON_KEYPOINT_NAMES = ['nose','left_eye','right_eye','left_
ear',
        'right_ear','left_shoulder','right_shoulder','left_elbow',
        'right_elbow','left_wrist','right_wrist','left_hip','right_
hip',
        'left_knee','right_knee','left_ankle','right_ankle'
    ]
```

17个关键点分别是鼻子、左眼、右眼、左耳朵、右耳朵、左肩、右肩、左胳膊肘、右胳膊肘、左手腕、右手腕、左臀、右臀、左膝、右膝、左脚踝和右脚踝，分别使用1~17标号表示。

下面从文件夹中读取一张图像，并对该图像中的人物目标和关键点进行预测，程序如下所示：

```
In[10]: ## 准备需要检测的图像
        image = Image.open("data/chap10/woman sport.jpg")
        transform_d = transforms.Compose([transforms.ToTensor()])
        image_t = transform_d(image) ## 对图像进行变换
        print(image_t.shape)
        pred = model([image_t])        ## 将模型作用到图像上
        pred
```

```
Out[10]:
    [{'boxes': tensor([[ 347.3730,  224.8462, 1077.5818, 1176.9193],
              [ 621.4616,  223.8086, 1052.7462,  969.2892],
              [ 734.5590,  331.9993,  807.3549,  414.4977]], grad_fn=<St
      'keypoints': tensor([[[9.1901e+02, 3.4637e+02, 1.0000e+00],
               [9.2520e+02, 3.3089e+02, 1.0000e+00],
               [9.0973e+02, 3.2470e+02, 1.0000e+00],
               [8.6486e+02, 3.0922e+02, 1.0000e+00],
               [8.6332e+02, 3.0922e+02, 1.0000e+00],
               [8.7105e+02, 4.1603e+02, 1.0000e+00],
               [8.0298e+02, 4.1139e+02, 1.0000e+00],
               [8.9890e+02, 5.4917e+02, 1.0000e+00],
               [6.7148e+02, 5.1202e+02, 1.0000e+00],
               [1.0010e+03, 6.6373e+02, 1.0000e+00],
               [6.4827e+02, 6.6528e+02, 1.0000e+00],
               [7.9215e+02, 6.6218e+02, 1.0000e+00],
               [7.7823e+02, 6.4980e+02, 1.0000e+00],
               [6.5601e+02, 8.8820e+02, 1.0000e+00],
```

上面的程序对图像进行预测后在pred的结果中包含以下内容：

（1）boxes：检测出目标的位置。

（2）labels：检测出目标的分类。

（3）scores：检测出目标为对应分类的得分。

（4）keypoints：检测出*N*个实例中每个实例的*K*个关键位置，其中每个点的数据格式为[x，y，visibility]，如果visibility = 0，表示关键点不可见。

（5）keypoints_scores：表示每个关键点的相应得分。

从输出的检测结果中（注意Out[10]为部分输出截图）发现，图像中检测出了三个目标，但并不是每个目标得分都很高，下面先可视化得分高于0.5的目标，程序如下所示：

```
In[11]: ## 检测出目标的类别和得分
        pred_class = [COCO_INSTANCE_CATEGORY_NAMES[ii] for ii in
list(pred[0]['labels'].numpy())]
        pred_score = list(pred[0]['scores'].detach().numpy())
        ## 检测出目标的边界框
        pred_boxes = [[ii[0], ii[1], ii[2], ii[3]] for ii in list(pred[0]
['boxes'].detach().numpy())]
        ## 只保留识别的概率大于 0.5 的结果
        pred_index = [pred_score.index(x) for x in pred_score if x > 0.5 ]
        ## 设置图像显示的字体
        fontsize = np.int16(image.size[1] / 30)
        font1 = ImageFont.truetype("/Library/Fonts/ 华文细黑 .ttf",fontsize)
        ##  可视化图像
        image2 = image.copy()
        draw = ImageDraw.Draw(image2)
```

```
    for index in pred_index:
        box = pred_boxes[index]
        draw.rectangle(box,outline="red")
        texts = pred_class[index]+":"+str(np.round(pred_
score[index],2))
        draw.text((box[0],box[1]),texts ,fill="red",font=font1)
    ## 显示图像
    image2
```

运行上述程序，得到如图10-16所示的检测结果。

图10-16　关键点检测网络中找到的有效人物目标

从上面的结果可以发现，在检测出的3个实例中只有第一个实例是可信的，相应的也只有第一个实例的关键点可信。下面可视化出该人物和网络检测到的关键点位置，程序如下所示：

```
In[12]:pred_index = [pred_score.index(x) for x in pred_score if x > 0.5 ]
       pred_keypoint = pred[0]["keypoints"]
       ## 检测到实例的关键点
       pred_keypoint = pred_keypoint[pred_index].detach().numpy()
       ## 可视化出关键点的位置
       fontsize = np.int16(image.size[1] / 50)
       r = np.int16(image.size[1] / 150)    ## 圆的半径
       font1 = ImageFont.truetype("/Library/Fonts/华文细黑.ttf",fontsize)
       ## 可视化图像
       image3 = image.copy()
       draw = ImageDraw.Draw(image3)
       ## 对实例数量索引
       for index in range(pred_keypoint.shape[0]):
```

```
        ## 对每个实例的关键点索引
        keypoints = pred_keypoint[index]
        for ii in range(keypoints.shape[0]):
            x = keypoints[ii,0]
            y = keypoints[ii,1]
            visi = keypoints[ii,2]
            if visi > 0 :
                draw.ellipse(xy=(x-r,y-r,x+r,y+r),fill=(255,0,0))
                texts = str(ii+1)
                draw.text((x+r,y-r),texts ,fill="red",font=font1)
    ## 显示图像
    image3
```

运行上述程序得到如图10–17所示的关键点检测结果（为了便于观察，对图像进行了必要的裁剪）。

图 10–17　检测的人物关键点

将上面的人物关键点检测过程定义为一个函数，以方便查看图像使用人物关键点检测后输出的结果。

```
In[13]: ## 将上述过程定义为一个函数
        def ketpoints_Detect(model,image_path,COCO_INSTANCE_CATEGORY_NAMES,
                             COCO_PERSON_KEYPOINT_NAMES,threshold=0.5):
```

```
        image = Image.open(image_path)
        transform_d = transforms.Compose([transforms.ToTensor()])
        image_t = transform_d(image) ## 对图像进行变换
        pred = model([image_t])      ## 将模型作用到图像上
        ## 检测出目标的类别和得分
        pred_class = [COCO_INSTANCE_CATEGORY_NAMES[ii] for ii in
list(pred[0]['labels'].numpy())]
        pred_score = list(pred[0]['scores'].detach().numpy())
        ## 检测出目标的边界框
        pred_boxes = [[ii[0], ii[1], ii[2], ii[3]] for ii in list(pred[0]
['boxes'].detach().numpy())]
        ## 只保留识别的概率大于 threshold 的结果
        pred_index = [pred_score.index(x) for x in pred_score if x >
threshold ]
        ## 设置图像显示的字体
        fontsize = np.int16(image.size[1] / 30)
        font1 = ImageFont.truetype("/Library/Fonts/ 华文细黑 .ttf",fontsize)
        ## 可视化检测出的目标
        image2 = image.copy()
        draw = ImageDraw.Draw(image2)
        for index in pred_index:
            box = pred_boxes[index]
            draw.rectangle(box,outline="red")
            texts = pred_class[index]+":"+str(np.round(pred_score[index],2))
            draw.text((box[0],box[1]),texts ,fill="red",font=font1)
        ## 检测到实例的关键点
        pred_keypoint = pred[0]["keypoints"]
        pred_keypoint = pred_keypoint[pred_index].detach().numpy()
        ## 可视化出关键点的位置
        fontsize = np.int16(image.size[1] / 50)
        r = np.int16(image.size[1] / 150)   ## 圆的半径
        font1 = ImageFont.truetype("/Library/Fonts/ 华文细黑 .ttf",fontsize)
        ## 可视化图像关键点
        draw = ImageDraw.Draw(image2)
        ## 对实例数量索引
        for index in range(pred_keypoint.shape[0]):
            ## 对每个实例的关键点索引
            keypoints = pred_keypoint[index]
            for ii in range(keypoints.shape[0]):
                x = keypoints[ii,0]
```

```
                y = keypoints[ii,1]
                visi = keypoints[ii,2]
                if visi > 0 :
                    draw.ellipse(xy=(x-r,y-r,x+r,y+r),fill=(255,0,0))
                    texts = str(ii+1)
                    draw.text((x+r,y-r),texts ,fill="red",font=font1)
        ## 显示图像
        return image2
```

下面针对一张新的图像，运行上述函数ketpoints_Detect()，并查看程序的输出结果，得到如图10-18所示的图像。

```
In[14]: ## 调用上面的函数
        image_path = "data/chap10/kendo2person.jpg"
        image=ketpoints_Detect(model,image_path,COCO_INSTANCE_CATEGORY_
NAMES,COCO_PERSON_KEYPOINT_NAMES, threshold=0.8)
        image
```

图 10-18　人物关键点检测结构

从图10-18中可以发现，针对动作复杂、服饰宽松、面部遮挡的人物，关键点的位置有时会出现错误。例如，头部关键点完全找不到位置，膝盖和脚踝关键点也可能发生错误。

10.5　本章小结

本章主要介绍了基于深度学习进行图像语义分割和目标检测的方法，其中在语义分割中分别介绍了已经预训练好的语义分割网络的使用，并自行搭建、训练一个语义分割网络。在目标检测网络的介绍中，同样分别介绍了预训练好的目标检测网络的使用和已预训练的人体关键点检测网络的使用。

第 11 章　图卷积神经网络

在前面介绍的案例中，无论使用卷积神经网络进行图像分类，还是使用循环神经网络进行文本分类，使用的图像数据和文本数据的样本之间，除了类别之间的关系，并没有其他很明显的联系。但是在实际问题中，还存在与图结构数据相关的分类问题，而这类问题可以使用图神经网络来解决。

图神经网络面对的数据通常具有如下结构。例如，论文所属类型的分类问题，针对每一篇论文可以看作一个样本，论文的文本内容可以使用一个高维的特征向量表示，并且每篇论文已经被标记为一个类别，该数据可以直接使用分类模型来解决，但这样对论文进行分类往往忽略了论文之间的一种重要的信息，那就是论文之间的相互引用网络。我们知道往往同种类型的论文，它们之间的引用较多，所以这种引用网络构成的网络图对文本的分类非常有用，如果直接忽视节点之间的图连接，就浪费了大量的有用信息。

针对具有图结构的网络数据，使用基于图的深度神经网络来解决，通常会有较好的效果。图神经网络（Graph Neural Network，GNN）或者说图深度学习（Graph Deep Learning）通常使用半监督或有监督的方法，其中图卷积神经网络则是借鉴了针对图像的卷积操作思想，在网络图数据上进行卷积操作，从而对网络图中的节点进行分类的模型。因为图深度学习的方法有很多，并且应用广泛，所以本章将以图卷积神经网络为例，介绍其相关方法和应用。

11.1 常用的图卷积神经网络

由于深度学习方法在图像和文本上的成功应用，人们对深度学习方法在图数据上的扩展越来越感兴趣。受到卷积网络、循环网络和深度自动编码器的思想影响，研究者定义和设计了用于处理图数据的神经网络结构，由此产生了一个新的研究热点——图神经网络。

图神经网络对图有很多应用，对于图上节点的应用，可以是对节点的半监督或监督的节点分类(回归)；对于图上的边，可以是对图上的边有监督分类；对整个图的应用，可以使用无监督的方法学习到图的表示，进行图的分类等。本节将主要探讨基于图卷积的深度学习网络，对图上节点进行分类。

11.1.1 什么是图卷积

图像的卷积运算可以认为是基于欧式空间的运算，而在很多节点构成的图上进行的卷积计算可以认为是基于非欧式空间的运算。图卷积运算是模拟传统卷积神经网络对图像的卷积运算，不同的是图卷积运算是基于节点的空间关系定义图卷积。图像的2D卷积和图卷积之间的对比如图11-1所示。

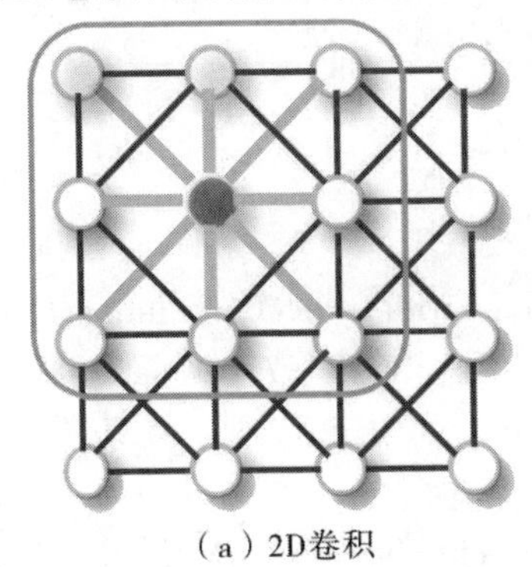
（a）2D卷积

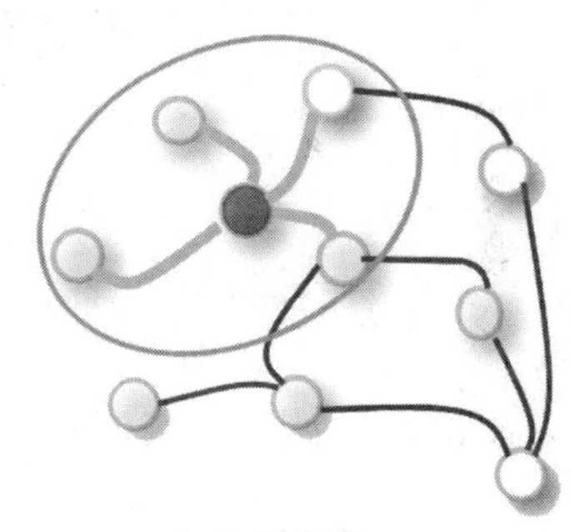
（b）图卷积

图 11-1 2D 卷积与图卷积

图11-1所示是文章A Comprehensive Survey on Graph Neural Networks中关于图像的2D卷积和图卷积的介绍。针对图像的2D卷积，为了与图卷积关联起来，可以简单地将图像视为一种特殊的图，每个像素代表图上的一个节点，如图11-1（a）所示，每个像素所代表的节点和其附近的像素有一条边。通过一个3×3的窗口，每个节点的邻域是其周围的8个像素，再通过对每个通道上的中心节点及其相邻节点的像素值进行加权平均。对于一般的图，同样基于空间的图卷积将中心节点表示和相邻节点表示进行聚合，以获得该节点的新表示，如图11-1（b）所示。

11.1.2 图卷积网络半监督学习

2017年Thomas N. Kipf提出了基于图卷积的深度学习网络，用于图上节点分类的半监督学习，其中逐层传播的规则为

$$H^{(l+1)}=\sigma\left(\tilde{D}^{\left(-\frac{1}{2}\right)}\tilde{A}\tilde{D}^{\left(-\frac{1}{2}\right)}H^{(l)}W^{(l)}\right)$$

式中，$\tilde{A}=A+I_N$是无向网络图的邻接矩阵加上一个单位矩阵；$\tilde{D}=\sum_j A_{ij}$；$W^{(l)}$是可训练的权重参数；$\sigma(\cdot)$表示使用的激活函数。

针对两层的半监督的节点分类网络模型可以简单地概括为

$$Z=f(X,A)=\mathrm{softmax}\left(\hat{A}\,\mathrm{ReLU}\left(\hat{A}XW^{(0)}\right)W^{(1)}\right)$$

式中，$\hat{A}=\tilde{D}^{\left(-\frac{1}{2}\right)}\tilde{A}\tilde{D}^{\left(-\frac{1}{2}\right)}$；$X$表示节点的特征矩阵；ReLU表示Relu激活函数。该2层的图卷积网络的示意图如图11–2所示。

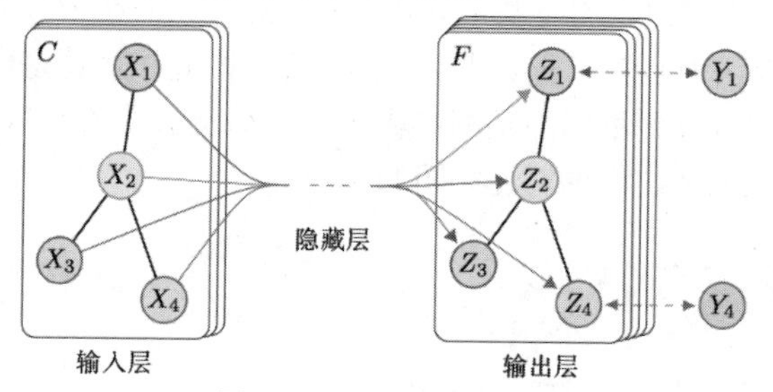

图 11–2　图卷积网络结构

图11–2来自文章Semi–Supervised Classification with Graph Convolutional Networks中网络结构的示意图。在图中，输入包含C个通道，输出有F个特征映射。在输入层中，$\boldsymbol{X}_i$表示节点的特征，黑色的连线表示节点之间的连接方式，$\boldsymbol{Y}_i$表示节点的类别标签。

在11.2节中将基于实际的数据集使用PyTorch图网络深度学习扩展库PyTorch Geometric来介绍如何使用上述的半监督网络，以及对图上的节点进行分类。下面先对该库相关的模块进行简单介绍。

11.1.3 PyTorch Geometric 库简介

PyTorch Geometric (PyG)是在PyTorch上的图深度学习拓展库。它包含了各种已发表的论文中对图和其他不规则结构进行深度学习的各种方法，即图深度学习。它包括一些简单易用的数据处理程序，支持GPU计算，包含大量公共基准数据集，以方便调用和模型的测试。

PyG主要包括图深度学习的层模块torch_geometric.nn、数据预处理模块torch_geometric.data、常用数据集模块torch_geometric.datasets、数据操作模块torch_geometric.transforms及torch_geometric.utils模块和torch_geometric.io模块。下面将对这些模块中常用的类或者函数进行简单的介绍，如表11-1所示。

表 11-1 torch_geometric 中常用的类或者函数

模块	类或者函数	功能
torch_geometric.nn	MessagePassing()	建立消息传递层的类
	GCNConv()	论文 Semi-Supervised Classification with Graph Convolutional Networks 使用的图卷积层
	ChebConv()	论文 Convolutional Neural Networks on Graphs with Fast Localized Spectral Filtering 使用的 Chebyshev 谱图卷积层
	SAGEConv()	论文 Inductive Representation Learning on Large Graphs 使用的 GraphSAGE 算子层
	GATConv()	论文 Graph Attention Networks 使用的图注意力算子层
	BatchNorm()	对一个 batch 的节点特征使用 batch 标准化操作
	InstanceNorm()	对一个 batch 的节点特征使用实例标准化操作
torch_geometric.data	Data()	网络图的数据类
	Dataset()	用于创建网络数据集的类
	DataLoader()	数据加载器
torch_geometric.datasets	KarateClub()	空手道俱乐部网络数据集
	Planetoid()	文献引用网络数据集，包含 Cora、CiteSeer、PubMed 三个引用网络数据
torch_geometric.transforms	Compose()	将多种操作组合到一起
	Constant()	为每个节点的特征加上一个常数
	Distance()	将节点的欧几里得距离保存在其边属性中
	OneHotDegree()	将节点度使用 one-hot 编码添加到节点特征中
	KNNGraph()	基于节点的位置创建一个 K-NN 图
torch_geometric.utils	degree()	计算指定节点的度
	is_undirected()	判断是否为无向图
	to_undirected()	转化为无向图
	to_networkx()	将数据转化为 networkx 可使用的 networkx.DiGraph 数据形式

表11-1只是torch_geometric库中的一小部分类和函数，它们相关的使用方法将使用常用的实际案例进行介绍，该库的更多使用方法可以参考链接https://pytorch-geometric.readthedocs.io/en/latest/。

11.2 半监督图卷积神经网络实战

扫一扫，看视频

本节将介绍如何使用torch_geometric库，针对Cora数据集使用半监督的深度图卷积网络，进行图上节点的分类任务。下面首先导入需要使用到的库和模块。

```
In[1]: import numpy as np
       import pandas as pd
       import matplotlib.pyplot as plt
       import torch
       import torch.nn.functional as F
       from torch_geometric.nn import GCNConv
       from torch_geometric.datasets import Planetoid
       from torch_geometric.utils import to_networkx
       import networkx as nx
       from sklearn.metrics import accuracy_score
       from sklearn.manifold import TSNE
       from sklearn.svm import SVC
       from sklearn.semi_supervised import label_propagation
```

上面的程序中导入了networkx库，该库中的函数用于网络图数据可视化，使用sklearn库中的TSNE方法对数据特征降维，同时导入了支持向量机分类方法和半监督的标签传播方法，这些方法同样可以对数据集进行分类，以及对图卷积模型的分类效果进行比较。

11.2.1 数据准备

Cora数据集由2708篇机器学习领域的论文构成，每个样本点都是一篇论文，这些论文主要被分为7个类别，分别为基于案例（Case_Based）、遗传算法（Genetic_Algorithms）、神经网络（Neural_Networks）、概率方法（Probabilistic_Methods）、强化学习（Reinforcement_Learning）、规则学习（Rule_Learning）与理论（Theory）。在该数据集中，每一篇论文至少引用了该数据集中另外一篇论文。针对每个节点所代表的论文，都由一个1433维的词向量表示，即图上每个节点具有1433个特征。词向量的每个元素都对应一个词，且该元素仅有0或1两个取值，取0表示该元素对应的词不在论文中，取1表示在论文中，所有的词来源于一个具有1433个词的字典。

针对Cora数据集，torch_geometric库已经准备好了可直接使用的图形式的数据，通过Planetoid()即可导入。该函数可导入Cora、CiteSeer和PubMed三个网络数据。我们使用下面的程序导入Cora数据集。

```
In[2]: ## 通过 Planetoid 下载数据
      dataset = Planetoid(root="data/chap11/Cora", ## 数据保存路径
                          name="Cora") ## 通过 name 参数指定要下载的数据集
      ## 查看数据的基本情况
      print(" 网络数据包含的类数量 :",dataset.num_classes)
      print(" 网络数据边的特征数量 :",dataset.num_edge_features)
      print(" 网络数据边的数量 :",dataset.data.edge_index.shape[1] / 2)
      print(" 网络数据节点特征数量 :",dataset.num_node_features)
      print(" 网络数据节点的数量 :",dataset.data.x.shape[0])
Out[2]: 网络数据包含的类数量 : 7
        网络数据边的特征数量 : 0
        网络数据边的数量 : 5278.0
        网络数据节点特征数量 : 1433
        网络数据节点的数量 : 2708
```

使用上述的程序时，在Planetoid()函数中，如果参数root指定的路径下没有找到本地数据集，则自动下载网络数据。从输出结果中我们可以发现该数据集有2708个节点，5278条边，而且每个节点包含1433个特征，边则没有特征。下面进一步分析图数据的相关属性。

查看数据中的data属性，该属性包含数据集中的所有数据。

```
In[3]: ## 分析数据集中 data 包含的内容
      dataset.data
Out[3]: Data(edge_index=[2, 10556], test_mask=[2708], train_
mask=[2708], val_mask= [2708], x= [2708, 1433], y=[2708])
```

从输出中发现在数据data属性输出的Data()类型数据中包含有多个子数据，其中x形状为[num_nodes，num_node_features]，即为[节点数量，节点的特征数量]的二维矩阵；y是图中节点的类别标签，形状为[num_nodes]，即[节点数量]；edge_index是图中节点的连接方式，网络连接为COO格式，形状为[2，num_edges]，即数据的每一列代表一条边；test_mask、train_mask、val_mask表示节点是否为测试集、训练集、验证集的逻辑值向量。

下面查看数据集中边的连接方式，程序如下所示：

```
In[4]: ## 查看网络数据中节点的连接形式
      dataset.data.edge_index
Out[4]: tensor([[   0,    0,    0,  ..., 2707, 2707, 2707],
                [ 633, 1862, 2582,  ...,  598, 1473, 2706]])
```

在输出结果中每一列为两个节点标号，代表两个节点有一条边，如边0—633、0—1862、2707—2706等。

下面查看数据中训练集、验证集和测试集的切分情况。通过**_mask数据来查看。

```
In[5]: ## 查看数据中训练集、验证集和测试集的切分情况
      print(dataset.data.test_mask)  ## 通过mask表示样本是否在相应数据集
      print("训练集节点数量:",sum(dataset.data.train_mask))
      print("验证集节点数量:",sum(dataset.data.val_mask))
      print("测试集节点数量:",sum(dataset.data.test_mask))
Out[5]: tensor([False, False, False,  ...,  True,  True,  True])
       训练集节点数量: tensor(140)
       验证集节点数量: tensor(500)
       测试集节点数量: tensor(1000)
```

从上面的程序输出中可以发现，数据集是以与类别标签等长的逻辑值向量进行切分的，且在Cora数据集中，140个节点数据被划分为训练集(前140个节点)，500个节点被划分为验证集(第141 ~ 640个节点)，1000个节点被划分成测试集(最后1000个节点)。

针对该图数据可以通过is_undirected()方法查看图是否为无向图。

```
In[6]: ## 查看数据网络是否是无向图
      dataset.data.is_undirected()
Out[6]: True
```

从输出结果中可以知道，该网络图数据是无向图。

11.2.2 数据探索

在前述步骤中已经导入了图数据Cora，并且查看了数据的基本信息。下面使用可视化的方法分析图的相关统计特征，探索数据节点的分布等情况。在可视化图数据的连接情况时，使用张量格式的数据并不方便，但幸运的是torch_geometric库提供了to_networkx()函数，将torch_geometric.data.Data实例转化为networkx库中有向图的图数据，方便使用networkx库中的函数对网络数据进行分析。转换数据格式的程序如下所示：

```
In[7]: ## 通过to_networkx函数进行数据转化
      CoraNet = to_networkx(dataset.data)
      CoraNet = CoraNet.to_undirected()    ## 转化为无向图
      print("网络是否为有向图:",CoraNet.is_directed())
      ## 输出网络的节点数量和边的数量
      print("网络的边的数量:",CoraNet.number_of_edges())
      print("网络的节点数量:",CoraNet.number_of_nodes())
      Node_class = dataset.data.y.data.numpy()
      print(Node_class)
Out[7]: 网络是否为有向图: False
       网络的边的数量: 5278
```

```
网络的节点数量： 2708
[3 4 4 ... 3 3 3]
```

从输出结果中可以发现，该数据集已经正确转化，并且将数据中的类别标签转化为numpy数据格式Node_class数组。

针对文献的引用图数据CoraNet，可以通过CoraNet.degree方法来计算每个节点的度，其中，节点的度越大，说明其在图中越重要。下面计算节点的度，将其保存为数据表，并使用条形图可视化节点度较大的前30个节点。结果如图11-3所示。

```
In[8]: ## 查看每个节点的度情况，并将度进行降序排列
       Node_degree = pd.DataFrame(data=CoraNet.degree,columns=["Node",
"Degree"])
       Node_degree = Node_degree.sort_values(by=["Degree"],ascending=False)
       Node_degree = Node_degree.reset_index(drop=True)
       ## 使用直方图可视化度较多的前 30 个节点的度
       Node_degree.iloc[0:30,:].plot(x = "Node",y = "Degree",kind = "bar",figsize
= (10,7))
       plt.xlabel("Node",size = 12)
       plt.ylabel("Degree",size = 12)
       plt.show()
```

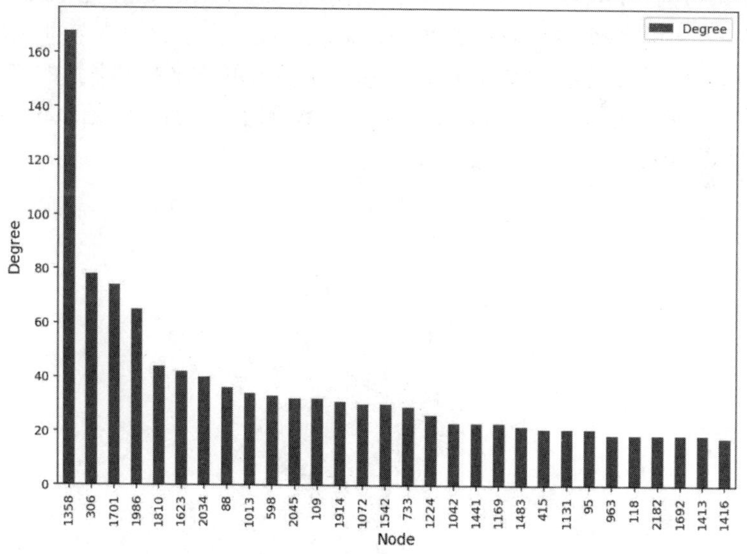

图 11-3　图中节点的度数量

从图11-3中可以发现，节点度数量最多的节点为第1358号论文，其与160多篇文章有引用联系，而第306、1701和1986号文章都有超过60的度。

下面使用图将Cora图数据进行可视化，分析节点和节点的连接分布情况，程序如下所示：

```
In[9]: pos = nx.spring_layout(CoraNet) ## 网络图中节点的布局方式
       nodecolor = ["red","blue","green","yellow","peru","violet",
"cyan"] ## 颜色
       nodelabel = np.array(list(CoraNet.nodes))  ## 节点
       ## 使用 networkx 库将网络图进行可视化
       plt.figure(figsize=(16,12))
       ## 为不同类别的节点使用不同的颜色
       for ii in np.arange(len(np.unique(Node_class))):
           nodelist = nodelabel[Node_class == ii]## 对应类别的节点
           nx.draw_networkx_nodes(CoraNet, pos,nodelist=list(nodelist),
                                  node_size=50,  ## 节点大小
                                  node_color=nodecolor[ii], ## 节点颜色
                                  alpha=0.8)
       ## 为网络添加边
       nx.draw_networkx_edges(CoraNet, pos,width=1,edge_color="black")
       plt.show()
```

在上面的程序中，首先使用nx.spring_layout()函数根据布局算法确定每个节点所在的位置坐标pos，在图的节点可视化时，为了将不同类别的节点使用不同的颜色显示，可以通过for循环来绘制节点，绘制节点时使用nx.draw_networkx_nodes()函数，该函数中第一个参数为网络数据CoraNet，第二个参数为节点的位置pos，第三个参数为可视化的节点列表nodelist，每次循环仅可视化特定类别的节点。在绘制图的边时，使用nx.draw_networkx_edges()函数绘制图的连接情况，最后可得到如图11-4所示的图像。

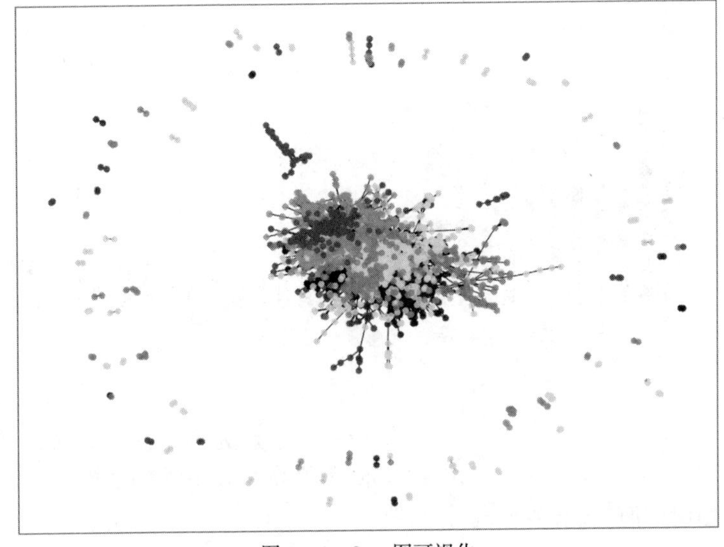

图 11-4　Cora 图可视化

在图11-4中用不同颜色表示节点的类别，从网络图中可以发现，大部分具有很多连接的节点分布在图的中心位置，还有少部分连接较少的节点分布在图的边界位置。

该数据集在进行半监督学习时，只有前140个样本会使用其类别标签，而其他节点虽然参与图卷积网络的计算，但不会使用其类别标签进行监督，这也是半监督学习与监督学习的差异。下面可视化训练集中节点的分布情况，查看选出的训练数据是否具有代表性，程序如下所示：

```
In[10]: ## 可视化训练集的节点分布
        nodecolor = ["red","blue","green","yellow","peru","violet",
"cyan"] ## 颜色
        nodelabel = np.arange(0,140)  ## 训练集的节点位置
        Node_class = dataset.data.y.data.numpy()[0:140]
        ## 使用networkx库将网络图进行可视化
        plt.figure(figsize=(8,6))
        ## 为不同类别的节点使用不同的颜色
        for ii in np.arange(len(np.unique(Node_class))):
            nodelist = nodelabel[Node_class == ii] ## 对应类别的节点
            nx.draw_networkx_nodes(CoraNet, pos,nodelist=list(nodelist),
                                   node_size=50,    ## 节点大小
                                   node_color=nodecolor[ii], ## 节点颜色
                                   alpha=0.8)
        plt.show()
```

上面的程序只对训练集节点的分布进行了可视化，得到如图11-5所示的情况。

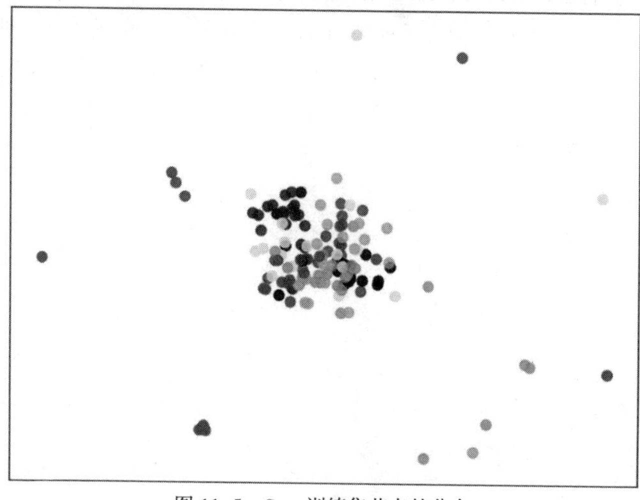

图11-5 Cora训练集节点的分布

从图11-5中可以发现，使用的训练数据集的节点分布情况与数据所有样本节

点的分布情况相似，说明该训练数据集具有代表性。

11.2.3 图卷积网络构建和训练

下面搭建用于图卷积的深度网络模型。在搭建网络模型时，只需使用torch_geometric.nn模块的GCNConv()类，即可完成图卷积的操作，网络模型的搭建程序如下所示：

```
In[11]: ## 构建一个网络模型类
        class GCNnet(torch.nn.Module):
            def __init__(self,input_feature,num_classes):
                super(GCNnet, self).__init__()
                ## 输入数据中每个节点的特征数量
                self.input_feature = input_feature
                self.num_classes = num_classes ## 数据的类别数量
                self.conv1 = GCNConv(input_feature , 32)
                self.conv2 = GCNConv(32, num_classes)
            def forward(self, data):
                x, edge_index = data.x, data.edge_index
                x = self.conv1(x, edge_index)
                x = F.relu(x)   ## 使用Relu激活函数
                x = self.conv2(x, edge_index)
                ## 输出使用softmax函数进行处理
                return F.softmax(x, dim=1)
```

上面的程序继承了torch.nn.Module类，然后通过图卷积层GCNConv()和Relu激活函数F.relu()以及softmax分类器F.softmax()，结合在一起完成用于半监督的图卷积分类器GCNnet。在调用GCNnet类时，需要输入两个参数，分别是输入数据中每个节点的特征数量input_feature和节点数据的类别数量num_classes。下面初始化该图卷积网络GCNnet，程序如下所示：

```
In[12]: ## 初始化网络
        input_feature  = dataset.num_node_features
        num_classes = dataset.num_classes
        mygcn = GCNnet(input_feature,num_classes)
        mygcn
Out[12]: GCNnet(
          (conv1): GCNConv(1433, 32)
          (conv2): GCNConv(32, 7)
        )
```

从网络mygcn的输出可以知道，图卷积模型包含1个隐藏层，将1433维的特征转化为32维的特征，然后经过一个图卷积输出层，将32维的特征转化为七维，模型最终会使用softmax分类器进行分类。

接下来使用读取的dataset数据集对图卷积模型进行训练。因为在训练半监督网络时，会使用全部的数据信息（训练集、验证集和测试集），所以可以将整个数据集作为一个完整的batch进行训练。在对模型参数进行优化时，使用Adam优化器，将数据集训练200个epoch，并且输出训练过程中在训练集和验证集上的损失函数，程序如下所示：

```
In[13]: ## 对网络进行训练，全部数据作为一个 batch
        device = torch.device("cuda" if torch.cuda.is_available() else "cpu")
        model = mygcn.to(device)       ## 网络设置到指定计算设备
        data = dataset[0].to(device) ## 数据设置到指定计算设备
        optimizer = torch.optim.Adam(model.parameters(), lr=0.01, weight_
decay=5e-4)
        train_loss_all = []  ## 保存每个 epoch 训练集的损失
        val_loss_all = []    ## 保存每个 epoch 验证集的损失
        model.train()        ## 模型设置为训练模式
        for epoch in range(200):
            optimizer.zero_grad()
            out = model(data)
            ## 计算损失时只使用训练集的类别标签
            loss = F.cross_entropy(out[data.train_mask],data.y[data.train_
mask])
            loss.backward()     ## 损失后向传播
            optimizer.step()    ## 优化参数
            train_loss_all.append(loss.data.numpy())

            ## 计算在验证集上的损失
            loss = F.cross_entropy(out[data.val_mask],data.y[data.val_mask])
            val_loss_all.append(loss.data.numpy())
            if epoch % 20 == 0:  ## 每 20 个 epoch 输出一个损失
                ## 计算在验证集上的损失
                print("epoch:",epoch,"; Train Loss:",train_loss_all[-1],
                      "; Val Loss:",val_loss_all[-1])
Out[13]:epoch: 0 ; Train Loss: 1.9458797 ; Val Loss: 1.9464358
        epoch: 20 ; Train Loss: 1.1840433 ; Val Loss: 1.4504232
        epoch: 40 ; Train Loss: 1.1752971 ; Val Loss: 1.4494011
        epoch: 60 ; Train Loss: 1.1780646 ; Val Loss: 1.4526024
        epoch: 80 ; Train Loss: 1.1753839 ; Val Loss: 1.4463178
        epoch: 100 ; Train Loss: 1.174473 ; Val Loss: 1.4421268
```

```
epoch: 120 ; Train Loss: 1.1737818 ; Val Loss: 1.4390655
epoch: 140 ; Train Loss: 1.1733221 ; Val Loss: 1.4368501
epoch: 160 ; Train Loss: 1.1730045 ; Val Loss: 1.435244
epoch: 180 ; Train Loss: 1.1727799 ; Val Loss: 1.4341544
```

在上面的程序中，对网络中的参数进行优化时，只使用在训练集上计算得到的损失作为监督信息，计算损失时使用交叉熵损失函数。因为基于半监督的图卷积模型会使用全部的数据信息，所以在每个epoch上会针对所有的节点样本计算出其类别，故上面的程序也计算出了在验证集上的损失，但是该损失不会用于优化模型的参数。从输出结果可知，图卷积网络在训练集和验证集上的损失先减少然后趋于稳定，说明网络已经收敛。下面将图卷积网络模型在训练集和验证集上损失函数的变化情况进行可视化，程序如下，可得到如图11-6所示的图像。

```
In[14]: ## 可视化损失函数的变化情况
        plt.figure(figsize=(10,6))
        plt.plot(train_loss_all,"ro-",label = "Train loss")
        plt.plot(val_loss_all,"bs-",label = "Val loss")
        plt.legend()
        plt.grid()
        plt.xlabel("epoch",size = 13)
        plt.ylabel("Loss",size = 13)
        plt.title("Graph Convolutional Networks",size = 14)
        plt.show()
```

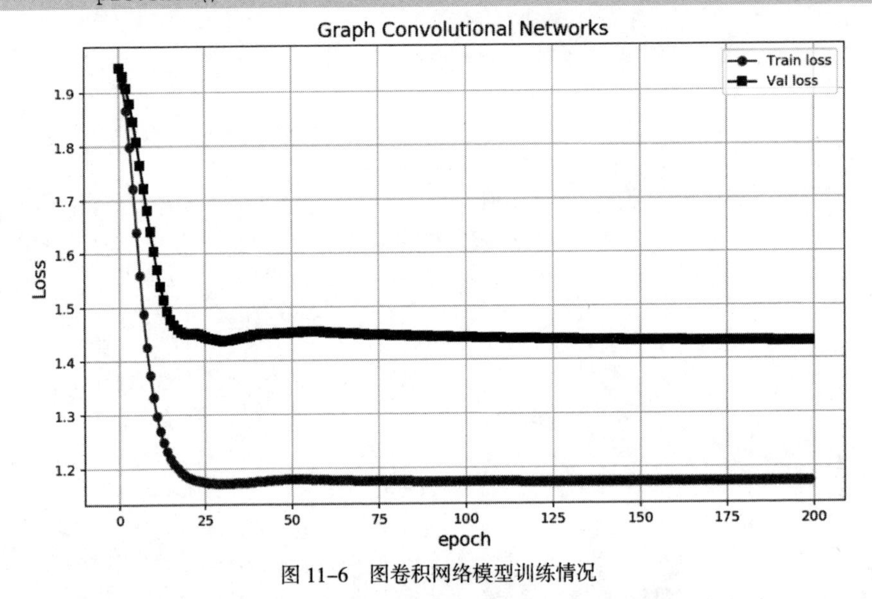

图 11-6　图卷积网络模型训练情况

下面计算图卷积网络模型在测试集上的预测精度，预测精度为80.7%。程序如下所示：

```
In[15]: ## 计算网络模型在测试集上的预测精度
        model.eval()
        _, pred = model(data).max(dim=1)
        correct = float(pred[data.test_mask].eq(data.y[data.test_mask]).
sum().item())
        acc = correct / data.test_mask.sum().item()   ## 计算精度
        print("Accuracy: {:.4f}".format(acc))
Out[15]: Accuracy: 0.8070
```

11.2.4　隐藏层特征可视化

虽然从精度就能看出图卷积网络的预测能力，但是并不是很直观，我们可以通过将隐藏层获得的32维特征在空间中的分布情况进行可视化，用于对比使用原始数据的1433维特征在空间中的分布情况。为了方便对图像的可视化，统一使用TSNE算法降到二维。首先针对原始的1433维特征降维并可视化，程序如下所示：

```
In[16]: ## 将数据的原始特征使用 tsne 进行降维可视化
        x_tsne = TSNE(n_components=2).fit_transform(dataset.data.x.data.
numpy())
        ## 对降维后的数据进行可视化
        plt.figure(figsize=(12,8))
        ax1 = plt.subplot(1, 1, 1)
        X = x_tsne[:,0]
        Y = x_tsne[:,1]
        ax1.set_xlim([min(X),max(X)])
        ax1.set_ylim([min(Y),max(Y)])
        for ii in range(x_tsne.shape[0]):
            text = dataset.data.y.data.numpy()[ii]
            ax1.text(X[ii],Y[ii,],str(text),fontsize=5,
                     bbox=dict(boxstyle="round",facecolor=plt.
cm.Set1(text),alpha=0.7))
        ax1.set_xlabel("TSNE Feature 1",size = 13)
        ax1.set_ylabel("TSNE Feature 2",size = 13)
        ax1.set_title("Original feature TSNE",size = 14)
        plt.show()
```

上面的程序可得到如图11-7所示的图像。

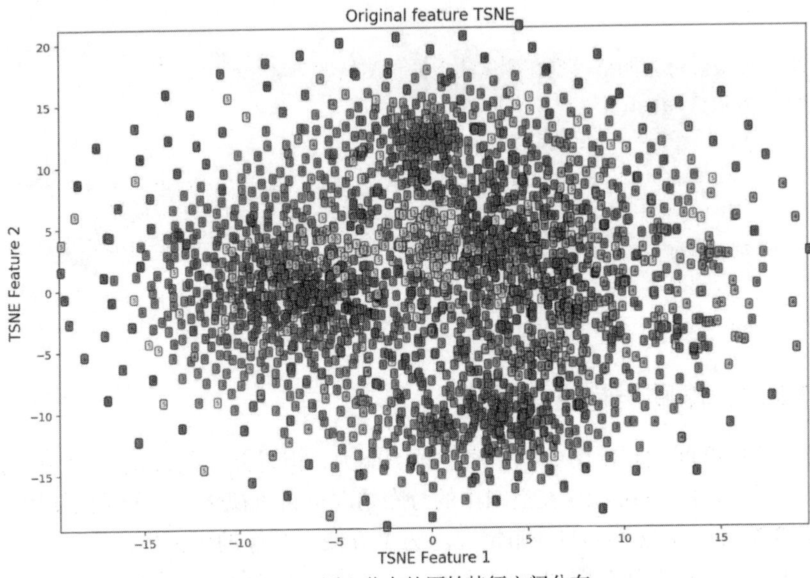

图 11-7　图上节点的原始特征空间分布

从图11-7中可以看出，数据在原始特征空间中分布较为混乱，各类之间的数据均有交叉。注意，此处忽略了节点的连接情况对节点分布的影响。

下面需要将图卷积模型隐藏层的32个输出特征进行降维，并可视化其在二维空间中的分布情况。为了获取模型中隐藏层的输出，需定义一个辅助函数get_activation()，该函数可以借助钩子获取对应层的输出，程序如下所示：

```
In[17]: ## 使用钩子获取特征，定义一个辅助函数，来获取指定层名称的特征
        activation = {} ## 保存不同层的输出
        def get_activation(name):
            def hook(model, input, output):
                activation[name] = output.detach()
            return hook
        ## 获取隐藏层的特征输出
        model.conv1.register_forward_hook(get_activation("conv1"))
        _ = model(data)
        conv1 = activation["conv1"].data.numpy()
        print("conv1.shape:",conv1.shape)
Out[17]:  conv1.shape: (2708, 32)
```

输出结果中每个节点的1433个特征已经映射到了32维，该32维的特征考虑到了节点之间的边连接情况。下面同样使用TSNE算法，将该32维特征降到二维，并用于数据可视化，程序如下所示：

```
In[18]: ## 使用 tsne 对数据进行降维观察数据的分布情况
```

```
        conv1_tsne = TSNE(n_components=2).fit_transform(conv1)
        ## 对降维后的数据进行可视化
        plt.figure(figsize=(12,8))
        ax1 = plt.subplot(1, 1, 1)
        X = conv1_tsne[:,0]
        Y = conv1_tsne[:,1]
        ax1.set_xlim([min(X),max(X)])
        ax1.set_ylim([min(Y),max(Y)])
        for ii in range(conv1_tsne.shape[0]):
            text = dataset.data.y.data.numpy()[ii]
            ax1.text(X[ii],Y[ii,],str(text),fontsize=5,
                     bbox=dict(boxstyle="round",facecolor=plt.
cm.Set1(text),alpha=0.7))
        ax1.set_xlabel("TSNE Feature 1",size = 13)
        ax1.set_ylabel("TSNE Feature 2",size = 13)
        ax1.set_title("GCN feature TSNE",size = 14)
        plt.show()
```

上面的程序可得到如图11-8所示的图像。

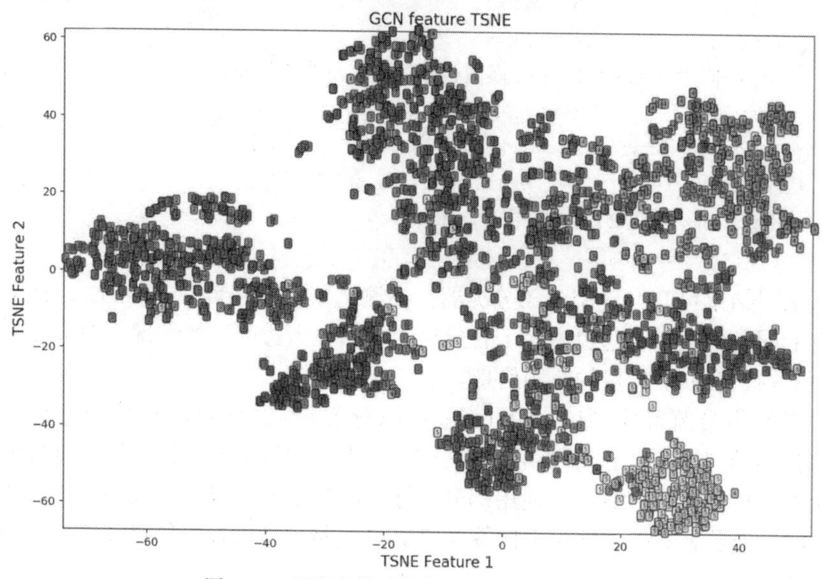

图 11-8　图卷积模型隐藏层节点特征空间分布

经过图卷积网络模型后，数据的空间分布更有利于分类，同类数据更趋向于集中，类间数据更加离散，说明图卷积网络模型在使用了网络信息后，对数据的分类更有效。

11.2.5 与 SVM、LP 分类结果对比

前面使用了半监督的图卷积模型对图卷积网络进行分类，和其他机器学习方法相比是否有优势呢？我们可以使用Cora数据集，利用SVM分类器建立分类模型，使用半监督分类器LP（标签传播算法，一种常用的半监督模型）建立半监督分类模型，将得到的测试集精度和半监督的图卷积模型精度进行对比。

SVM分类器不能直接使用数据集的网络关系，只能使用每个节点的特征。在建立SVM分类时，同样只使用前140个样本点作为训练集，后1000个样本点作为测试集，测试SVM分类器的效果，程序如下所示：

```
In[19]: ## 使用到的数据转化为 numpy 数组
        X = dataset.data.x.data.numpy()
        Y = dataset.data.y.data.numpy()
        train_mask = dataset.data.train_mask.data.numpy()
        test_mask = dataset.data.test_mask.data.numpy()
        ## 准备训练数据和测试数据
        train_x = X[0:140,:]
        train_y = Y[train_mask]
        test_x = X[1708:2708,:]
        test_y = Y[test_mask]
        ## 使用训练集训练 SVM 模型，并使用测试集进行预测
        svmmodel = SVC()
        svmmodel.fit(train_x,train_y)       ## 训练
        prelab = svmmodel.predict(test_x) ## 预测
        print("SVM 的预测精度 :",accuracy_score(test_y,prelab))
Out[19]: SVM 的预测精度 : 0.583
```

从输出结果可知，使用SVM分类器，在测试集上的精度只有58.3%，远远低于半监督的图卷积网络，这也说明了若忽略图数据集中边的连接情况，对节点的分类是不可取的，会浪费大量的有用信息。

下面使用半监督模型LabelPropagation（标签传播分类器）对数据进行学习预测，该分类器同样不会利用网络数据集中的节点的连接情况，但是该半监督模型会使用全部数据集用于计算，只使用部分有标签的数据来监督训练效果。所以在准备数据集时，非监督数据集的类别标签要使用-1表示。使用标签传播算法进行分类的程序如下所示：

```
In[20]: ## 数据准备
        ## 使用到的数据转化为 numpy 数组
        X = dataset.data.x.data.numpy()
        Y = dataset.data.y.data.numpy()
        train_mask = dataset.data.train_mask.data.numpy()
```

```
        test_mask = dataset.data.test_mask.data.numpy()
        ## 不是有监督的训练数据的样本标签使用 -1 表示
        train_y = Y.copy()
        train_y[test_mask == True] = -1 ## 使用非测试数据作为有标签的训练集
        ## 预测数据
        test_y = Y[test_mask]
        ## 训练标签传播分类器
        lp_model = label_propagation.LabelPropagation(kernel="knn",n_
neighbors=3)
        lp_model.fit(X,train_y)
        ## 输出标签传播训练得到的预测标签
        prelab = lp_model.transduction_
        ## 计算在测试机上的预测精度
        print("LP 的预测精度 :",accuracy_score(Y[test_mask],prelab[test_
mask]))
Out[20]: LP 的预测精度 : 0.432
```

在上面的程序中，为了提高标签传播算法的分类精度，使用了所有的非测试数据作为有监督的训练数据，最终在测试集上的分类精度为0.432，远远低于使用节点网络信息的图卷积半监督模型。

11.3　本章小结

本章主要介绍了图深度学习的入门内容，即半监督的图卷积分类模型。详细介绍了图数据集的情况，并使用基于PyTorch的PyTorch Geometric (PyG)库建立一个图卷积模型，用半监督的方法对图上的节点进行分类。

参考文献

[1]［美］伊恩·古德费洛，［加］约书亚·本吉奥，［加］亚伦·库维尔.深度学习［M］.北京：人民邮电出版社，2017.

[2]［美］弗朗索瓦·肖莱. Python深度学习［M］. 北京：人民邮电出版社，2018.

[3]阿斯顿·张，李沐，扎卡里·C. 动手学深度学习［M］. 北京：人民邮电出版社，2019.

[4]周志华. 机器学习［M］. 北京：清华大学出版社，2016.

[5]李航. 统计学习方法［M］. 北京：清华大学出版社，2012.

[6]［美］Tom Mitchell. 机器学习［M］. 北京：机械工业出版社，2008.

[7]［日］山下隆义. 图解深度学习［M］. 北京：人民邮电出版社，2018.

[8]廖星宇. 深度学习入门之PyTorch［M］. 北京：电子工业出版社，2017.

[9]陈云. 深度学习框架PyTorch：入门与实践［M］. 北京：电子工业出版社，2018.

[10]唐进民. 深度学习之PyTorch实战计算机视觉［M］. 北京：电子工业出版社，2018.

[11]余本国，孙玉林. Python在机器学习中的应用［M］. 北京：中国水利水电出版社，2019.